教育部使用信息技术工具改造课程立项教材配套指导书

《电磁场与电磁波(第六版)》学习指导

郭辉萍　刘学观　编著

西安电子科技大学出版社

内 容 简 介

本书是普通高等教育“十二五”国家级规划教材《电磁场与电磁波(第六版)》(以下简称教材)的配套学习指导书，也是教育部使用信息技术工具改造课程立项教材的配套学习指导书。本书以阐明机制、强调概念、面向应用为编写原则，融入了最新的教学研究成果，旨在为教师教学和学生学习提供帮助。

本书的章节次序与教材保持一致，每章包括基本概念和公式、重点与难点、典型例题分析、部分习题参考答案、练习题和使用信息技术工具制作的演示模块六个部分。

本书可作为高等学校电子信息类专业本科生的学习指导书，也可作为电子工程、通信工程、集成电路设计以及其他相关专业技术人员的参考书。

图书在版编目(CIP)数据

《电磁场与电磁波(第六版)》学习指导/郭辉萍，刘学观编著. --西安：西安电子科技大学出版社，2023.8
ISBN 978 - 7 - 5606 - 7004 - 1

Ⅰ.①电… Ⅱ.①郭… ②刘… Ⅲ.①电磁场—高等学校—教学参考资料 ②电磁波—高等学校—教学参考资料 Ⅳ.①O441.4

中国国家版本馆 CIP 数据核字(2023)第 152563 号

策　　划　马乐惠
责任编辑　许青青
出版发行　西安电子科技大学出版社(西安市太白南路 2 号)
电　　话　(029)88202421　88201467　　邮　　编　710071
网　　址　www.xduph.com　　电子邮箱　xdupfxb001@163.com
经　　销　新华书店
印刷单位　陕西天意印务有限责任公司
版　　次　2023 年 8 月第 1 版　2023 年 8 月第 1 次印刷
开　　本　787 毫米×1092 毫米　1/16　印张 14.5
字　　数　344 千字
印　　数　1～3000 册
定　　价　35.00 元
ISBN 978 - 7 - 5606 - 7004 - 1/O
XDUP　7306001 - 1

前　言

由苏州大学郭辉萍、刘学观主编，西安电子科技大学出版社出版的《电磁场与电磁波》自 2003 年出版以来，得到了全国许多高校教师和学生的关心与支持，并分别在 2004 年、2006 年、2010 年、2020 年高等学校电磁场教学与教材研究会上交流，与会的许多教师和专家提出了十分宝贵的意见和建议。2007 年、2014 年该教材分别入选高等教育“十一五”“十二五”国家级规划教材。2008 年教育部推出使用信息技术工具改造课程项目，本课程教学组提出的详细的改造计划得到了有关专家和同行的认可，最终成为全国首批 18 门课程改造项目之一。该项目得到了包括北京邮电大学 、南京航空航天大学等 15 所高校专业教师的大力支持与配合。为了将最新的教学研究成果体现出来，更好地帮助学生学习电磁场与电磁波，特编辑出版与该教材配套的学习指导书。

本书以阐明机制、强调概念、面向应用为编写原则，融入了更多教学成果，体现了教育部使用信息技术改造课程立项的目的。

本书的章节次序与教材保持一致，每章分为基本概念和公式、重点与难点、典型例题分析、部分习题参考答案、练习题和使用信息技术工具制作的演示模块六个部分。在基本概念和公式部分，将每章的基本内容和公式进行归纳总结，并利用小贴士的形式对一些重点、难点进行提示；在重点与难点部分，针对教师教学中的难点、学生学习中的重难点，将每章的知识点进行梳理并尽可能与工程应用结合起来，特别在电耦合、磁耦合、电磁仿真以及天线技术等方面做了更多注解；典型例题分析是为提高学生分析问题的能力而设置的；部分习题参考答案比较全面地给出了教材中部分习题的解题思路，为学生掌握知识点提供方便；练习题部分进一步给出了学习训练分析的对象；使用信息技术工具制作的演示模块部分利用 Mathematica/MATLAB 等信息技术工具编制计算分析软件和演示工程，将难理解的知识点形象化、图形化，进一步丰富了教学内容。本书将一流课程的教学理念、教学目标、教学方法等融入其中，为电磁场的教与学提供参考。以小贴士的形式帮助学生理解知识点，使用信息技术工具制作演示模块，提炼课程知识体系并制成知识思维导图，这些都是本书的创新之处。

本书每章中的基本概念和公式、重点与难点、典型例题分析由郭辉萍老师执笔，使用信息技术工具制作的演示模块部分由刘学观老师执笔，全书由郭辉萍老师统稿。周朝栋教授审阅了全书，编辑马乐惠对本书提出了许多宝贵的意见，在此表示诚挚的谢意。

本书在编写过程中得到了苏州大学教务处与电子信息学院有关领导和同志的关心及支持，刘昌荣、曹洪龙、李富华、周刘蕾、孔令辉、张允晶等老师提出了许多建设性意见，在此表示感谢；同时对西安电子科技大学出版社多年来的大力支持表示感谢；另外对曾经为本书提供帮助的研究生杨亮、张旭、李晶晶、刘宛宗、孙学良、欧阳康奥等同学一并表示感谢。

由于作者水平有限，书中难免存在一些欠妥之处，敬请广大读者批评指正。作者的电子邮箱是：txdzghp@suda.edu.cn。

作　者
2023 年 3 月于苏州大学

目　录

第 0 章　绪论 …… 1

0.1　电磁场与电磁波的含义 …… 1

0.2　本课程与其他课程的关系 …… 1

0.3　本课程的知识结构体系 …… 2

本章思维导图 …… 5

第 1 章　矢量分析与场论 …… 6

1.1　基本概念和公式 …… 6

1.2　重点与难点 …… 14

1.3　典型例题分析 …… 15

1.4　部分习题参考答案 …… 18

1.5　练习题 …… 20

1.6　使用信息技术工具制作的演示模块 …… 21

第 2 章　静电场和恒定电场 …… 26

2.1　基本概念和公式 …… 26

2.2　重点与难点 …… 33

2.3　典型例题分析 …… 36

2.4　部分习题参考答案 …… 39

2.5　练习题 …… 45

2.6　使用信息技术工具制作的演示模块 …… 46

本章思维导图 …… 49

第 3 章　边值问题的解法 …… 50

3.1　基本概念和公式 …… 50

3.2　重点与难点 …… 55

3.3　典型例题分析 …… 56

3.4　部分习题参考答案 …… 61

3.5　练习题 …… 77

3.6　使用信息技术工具制作的演示模块 …… 78

本章思维导图 …… 80

第 4 章　恒定电流的磁场 …… 81

4.1　基本概念和公式 …… 81

4.2　重点与难点 …… 85

4.3　典型例题分析 …… 85

4.4　部分习题参考答案 …… 87

4.5　练习题 …… 94

4.6　使用信息技术工具制作的演示模块 …… 95

本章思维导图 …… 98
第 5 章　时变电磁场 …… 99
5.1　基本概念和公式 …… 99
5.2　重点与难点 …… 105
5.3　典型例题分析 …… 108
5.4　部分习题参考答案 …… 110
5.5　练习题 …… 120
本章思维导图 …… 121
第 6 章　平面电磁波 …… 122
6.1　基本概念和公式 …… 122
6.2　重点与难点 …… 133
6.3　典型例题分析 …… 137
6.4　部分习题参考答案 …… 139
6.5　练习题 …… 152
6.6　使用信息技术工具制作的演示模块 …… 154
第 7 章　传输线 …… 157
7.1　基本概念和公式 …… 157
7.2　重点与难点 …… 167
7.3　典型例题分析 …… 169
7.4　部分习题参考答案 …… 171
7.5　练习题 …… 178
第 8 章　波导与谐振器 …… 179
8.1　基本概念和公式 …… 179
8.2　重点与难点 …… 186
8.3　典型例题分析 …… 187
8.4　部分习题参考答案 …… 189
8.5　练习题 …… 193
第 9 章　电磁波的辐射与接收 …… 194
9.1　基本概念和公式 …… 194
9.2　重点与难点 …… 202
9.3　典型例题分析 …… 203
9.4　部分习题参考答案 …… 205
9.5　练习题 …… 214
第 10 章　无线信道、电磁干扰与电磁兼容 …… 216
10.1　基本概念和公式 …… 216
10.2　重点与难点 …… 224
10.3　典型例题分析 …… 225
10.4　部分习题参考答案 …… 226

第 0 章 绪　论

0.1 电磁场与电磁波的含义

电磁场与电磁波包括“电场”“磁场”“电磁场”和“电磁波”四个概念。不随时间变化的电荷产生**电场**，电流产生**磁场**，静态电荷产生静电场，恒定速度运动的电荷产生恒定电场，恒定的电流产生恒定磁场，此时电场与磁场是可以单独分析的；但当讨论的场随时间变化时，变化的电场可以产生磁场，变化的磁场也会产生电场，此时电场和磁场已经不能分割了，从而构成了**电磁场**；而在无源区域，由于时变的电场、磁场可以相互为源，从而形成波动，因此产生了**电磁波**传播的现象。可以说，电磁波是电磁场的一种表现形式。

电场、磁场、电磁场与电磁波的逻辑关系是：最普遍的是时变电磁场，静态电场、恒定磁场以及电磁波均为其特例，如图 0-1 所示。从教与学的方式看，可以从普遍(时变电磁场)到特殊(静态电场、恒定磁场以及电磁波)，也可以从特殊(静态电场、恒定磁场)向普遍(时变电磁场)拓宽，最后讨论其特例(电磁波)。本教材从顺序认知的角度选用了后者。

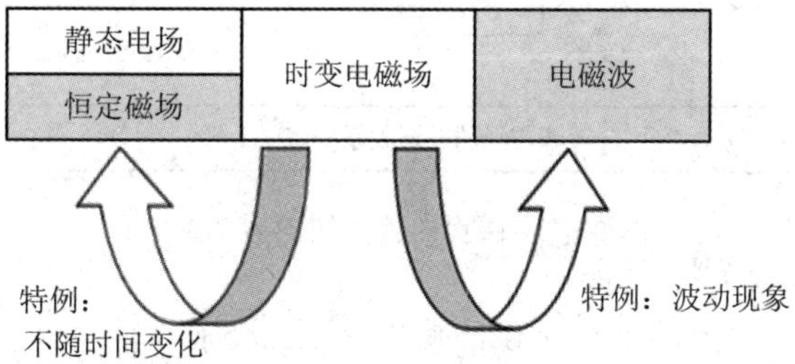

图 0-1　电场、磁场、电磁场、电磁波的关系

0.2 本课程与其他课程的关系

“路”与“场”是电子信息类专业学生必须掌握的两个重要知识点，而电磁场与电磁波是建立“场”观念的重要基础课程。该课程也是学习射频与无线通信、高速电路设计、电磁兼容等课程不可或缺的基础，还是教育部高等学校电子信息学科教学指导委员会确定的重要理论基础课程。本课程与其他课程的关系如图 0-2 所示。

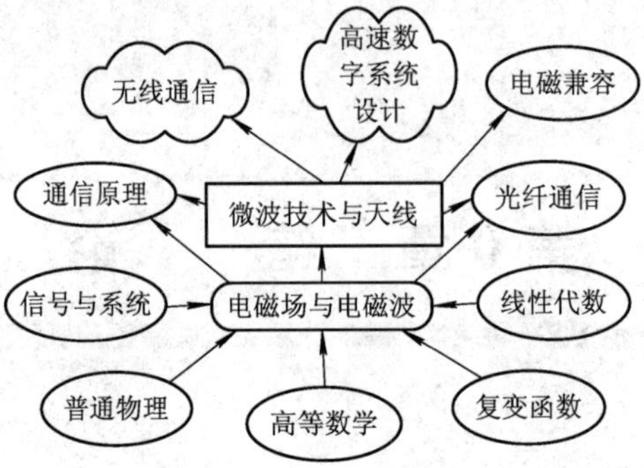

图 0－2　本课程与其他课程的关系

0.3　本课程的知识结构体系

本课程以掌握电磁场的基本规律为目标，以场论(源与场的普遍关系)为基础，深入学习静电场、恒定磁场、时变电磁场以及电磁波的基本规律，为学生在后续电波传播、天线设计、射频与微波电路设计、电磁兼容等工程应用方向的进一步深造打下坚实的基础。

本课程的整体知识体系图如图 0－3 所示。本课程包含了源与场的普遍关系(场论)，电场、磁场、时变电磁场、电磁波的关系，工程应用基础三大模块。

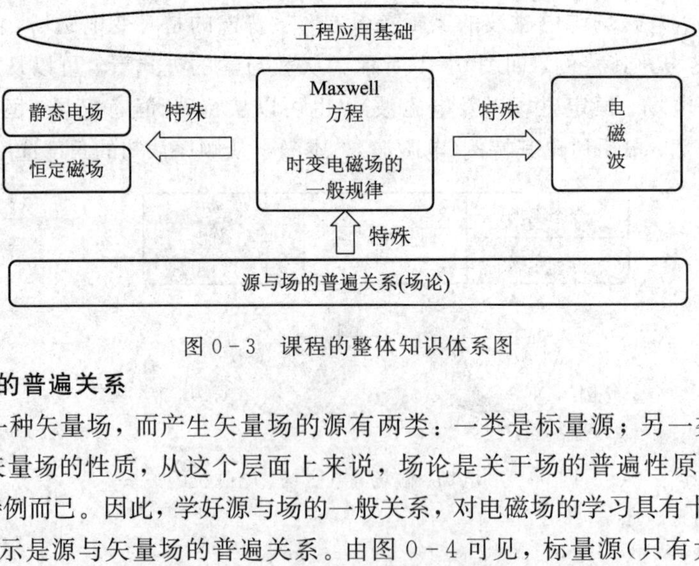

图 0－3　课程的整体知识体系图

1. 源与场的普遍关系

电磁场是一种矢量场，而产生矢量场的源有两类：一类是标量源；另一类是矢量源。源的性质决定了矢量场的性质，从这个层面上来说，场论是关于场的普遍性原理，而电磁场只是场论的一个特例而已。因此，学好源与场的一般关系，对电磁场的学习具有十分重要的意义。

图 0－4 所示是源与矢量场的普遍关系。由图 0－4 可见，标量源(只有大小、没有方向

源与矢量场的关系	标量源 ρ_V	无旋场 $\nabla\times\boldsymbol{A}_1=0$	保守场 $\oint_l \boldsymbol{A}_1\cdot d\boldsymbol{l}=0$	有势场 $\boldsymbol{A}=-\nabla\phi$
	矢量源 $\boldsymbol{J}$	无散场 $\nabla\cdot\boldsymbol{A}_2=0$	有旋场 $\nabla\times\boldsymbol{A}_2=\boldsymbol{J}$	连续场 $\boldsymbol{A}=\nabla\times\boldsymbol{F}$

图 0－4　源与矢量场的普遍关系

静电场	$\nabla\times\boldsymbol{E}=\mathbf{0}$ $\nabla\cdot\boldsymbol{D}=\rho_V$ $\oint_S\boldsymbol{D}\cdot\mathrm{d}\boldsymbol{S}=\int_V\rho_V\mathrm{d}V=q$
恒定电场	$\nabla\times\boldsymbol{E}=\mathbf{0}$ $\nabla\cdot\boldsymbol{J}=0$ $\oint_S\boldsymbol{E}\cdot\mathrm{d}\boldsymbol{l}=0$ $\int_S\boldsymbol{J}\cdot\mathrm{d}\boldsymbol{S}=0$
恒定磁场	$\nabla\times\boldsymbol{H}=\boldsymbol{J}$ $\nabla\cdot\boldsymbol{B}=0$ $\oint_S\boldsymbol{H}\cdot\mathrm{d}\boldsymbol{l}=\int_S\boldsymbol{J}\cdot\mathrm{d}\boldsymbol{S}$ $\int_S\boldsymbol{B}\cdot\mathrm{d}\boldsymbol{S}=0$

⇨

Maxwell 方程			
	时域方程	频域方程	
旋度	$\begin{cases}\nabla\times\boldsymbol{H}=\boldsymbol{J}=\dfrac{\partial\boldsymbol{D}}{\partial t}\\\nabla\times\boldsymbol{E}=-\dfrac{\partial\boldsymbol{B}}{\partial t}\end{cases}$	$\begin{cases}\nabla\times\boldsymbol{H}=\boldsymbol{J}+\mathrm{j}\omega\boldsymbol{D}\\\nabla\times\boldsymbol{E}=-\mathrm{j}\omega\boldsymbol{B}\end{cases}$	微分方程
散度	$\begin{cases}\nabla\cdot\boldsymbol{B}=0\\\nabla\cdot\boldsymbol{D}=\rho_V\end{cases}$	$\begin{cases}\nabla\cdot\boldsymbol{B}=0\\\nabla\cdot\boldsymbol{D}=\rho_V\end{cases}$	
环量	$\begin{cases}\oint_C\boldsymbol{H}\cdot\mathrm{d}\boldsymbol{l}=\int_S\left(\boldsymbol{J}+\dfrac{\partial\boldsymbol{D}}{\partial t}\right)\cdot\mathrm{d}\boldsymbol{S}\\\oint_C\boldsymbol{E}\cdot\mathrm{d}\boldsymbol{l}=-\int_S\dfrac{\partial\boldsymbol{B}}{\partial t}\cdot\mathrm{d}\boldsymbol{S}\end{cases}$	$\begin{cases}\oint_C\boldsymbol{H}\cdot\mathrm{d}\boldsymbol{l}=\int_S(\boldsymbol{J}+\mathrm{j}\omega\boldsymbol{D})\cdot\mathrm{d}\boldsymbol{S}\\\oint_C\boldsymbol{E}\cdot\mathrm{d}\boldsymbol{l}=-\mathrm{j}\omega\int_S\boldsymbol{B}\cdot\mathrm{d}\boldsymbol{S}\end{cases}$	积分方程
通量	$\begin{cases}\oint_S\boldsymbol{B}\cdot\mathrm{d}\boldsymbol{S}=0\\\oint_S\boldsymbol{D}\cdot\mathrm{d}\boldsymbol{S}=\int_V\rho_V\mathrm{d}V=q\end{cases}$	$\begin{cases}\oint_S\boldsymbol{B}\cdot\mathrm{d}\boldsymbol{S}=0\\\oint_S\boldsymbol{D}\cdot\mathrm{d}\boldsymbol{S}=\int_V\rho_V\mathrm{d}V=q\end{cases}$	
本构关系			
$\boldsymbol{D}=\varepsilon\boldsymbol{E}$	$\boldsymbol{B}=\mu\boldsymbol{H}$	$\boldsymbol{J}=\sigma\boldsymbol{E}$	
边界条件			
电场	$D_{1n}=D_{2n}=\rho_V$ $\boldsymbol{n}\times(\boldsymbol{E}_1-\boldsymbol{E}_2)=\mathbf{0}$	$B_{1n}=B_{2n}$ $\boldsymbol{n}\times(\boldsymbol{H}_1-\boldsymbol{H}_2)=\boldsymbol{J}_S$	磁场

⇨

坡印亭定理	$-\oint_S(\boldsymbol{E}\times\boldsymbol{H})\cdot\mathrm{d}\boldsymbol{S}=\int_V\left[\boldsymbol{H}\cdot\dfrac{\partial\boldsymbol{B}}{\partial t}+\boldsymbol{E}\cdot\dfrac{\partial\boldsymbol{D}}{\partial t}+\boldsymbol{J}\cdot\boldsymbol{E}\right]\mathrm{d}V$ 单位时间体积内电磁场能量的减少量等于流出闭合曲面的电磁能和热能之和
波动方程	$\nabla^2\boldsymbol{E}=\bar{k}^2\boldsymbol{E}=0$ $\nabla^2\boldsymbol{H}+\bar{k}^2\boldsymbol{H}=0$ $\tilde{k}=\omega\sqrt{\mu\varepsilon}=\beta-\mathrm{j}\alpha$ $\bar{\varepsilon}=\varepsilon\left(1-\mathrm{j}\dfrac{\sigma}{\omega\varepsilon}\right)$

图 0－5　电场、磁场、电磁场与电磁波的关系图

的量)所产生的矢量场一定是无旋场(旋度为零)、保守场(闭合曲线积分为零)和有势场(可以用标量势函数表达);而矢量源所产生的矢量场一定是无散场(散度为零)、有旋场(旋度就是其矢量源)和连续场(可以用另外一个矢量函数表达)。

2. 电场、磁场、时变电磁场、电磁波的关系

电磁理论部分包括静态电场、恒定磁场、时变电磁场和电磁波四个部分。其中,基于时变电磁场的 Maxwell 方程表征电磁场的普遍规律,可以从时域和频域两个方面来表征,而其规律可用积分(通量和环量)和微分(散度和旋度)分别表示,再加上关于介质的本构关系、不同边界上满足的边界条件,就形成了完整的电磁理论体系;静态电场(包括静电场、恒定电场)和恒定磁场是不随时间变化的源所产生的电磁场,而且电场和磁场相互独立;电磁波是无源区域时变电磁场所满足的电场、磁场互为源的一种特殊的形式。我们可以用图 0-5 来表达这四部分之间的相互关系。

3. 电磁场的工程应用基础

电磁场理论是学习无线通信、高速电路设计和电磁兼容等的必备知识,在此基础上的传输线理论、微波导波系统与谐振器、电磁波的辐射与接收、无线信道、电磁干扰与电磁兼容等知识是后续工程应用的基础,它们与前面的电磁理论一起构成了射频与微波领域的基础知识群。图 0-6 所示为电磁场工程应用基础部分的知识要点和对应的应用领域。

序号	知识要点	应用领域
1	传输线理论	微波器件与天线、高速电路设计
2	微波导波系统与谐振器	微波器件
3	电磁波的辐射与接收	天线、电磁兼容
4	无线信道	无线通信、电磁干扰
5	电磁干扰与电磁兼容	电子系统设计、高速电路设计

图 0-6 电磁场工程应用基础的知识要点与对应应用领域

总之,根据场论知识,产生矢量场的源有两类:标量源和矢量源。标量源产生的矢量场具有无旋、保守、有势特性,而矢量源产生的矢量场是无散的、连续的。这是源与场的一般关系,而无论是静电场、恒定电场、恒定磁场还是时变电磁场,它们均是矢量场,可以说电磁理论是场论在电磁领域的具体体现。电磁理论课程体系主要涉及电磁基本理论及电磁工程两个方面:电磁基本理论主要研究电磁场的源与场的关系以及电磁波在空间传播的基本规律;电磁工程主要讨论电磁波的产生、辐射、传播、电磁干扰、电磁兼容及电磁理论在各方面的应用等。

本章思维导图

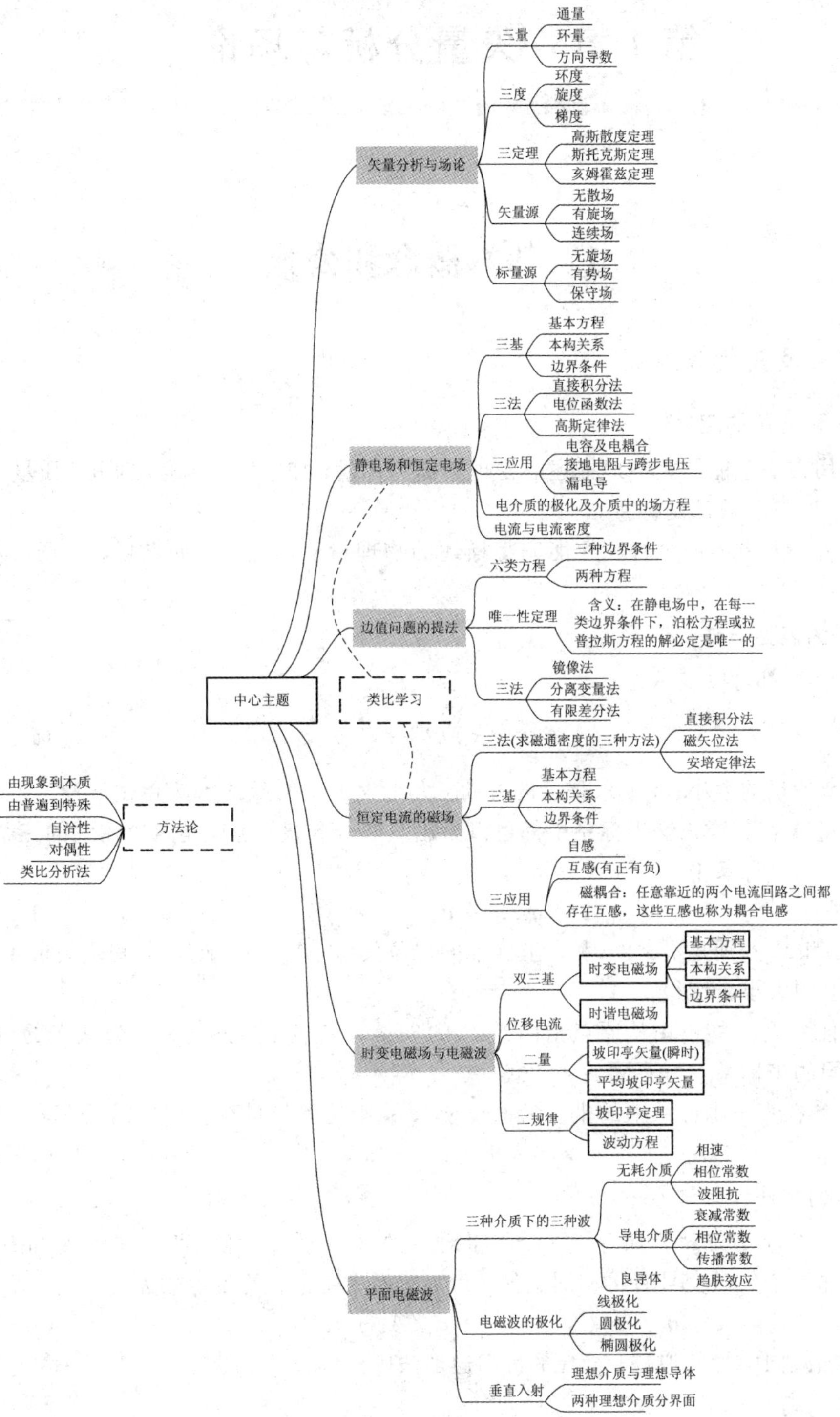
中心主题
矢量分析与场论
三量
通量
环量
方向导数
三度
环度
旋度
梯度
三定理
高斯散度定理
斯托克斯定理
亥姆霍兹定理
矢量源
无散场
有旋场
连续场
标量源
无旋场
有势场
保守场
静电场和恒定电场
三基
基本方程
本构关系
边界条件
三法
直接积分法
电位函数法
高斯定律法
三应用
电容及电耦合
接地电阻与跨步电压
漏电导
电介质的极化及介质中的场方程
电流与电流密度
边值问题的提法
六类方程
三种边界条件
两种方程
唯一性定理
含义：在静电场中，在每一类边界条件下，泊松方程或拉普拉斯方程的解必定是唯一的
三法
镜像法
分离变量法
有限差分法
类比学习
恒定电流的磁场
三法(求磁通密度的三种方法)
直接积分法
磁矢位法
安培定律法
三基
基本方程
本构关系
边界条件
三应用
自感
互感(有正有负)
磁耦合：任意靠近的两个电流回路之间都存在互感，这些互感也称为耦合电感
时变电磁场与电磁波
双三基
时变电磁场
基本方程
本构关系
边界条件
时谐电磁场
位移电流
二量
坡印亭矢量(瞬时)
平均坡印亭矢量
二规律
坡印亭定理
波动方程
平面电磁波
三种介质下的三种波
无耗介质
相速
相位常数
波阻抗
导电介质
衰减常数
相位常数
传播常数
良导体
趋肤效应
电磁波的极化
线极化
圆极化
椭圆极化
垂直入射
理想介质与理想导体
两种理想介质分界面
方法论
由现象到本质
由普遍到特殊
自洽性
对偶性
类比分析法

第1章 矢量分析与场论

1.1 基本概念和公式

1.1.1 矢量及其代数运算

1. 标量和矢量的定义

一个仅用大小就能够完整地描述的物理量称为标量，如电压、温度、时间、质量、电荷等。实际上，所有实数都是标量。

一个由大小和方向两个特征才能完整描述的物理量称为矢量，如电场、磁场、力、速度、力矩等。

2. 矢量的表达方法

任一矢量 $\boldsymbol{A}$ 都可以表示为

$$\boldsymbol{A} = \boldsymbol{a}A \text{ 或 } \boldsymbol{a} = \frac{\boldsymbol{A}}{A} \tag{1-1-1}$$

式中：A 表示矢量的大小；$\boldsymbol{a}$ 表示矢量的方向。大小为1的矢量 $\boldsymbol{A}$ 称为单位矢量。

任一矢量 $\boldsymbol{A}$ 在三维正交坐标系中都可以给出其三个分量，也就是可以用它的三个分量来表达。在直角坐标系中，矢量 $\boldsymbol{A}$ 表示为

$$\boldsymbol{A} = \boldsymbol{a}_x A_x + \boldsymbol{a}_y A_y + \boldsymbol{a}_z A_z \tag{1-1-2}$$

式中：$\boldsymbol{a}_x$、$\boldsymbol{a}_y$ 和 $\boldsymbol{a}_z$ 分别是沿 x、y 和 z 坐标轴的单位矢量；A_x、A_y 和 A_z 分别是矢量 $\boldsymbol{A}$ 在 x、y 和 z 方向上的大小(投影)。

空间的任一点 P 能够由从原点指向点 P 的矢量 $\boldsymbol{r}$ 来表示，矢量 $\boldsymbol{r}$ 称为该点的位置矢量，它在不同的坐标系中有不同的表达式。

如果点 P 在直角坐标系中的坐标为 (x, y, z)，则位置矢量在直角坐标系中表示为

$$\boldsymbol{r} = \boldsymbol{a}_x x + \boldsymbol{a}_y y + \boldsymbol{a}_z z \tag{1-1-3}$$

3. 矢量的加法和减法

任意两个矢量 $\boldsymbol{A}$ 与 $\boldsymbol{B}$ 相加等于两个矢量对应的分量相加，任意两个矢量 $\boldsymbol{A}$ 与 $\boldsymbol{B}$ 的差等于将其中的一个矢量变号后再相加。在直角坐标系中，它们的表达式为

$$\boldsymbol{C} = \boldsymbol{A} \pm \boldsymbol{B} = \boldsymbol{a}_x (A_x \pm B_x) + \boldsymbol{a}_y (A_y \pm B_y) + \boldsymbol{a}_z (A_z \pm B_z) \tag{1-1-4}$$

矢量的加减同向量的加减，符合平行四边形法则。

4. 矢量的乘积

矢量的乘积包括标量积和矢量积。

1）标量积

任意两个矢量 $\boldsymbol{A}$ 与 $\boldsymbol{B}$ 的标量积等于两个矢量的大小与它们夹角的余弦之乘积。两个矢量的标量积是标量。标量积也称为点积，其表达式为

$$\boldsymbol{A}\cdot\boldsymbol{B}=AB\ \cos\theta \tag{1-1-5}$$

标量积在直角坐标系中也可以写为

$$\boldsymbol{A}\cdot\boldsymbol{B}=A_xB_x+A_yB_y+A_zB_z \tag{1-1-6}$$

2）矢量积

任意两个矢量 $\boldsymbol{A}$ 与 $\boldsymbol{B}$ 的矢量积是矢量，该矢量的大小等于两个矢量的大小与它们夹角的正弦之乘积，其方向垂直于 $\boldsymbol{A}$ 与 $\boldsymbol{B}$ 构成的平面，且与 $\boldsymbol{A}$、$\boldsymbol{B}$ 满足右手螺旋定则。矢量积又称为叉积，其表达式为

$$\boldsymbol{C}=\boldsymbol{A}\times\boldsymbol{B}=\boldsymbol{a}_nAB\ \sin\theta \tag{1-1-7}$$

矢量积在直角坐标系中还可以表示为

$$\begin{aligned}\boldsymbol{A}\times\boldsymbol{B}&=\begin{vmatrix}\boldsymbol{a}_x & \boldsymbol{a}_y & \boldsymbol{a}_z\\ A_x & A_y & A_z\\ B_x & B_y & B_z\end{vmatrix}\\&=\boldsymbol{a}_x(A_yB_z-A_zB_y)+\boldsymbol{a}_y(A_zB_x-A_xB_z)+\boldsymbol{a}_z(A_xB_y-A_yB_x)\end{aligned} \tag{1-1-8}$$

小贴士　如果任意两个不为零的矢量 $\boldsymbol{A}$ 与 $\boldsymbol{B}$ 的点积等于零，则这两个矢量必然相互垂直，反之也成立；如果任意两个不为零的矢量 $\boldsymbol{A}$ 与 $\boldsymbol{B}$ 的叉积等于零，则这两个矢量必然相互平行，反之亦然。

1.1.2　圆柱坐标系和球坐标系

在正交坐标系中，除直角坐标系外，常用的还有圆柱坐标系和球坐标系。当物体具有圆柱对称结构时，采用圆柱坐标系表示比较方便；当物体具有球对称结构时，采用球坐标系表示比较方便。这两种坐标系在电磁分析中经常被用到。

1. 圆柱坐标系

圆柱坐标系中有三个等值面，它们相互垂直，形成正交坐标系，见图 1-1。

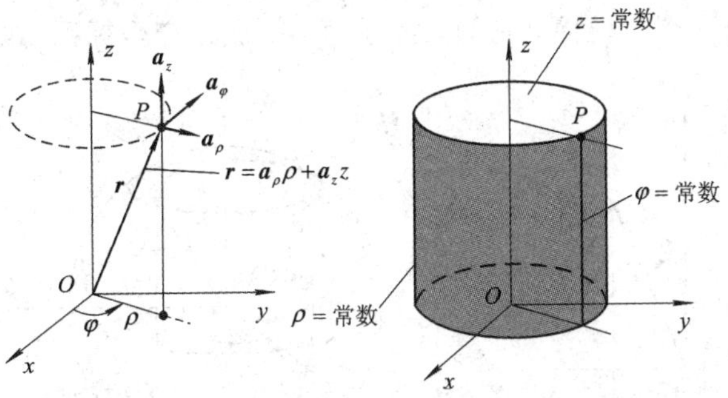

图 1-1　圆柱坐标系各量的定义及其与直角坐标系的关系

1）圆柱坐标与直角坐标的关系

空间任一点 P 的位置可以用圆柱坐标系中的三个变量（ρ，φ，z）来表示。圆柱坐标与

直角坐标之间的关系为

$$\begin{cases} x = \rho\cos\varphi \\ y = \rho\sin\varphi \\ z = z \end{cases} \tag{1-1-9}$$

2) 单位矢量

圆柱坐标系的三个单位矢量为 $\boldsymbol{a}_\rho$、$\boldsymbol{a}_\varphi$ 和 $\boldsymbol{a}_z$，分别指向 ρ、φ 和 z 增加的方向且互相正交并遵循右手螺旋定则。

3) 位置矢量 $\boldsymbol{r}$

圆柱坐标系的位置矢量 $\boldsymbol{r}$ 可表达为

$$\boldsymbol{r} = \boldsymbol{a}_\rho\rho + \boldsymbol{a}_z z \tag{1-1-10}$$

4) 圆柱坐标系与直角坐标系单位矢量的转换

直角坐标系中的单位矢量与圆柱坐标系中的单位矢量的变换关系写成矩阵形式为

$$\begin{bmatrix} \boldsymbol{a}_\rho \\ \boldsymbol{a}_\varphi \\ \boldsymbol{a}_z \end{bmatrix} = \begin{bmatrix} \cos\varphi & \sin\varphi & 0 \\ -\sin\varphi & \cos\varphi & 0 \\ 0 & 0 & 1 \end{bmatrix} \begin{bmatrix} \boldsymbol{a}_x \\ \boldsymbol{a}_y \\ \boldsymbol{a}_z \end{bmatrix} \tag{1-1-11}$$

5) 拉梅系数与积分

圆柱坐标系中的拉梅系数为

$$h_1 = \frac{\mathrm{d}l_\rho}{\mathrm{d}\rho} = 1,\quad h_2 = \frac{\mathrm{d}l_\varphi}{\mathrm{d}\varphi} = \rho,\quad h_3 = \frac{\mathrm{d}l_z}{\mathrm{d}z} = 1 \tag{1-1-12}$$

小贴士 拉梅系数可以方便地在三个不同坐标系中用同一公式来表达矢量的运算。

圆柱坐标系三个坐标面的积分分别为

$$\mathrm{d}\boldsymbol{S}_\rho = \boldsymbol{a}_\rho\,\mathrm{d}l_\varphi\,\mathrm{d}l_z = \boldsymbol{a}_\rho\rho\,\mathrm{d}\varphi\,\mathrm{d}z \tag{1-1-13}$$

$$\mathrm{d}\boldsymbol{S}_\varphi = \boldsymbol{a}_\varphi\,\mathrm{d}l_\rho\,\mathrm{d}l_z = \boldsymbol{a}_\varphi\,\mathrm{d}\rho\,\mathrm{d}z \tag{1-1-14}$$

$$\mathrm{d}\boldsymbol{S}_z = \boldsymbol{a}_z\,\mathrm{d}l_\rho\,\mathrm{d}l_\varphi = \boldsymbol{a}_z\rho\,\mathrm{d}\varphi\,\mathrm{d}\rho \tag{1-1-15}$$

体积元为

$$\mathrm{d}V = \mathrm{d}l_\rho\,\mathrm{d}l_\varphi\,\mathrm{d}l_z = \rho\,\mathrm{d}\rho\,\mathrm{d}\varphi\,\mathrm{d}z \tag{1-1-16}$$

2. 球坐标系

球坐标系中也有三个等值面，它们相互垂直，形成正交坐标系，见图 1-2。

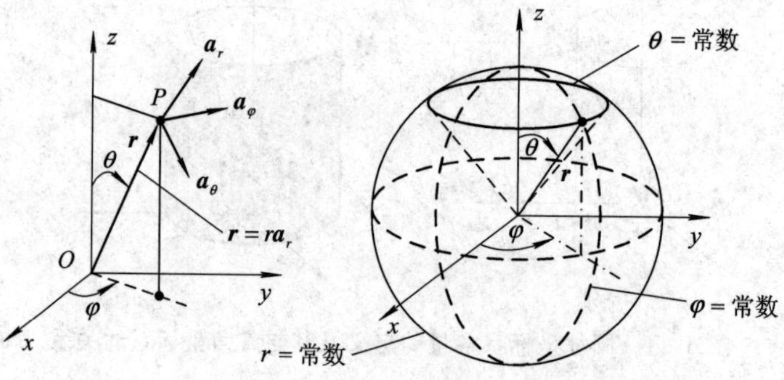

图 1-2 球坐标系各量的定义及其与直角坐标系的关系

1）球坐标与直角坐标的关系

在球坐标系中，空间任一点 P 唯一地用三个坐标变量 (r, θ, φ) 来表示，它们与直角坐标之间的关系为

$$\begin{cases} x = r\sin\theta\cos\varphi \\ y = r\sin\theta\sin\varphi \\ z = r\cos\theta \end{cases} \tag{1-1-17}$$

2）单位矢量

球坐标系中任意点的三个单位矢量为 $\boldsymbol{a}_r$、$\boldsymbol{a}_\theta$ 和 $\boldsymbol{a}_\varphi$，它们分别沿着三个坐标增大的方向且互相正交并遵循右手螺旋定则。

3）位置矢量

球坐标系的位置矢量可以表示为

$$\boldsymbol{r} = \boldsymbol{a}_r r \tag{1-1-18}$$

4）单位矢量的转换

直角坐标系中的单位矢量与球坐标系中的单位矢量的变换表达式为

$$\begin{bmatrix} \boldsymbol{a}_r \\ \boldsymbol{a}_\theta \\ \boldsymbol{a}_\varphi \end{bmatrix} = \begin{bmatrix} \sin\theta\cos\varphi & \sin\theta\sin\varphi & \cos\theta \\ \cos\theta\cos\varphi & \cos\theta\sin\varphi & -\sin\theta \\ -\sin\varphi & \cos\varphi & 0 \end{bmatrix} \begin{bmatrix} \boldsymbol{a}_x \\ \boldsymbol{a}_y \\ \boldsymbol{a}_z \end{bmatrix} \tag{1-1-19}$$

5）拉梅系数与积分

球坐标中的拉梅系数为

$$h_1 = \frac{\mathrm{d}l_r}{\mathrm{d}r} = 1,\quad h_2 = \frac{\mathrm{d}l_\theta}{\mathrm{d}\theta} = r,\quad h_3 = \frac{\mathrm{d}l_\varphi}{\mathrm{d}\varphi} = r\sin\theta \tag{1-1-20}$$

球坐标系三个坐标面的积分分别为

$$\mathrm{d}\boldsymbol{S}_r = \boldsymbol{a}_r \mathrm{d}l_\theta \mathrm{d}l_\varphi = \boldsymbol{a}_r r^2 \sin\theta\,\mathrm{d}\theta\,\mathrm{d}\varphi \tag{1-1-21}$$

$$\mathrm{d}\boldsymbol{S}_\theta = \boldsymbol{a}_\theta\,\mathrm{d}l_r\,\mathrm{d}l_\varphi = \boldsymbol{a}_\theta r \sin\theta\,\mathrm{d}r\,\mathrm{d}\varphi \tag{1-1-22}$$

$$\mathrm{d}\boldsymbol{S}_\varphi = \boldsymbol{a}_\varphi\,\mathrm{d}l_r\,\mathrm{d}l_\theta = \boldsymbol{a}_\varphi r\,\mathrm{d}r\,\mathrm{d}\theta \tag{1-1-23}$$

球坐标的体积元为

$$\mathrm{d}V = \mathrm{d}l_r\,\mathrm{d}l_\theta\,\mathrm{d}l_\varphi = r^2\sin\theta\,\mathrm{d}r\,\mathrm{d}\theta\,\mathrm{d}\varphi \tag{1-1-24}$$

1.1.3　矢量场

1. 定义

赋予物理意义的矢性函数称为矢量场，一般矢量场均占有空间。

2. 矢量场的矢量线

矢量线是这样一些曲线，即在曲线的每一点上，场的矢量都位于该点处的切线方向上，如电场的电力线、磁场的磁力线等。用矢量线可以直观地描绘矢量场在空间的分布状况。

在直角坐标系中，矢量场的矢量线满足的微分方程为

$$\frac{\mathrm{d}x}{A_x} = \frac{\mathrm{d}y}{A_y} = \frac{\mathrm{d}z}{A_z} \tag{1-1-25}$$

小贴士　矢量线也称为力线，它可以直观形象地表达矢量场在空间的分布状况。

3. 矢量场的通量和散度

1）矢量场的通量

矢量场 $\boldsymbol{A}$ 穿过某个曲面 S 的通量为

$$\Phi=\int_S \boldsymbol{A}\cdot \mathrm{d}\boldsymbol{S}=\int_S A\cos\theta\,\mathrm{d}S \tag{1-1-26}$$

如果 S 是一个闭合曲面，则通过闭合曲面的总通量可表示为

$$\Phi=\oint_S \boldsymbol{A}\cdot \mathrm{d}\boldsymbol{S}=\oint_S \boldsymbol{A}\cdot \boldsymbol{n}\,\mathrm{d}S \tag{1-1-27}$$

讨论：

(1) 通量是标量，它是由 S 内的源决定的。如果 $\Phi>0$，说明 S 内有正源；如果 $\Phi<0$，说明 S 内有负源；如果 $\Phi=0$，说明 S 内无源，或者正源与负源相抵消。

(2) 矢量场在闭合曲面 S 上的通量描绘的是整个闭合曲面范围内发散源的分布状况。

2）矢量场的散度

设矢量场 $\boldsymbol{A}$ 穿过一个包含 P 点在内的任一闭合曲面 S 的通量为 $\oint_S \boldsymbol{A}\cdot \mathrm{d}\boldsymbol{S}$，则矢量场 $\boldsymbol{A}$ 在 P 点处的散度为

$$\mathrm{div}\,\boldsymbol{A}=\nabla\cdot\boldsymbol{A}=\lim_{\Delta V\to 0}\frac{\oint_S \boldsymbol{A}\cdot \boldsymbol{n}\,\mathrm{d}S}{\Delta V} \tag{1-1-28}$$

在直角坐标系中，散度的表达式为

$$\nabla\cdot\boldsymbol{A}=\frac{\partial A_x}{\partial x}+\frac{\partial A_y}{\partial y}+\frac{\partial A_z}{\partial z} \tag{1-1-29}$$

若采用拉梅系数，矢量函数 $\boldsymbol{A}$ 在圆柱坐标系和球坐标系中的散度可以统一表示为

$$\nabla\cdot\boldsymbol{A}=\frac{1}{h_1h_2h_3}\left[\frac{\partial}{\partial q_1}(h_2h_3A_{q_1})+\frac{\partial}{\partial q_2}(h_1h_3A_{q_2})+\frac{\partial}{\partial q_3}(h_1h_2A_{q_3})\right] \tag{1-1-30}$$

式中：q_1、q_2 和 q_3 在圆柱坐标系中分别代表 ρ、φ 和 z，在球坐标系中分别代表 r、θ 和 φ。

讨论：

(1) 散度是标量，它表示场中一点处通量对体积的变化率，称为该点处源的强度，它描述的是场分量在各自方向上的变化规律。

(2) 矢量场的散度用于研究矢量场的标量源在空间的分布状况。

(3) $\nabla\cdot\boldsymbol{A}>0$ 表示矢量场在该点处有散发通量之正源；$\nabla\cdot\boldsymbol{A}<0$ 表示矢量场在该点处有吸收通量之负源；$\nabla\cdot\boldsymbol{A}=0$ 表示矢量场在该点处无源。

(4) 如果 $\nabla\cdot\boldsymbol{A}\equiv 0$，我们称该矢量场为无散场、连续的场或螺旋管式的场。

小贴士　散度反映了矢量场的一种源(标量源)的空间分布。

3）高斯散度定理

在矢量分析中，一个重要的定理是散度定理，其表达式为

$$\int_V \nabla\cdot\boldsymbol{A}\,\mathrm{d}V=\oint_S \boldsymbol{A}\cdot \mathrm{d}\boldsymbol{S} \tag{1-1-31}$$

物理意义：矢量场散度的体积分等于矢量场在包围该体积的闭合面上的法向分量沿闭

合面的面积分。散度定理广泛地用于将一个封闭面积分变成等价的体积分，或者将一个体积分变成等价的封闭面积分。

4. 矢量场的环量及旋度

1）环量

设有矢量场 $\boldsymbol{A}$，$\boldsymbol{l}$ 为场中的一条封闭的有向曲线，定义矢量场 $\boldsymbol{A}$ 环绕闭合路径 $\boldsymbol{l}$ 的线积分为该矢量的环量：

$$\Gamma=\oint_l \boldsymbol{A}\cdot \mathrm{d}\boldsymbol{l}=\oint_l A\ \cos\theta\ \mathrm{d}l \tag{1-1-32}$$

环量同样也是标量，它研究的是闭合曲线内旋涡源的分布状况。如果 $\Gamma\neq 0$，表示闭合曲线内必然有产生这种场的旋涡源；如果 $\Gamma=0$，表示闭合曲线内无旋涡源。

2）旋度

设 P 为矢量场 $\boldsymbol{A}$ 中的任一点，包含 P 点作闭合曲线 $\boldsymbol{l}$，则将矢量场 $\boldsymbol{A}$ 穿过 $\boldsymbol{l}$ 之正向的最大环量与该曲线 $\boldsymbol{l}$ 所包围的面积 ΔS 之比定义为旋度：

$$\mathrm{rot}\ \boldsymbol{A}=\nabla\times\boldsymbol{A}=\boldsymbol{a}_n\lim_{\Delta S\to P}\frac{\left[\oint_l \boldsymbol{A}\cdot \mathrm{d}\boldsymbol{l}\right]_{\max}}{\Delta S} \tag{1-1-33}$$

在直角坐标系中，旋度的表达式为

$$\mathrm{rot}\ \boldsymbol{A}=\nabla\times\boldsymbol{A}=\begin{vmatrix}\boldsymbol{a}_x & \boldsymbol{a}_y & \boldsymbol{a}_z\\ \dfrac{\partial}{\partial x} & \dfrac{\partial}{\partial y} & \dfrac{\partial}{\partial z}\\ A_x & A_y & A_z\end{vmatrix} \tag{1-1-34}$$

若采用拉梅系数，矢量函数 $\boldsymbol{A}$ 在圆柱坐标系和球坐标系中的旋度可以统一表示为

$$\nabla\times\boldsymbol{A}=\frac{1}{h_1h_2h_3}\begin{vmatrix}h_1\boldsymbol{a}_{q_1} & h_2\boldsymbol{a}_{q_2} & h_3\boldsymbol{a}_{q_3}\\ \dfrac{\partial}{\partial q_1} & \dfrac{\partial}{\partial q_2} & \dfrac{\partial}{\partial q_3}\\ h_1A_{q_1} & h_2A_{q_2} & h_3A_{q_3}\end{vmatrix} \tag{1-1-35}$$

式中：q_1、q_2 和 q_3 在圆柱坐标系中分别代表 ρ、φ 和 z，在球坐标系中分别代表 r、θ 和 φ。

讨论：

(1) 旋度是矢量，它表示场中一点处最大的环量面密度，它描述的是场分量在与它相垂直的方向的变化规律。

(2) 矢量场的旋度用于研究矢量场的矢量源在空间的分布状况。

(3) 如果 $\nabla\times\boldsymbol{A}\equiv\boldsymbol{0}$，我们称该矢量场为无旋场或保守场。

(4) 由于任意一个矢量旋度的散度一定为零，因此任意一个散度为零的矢量一定可以用另外一个矢量的旋度来表示，即若 $\nabla\cdot\boldsymbol{B}=0$，则 $\boldsymbol{B}=\nabla\times\boldsymbol{A}$。

小贴士　矢量场的旋度反映了另外一种源(矢量源)的空间分布。从本质上来说，产生矢量场的有两种源：一种是标量源(发散源)；另一种是矢量源(漩涡源)。因此，对于一个矢量场，必须从散度和旋度两个方面来研究，才能确定该矢量场的性质。

3）斯托克斯定理(Stokes' theorem)

矢量分析中另一个重要的定理是斯托克斯定理，其表达式为

$$\oint_l \boldsymbol{A} \cdot \mathrm{d}\boldsymbol{l} = \int_S \mathrm{rot}\, \boldsymbol{A} \cdot \mathrm{d}\boldsymbol{S} \tag{1-1-36}$$

式中：$\boldsymbol{S}$ 是闭合路径 $\boldsymbol{l}$ 所围成的面积，它的方向与 $\boldsymbol{l}$ 的方向满足右手螺旋关系。

物理意义：矢量场 $\boldsymbol{A}$ 的旋度沿曲面 $\boldsymbol{S}$ 法向分量的面积分等于该矢量沿此面积曲线边界的线积分。

1.1.4 标量场

1. 标量场的等值面及方向导数

1) 标量场的定义

一个仅用其大小就可以完整表征的场称为标量场。

2) 标量场的等值面或等值线

一个标量场 u 可以用一个标量函数来表示。在直角坐标系中，$u(x, y, z)=C$(常数)称为标量场 u 的等值面。随着 C 的取值不同，可得到一系列不同的等值面。对于由二维函数 $v=v(x, y)$ 所给定的平面标量场，令 $v(x, y)=C$，随着 C 的取值不同，可得到一系列等值线。

小贴士 标量场的等值面或等值线可以直观地帮助我们了解标量场在空间的分布状况。

3) 方向导数

在直角坐标系中，沿射线 $\boldsymbol{l}$ 方向的方向导数的计算公式为

$$\frac{\partial u}{\partial l} = \frac{\partial u}{\partial x}\cos\alpha + \frac{\partial u}{\partial y}\cos\beta + \frac{\partial u}{\partial z}\cos\gamma \tag{1-1-37}$$

式中：$\cos\alpha$、$\cos\beta$、$\cos\gamma$ 为 $\boldsymbol{l}$ 方向的方向余弦。

2. 梯度

1) 梯度的定义

从标量场 u 中的给定点 P_0 出发，沿不同方向的方向导数一般来说是不同的，最大的方向导数称为函数 u 在点 P_0 处的梯度 grad u，如图 1-3 所示。梯度方向也称为最陡下降方向。

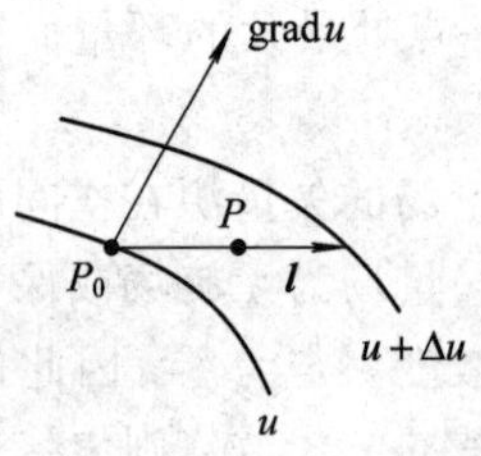

图 1-3 u 沿不同方向的变化率

2) 梯度的表达式

梯度的表达式为

$$\mathrm{grad}\, u = \nabla u = \boldsymbol{a}_x \frac{\partial u}{\partial x} + \boldsymbol{a}_y \frac{\partial u}{\partial y} + \boldsymbol{a}_z \frac{\partial u}{\partial z} \tag{1-1-38}$$

3) 梯度的积分

一个无旋场 $\boldsymbol{F}$ 一定可以用另外一个标量场 u 的梯度来表示，即 $\boldsymbol{F}=\nabla u$。已知无旋场 $\boldsymbol{F}$ 的分布，并选定始点 P_1 为参考点，则任意动点 P_2 的标量场 u 可表示为

$$u(P_2)=\int_{P_1}^{P_2}\nabla u\cdot \mathrm{d}\boldsymbol{l}+u(P_1)=\int_{P_1}^{P_2}\boldsymbol{F}\cdot \mathrm{d}\boldsymbol{l}+C \tag{1-1-39}$$

无旋场沿不同路径的积分如图 1-4 所示。

讨论：

(1) 梯度是矢量，它的方向是该等值面变化最大的方向，即法线方向。

(2) 标量场中沿射线 $\boldsymbol{l}$ 方向的方向导数等于梯度在 $\boldsymbol{l}$ 方向上的投影。

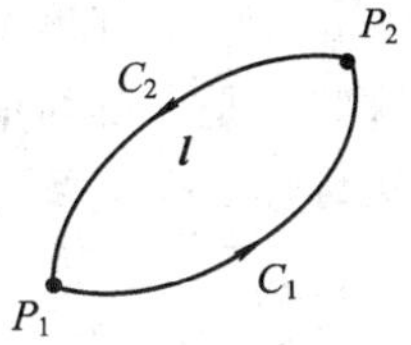

图 1-4　无旋场沿不同路径的积分

(3) 标量函数取梯度得到矢量场，该标量函数称为势函数，对应的矢量场称为有势场，也叫无旋场或保守场。对无旋场进行线积分得到势函数。

(4) 保守场沿闭合路径的积分等于零，或者说积分与路径无关。

(5) 对一个标量场取梯度得到矢量场。由于梯度的旋度恒等于零，因此任意一个旋度为零的矢量场一定可以用一个标量场的梯度来表示。也就是说，如果一个矢量场是无旋场，则该无旋场一定可以一个标量函数的梯度来表示。比如，若 $\nabla\times\boldsymbol{E}=\boldsymbol{0}$，则 $\boldsymbol{E}=-\nabla u$；若 $\boldsymbol{E}$ 代表电场，则 u 代表电位函数，其中的负号表示电场的方向为电位下降的方向。

1.1.5　亥姆霍兹定理

1. 亥姆霍兹定理的描述

一般来说，当一个矢量场的两类源(ρ_V，$\boldsymbol{J}$)在空间的分布确定时，该矢量场就唯一地确定了，这一规律称为亥姆霍兹定理。

2. 亥姆霍兹定理的意义

亥姆霍兹定理告诉我们，研究任意一个矢量场(如电场、磁场等)，需要从散度和旋度两个方面去研究，其中：

$$\begin{cases}\nabla\cdot\boldsymbol{A}=\rho_V\\ \nabla\times\boldsymbol{A}=\boldsymbol{J}\end{cases} \tag{1-1-40}$$

式(1-1-40)称为矢量场基本方程的微分形式。

也可以从矢量场的通量和环量两个方面去研究矢量场，即

$$\begin{cases}\oint_S\boldsymbol{A}\cdot \mathrm{d}\boldsymbol{S}=\int_V\rho_V\mathrm{d}V\\ \oint_l\boldsymbol{A}\cdot \mathrm{d}\boldsymbol{l}=\int_S\boldsymbol{J}\cdot \mathrm{d}\boldsymbol{S}\end{cases} \tag{1-1-41}$$

式(1-1-41)称为矢量场基本方程的积分形式。

小贴士　亥姆霍兹定理总结了源与场的积分、微分关系。由该定理可以知道：无旋场一定是保守场，一定是有势场；无散场一定是连续场，一定是有旋场。

1.2 重点与难点

1.2.1 本章重点和难点

(1) 熟练掌握矢量及其代数运算，正确理解场的概念，深刻理解矢量场的性质和特点，掌握矢量场的散度、旋度的意义及求解；深刻理解高斯定理和斯托克斯定理的意义及应用。以上这些均是本章的重点，其中对矢量场旋度的理解是本章的难点。

(2) 标量场的定义及梯度也是本章的重点。

(3) 亥姆霍兹定理及场与源的关系问题是本章的又一个重点。

1.2.2 标量场和矢量场

一个物理量在某空间的无穷集合称为场。若该物理量为标量，则称为标量场；若该物理量为矢量，则称为矢量场。标量场的性质完全可以由它的梯度来表征，而矢量场的性质完全可以由它的散度和旋度来表征。标量场的梯度是矢量场，且该矢量场一定是无旋场(也称为保守场、有势场)。对保守场进行积分就得到该矢量场的势函数(标量场)。标量场梯度的方向是该标量场等值面的法线方向，也是变化率最大的方向。

1.2.3 矢量场的旋度

在矢量场 $\boldsymbol{A}$ 中，包围 P 点作闭合曲线 l，则矢量场 $\boldsymbol{A}$ 穿过 l 之环量与该曲线 l 所包围的面积 ΔS 之比定义为环量面密度。如果 l 围成的面元矢量与矢量场的旋涡面方向重合，则环量面密度最大；如果 l 围成的面元矢量与矢量场的旋涡面方向垂直，则环量面密度等于零；如果 l 围成的面元矢量与矢量场的旋涡面方向有一夹角，则环量面密度总是小于最大值。我们将最大的环量面密度称为旋度。旋度为矢量，它在任意面元方向的投影即为该方向上的环量面密度。

1.2.4 矢量场的两个方程

我们将源看成场的起因，即源是因，场是果，场的性质取决于源的性质。换句话说，只要知道了因，便可知道果。因此，我们可以通过研究矢量场的源的性质来了解矢量场的性质。

矢量场的散度表示该矢量场中一点处通量对体积的变化率，它代表了该矢量场的标量源在空间的分布状况。如果矢量场的散度等于零，我们称该矢量场为无散场。而矢量场的旋度表示该矢量场单位面积上的环量，它代表了该矢量场的矢量源在空间的分布状况。如果矢量场的旋度等于零，我们称该矢量场为无旋场。可见，无旋场的散度不能处处为零，同样，无散场的旋度也不能处处为零，否则该矢量场就不存在。但反过来，一个矢量场的散度和旋度可能都不等于零，也就是既有标量源，又有矢量源。因此，研究一个矢量场，必须既要研究它的标量源，又要研究它的矢量源。如果一个矢量场的标量源和矢量源在空间的分布确定了，则该矢量场就唯一地确定了，这就是亥姆霍兹定理。换句话说，任一矢量场都应该用两个方程来描述，这两个方程可以是微分形式的，也可以是积分形式的。微分形式的两个方程就是该矢量场的散度和旋度，积分形式的两个方程就是该矢量场的通量和环量。

应用高斯定理时要注意：必须当曲面为闭合曲面时才能使用高斯定理将其面积分转换成体积分。同样，必须当曲线是闭合曲线时，斯托克斯定理才成立。

1.3　典型例题分析

【例 1】 过坐标原点沿 z 轴方向流动的线电流 I 产生的矢量场在圆柱坐标系中的表达式为

$$\boldsymbol{B} = \boldsymbol{a}_{\varphi} \frac{\mu_0 I}{2\pi\rho}$$

式中：μ_0 为常数。

试画出该矢量场的矢量线，并标出其方向。

解　要画出矢量线，首先应该求出矢量线方程，也就是要利用教材中的式(1-3-5)。而要利用这个公式，就应该将矢量场的圆柱坐标系表达式转变为直角坐标系表达式。具体如下：

由于

$$\begin{aligned}\boldsymbol{B} &= \boldsymbol{a}_{\varphi} \frac{\mu_0 I}{2\pi\rho} \\ &= [\boldsymbol{a}_x(-\sin\varphi) + \boldsymbol{a}_y\cos\varphi]\rho \frac{\mu_0 I}{2\pi\rho^2} \\ &= [\boldsymbol{a}_x(-y) + \boldsymbol{a}_y x]\frac{\mu_0 I}{2\pi(x^2+y^2)}\end{aligned}$$

根据教材中的式(1-3-5)，则有

$$\frac{-y}{\mathrm{d}x} = \frac{x}{\mathrm{d}y}$$

上式整理后可得矢量线方程为

$$x^2 + y^2 = C^2$$

式中：C 为常数。

可见，该矢量场的矢量线是一组圆心位于坐标原点的同心圆，由题目中给出的矢量场的表达式可知矢量场的方向为 $\boldsymbol{a}_{\varphi}$ 方向，如图 1-5 所示。

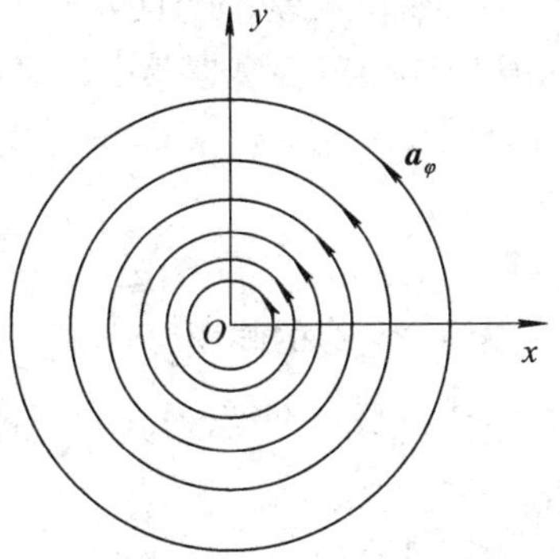

图 1-5　沿 z 轴流动的线电流产生的场的矢量线

【例 2】 某矢量场 $\boldsymbol{A}=\boldsymbol{a}_x xyz$，今有一球心位于坐标原点、半径为 1 的球，求矢量场穿过上半球面的通量。

解 由于曲面是非闭合的，因此采用直接面积分的方法求通量。当然也可以将非闭合曲面转换成闭合曲面，然后采用高斯定理求解。

(1) 直接面积分法。

根据通量的定义，矢量场穿过球面的通量为

$$\Phi=\int_S \boldsymbol{A}\cdot \mathrm{d}\boldsymbol{S}=\int_S \boldsymbol{a}_x xyz\cdot \boldsymbol{a}_r \sin\theta\,\mathrm{d}\theta\,\mathrm{d}\varphi$$

根据直角坐标和球坐标的单位矢量的关系得

$$\boldsymbol{a}_x\cdot \boldsymbol{a}_r=\sin\theta\cos\varphi$$

再根据球坐标与直角坐标的转换，有

$$\Phi=\int_0^{\pi/2}\int_0^{2\pi}\sin\theta\cos\varphi\sin\theta\sin\varphi\cos\theta\sin^2\theta\cos\varphi\,\mathrm{d}\theta\,\mathrm{d}\varphi=0$$

(2) 高斯定理法。

采用高斯定理求通量时曲面必须是闭合曲面，因此首先将本题中的非闭合曲面转换成闭合曲面，即由圆盘和半球面构成闭合曲面：

$$\oint_S \boldsymbol{A}\cdot \mathrm{d}\boldsymbol{S}=\int_{\text{半球}}\boldsymbol{A}\cdot \mathrm{d}\boldsymbol{S}+\int_{\text{圆盘}}\boldsymbol{A}\cdot \mathrm{d}\boldsymbol{S}=\int_V \nabla\cdot \boldsymbol{A}\,\mathrm{d}V$$

于是待求通量为

$$\Phi=\int_{\text{半球}}\boldsymbol{A}\cdot \mathrm{d}\boldsymbol{S}=\int_V \nabla\cdot \boldsymbol{A}\,\mathrm{d}V-\int_{\text{圆盘}}\boldsymbol{A}\cdot \mathrm{d}\boldsymbol{S}$$

矢量场的散度为 $\nabla\cdot\boldsymbol{A}=\dfrac{\partial A_x}{\partial x}=yz$，而圆盘的法向矢量为 $-\boldsymbol{a}_z$，所以，穿过上半球面的通量为

$$\begin{aligned}\Phi&=\int_V \nabla\cdot \boldsymbol{A}\,\mathrm{d}V-\int_{\text{圆盘}}\boldsymbol{a}_x xyz\cdot(-\boldsymbol{a}_z)r\,\mathrm{d}r\,\mathrm{d}\varphi\\&=\int_0^1\int_0^{\frac{\pi}{2}}\int_0^{2\pi} yzr^2\sin\theta\,\mathrm{d}r\,\mathrm{d}\theta\,\mathrm{d}\varphi-0\\&=\int_0^1 r^4\,\mathrm{d}r\int_0^{\frac{\pi}{2}}\sin^2\theta\cos\theta\,\mathrm{d}\theta\int_0^{2\pi}\sin\varphi\,\mathrm{d}\varphi=0\end{aligned}$$

就此题来讲，上述两种方法的难易程度基本相同，不同的题目采用什么方法恰当，要具体问题具体分析。多多练习，仔细体会就会掌握其中的窍门。

【例 3】 自由空间中某一标量场 $u=xy$。

(1) 求该标量场的梯度；

(2) 在 xy 平面上有一半径为 2、圆心在(2, 0)处的圆，求该梯度沿圆弧从坐标原点到(2, 2)的线积分；

(3) 求标量场中在点(1, 1, 2)处沿矢量 $\boldsymbol{l}=\boldsymbol{a}_x xy+\boldsymbol{a}_y yz+\boldsymbol{a}_z x^2 z$ 方向的方向导数。

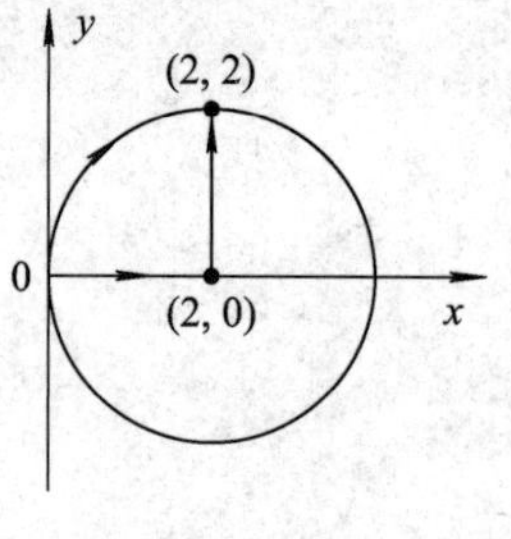

图 1-6 例 3 图

解 (1) 根据标量梯度的直角坐标公式得

$$\nabla u=\boldsymbol{a}_x y+\boldsymbol{a}_y x$$

(2) 由于梯度是无旋场，无旋场的积分与路径无关，因此积分路径可以选择先沿 x 轴从(0, 0)到(2, 0)，再沿直线 $x=2$ 到点(2, 2)，如图 1-6 所示。因此有

$$\int_l \nabla u \cdot \mathrm{d}\boldsymbol{l} = \int_{y=0} (\boldsymbol{a}_x y + \boldsymbol{a}_y x) \cdot \boldsymbol{a}_x \,\mathrm{d}x + \int_{x=2} (\boldsymbol{a}_x y + \boldsymbol{a}_y x) \cdot \boldsymbol{a}_y \,\mathrm{d}y = \int_0^2 2\,\mathrm{d}y = 4$$

(3) 根据梯度与方向导数的关系，即教材中的式(1-4-16)，有

$$\left.\frac{\partial u}{\partial l}\right|_{(1,1,2)} = \nabla u \cdot \boldsymbol{a}_l \big|_{(1,1,2)} = (\boldsymbol{a}_x + \boldsymbol{a}_y) \cdot \frac{\boldsymbol{a}_x + 2\boldsymbol{a}_y + 2\boldsymbol{a}_z}{3} = 1$$

在此题的计算中，注意到矢量场性质的应用，可以使计算得到简化，也就是将计算与概念结合使用，这也是同学们在学习中应该特别注意的。

【例 4】 自由空间中有两矢量场，其表达式分别为

$$\boldsymbol{A} = \boldsymbol{a}_\rho \rho^2 \sin\varphi + \boldsymbol{a}_\varphi 4\rho^2 \cos\varphi + \boldsymbol{a}_z \rho z \sin\varphi$$

和

$$\boldsymbol{B} = \boldsymbol{a}_x x^2 + \boldsymbol{a}_y 2y + \boldsymbol{a}_z z$$

试问此两矢量场分别有什么性质，并求出产生矢量场的源分布。

解　一个矢量场的性质完全可以由它的散度和旋度来表征，所以要想知道矢量场的性质，只要求其散度和旋度即可。

由于矢量场 $\boldsymbol{A}$ 为圆柱坐标系中的表达式，因此我们可以采用圆柱坐标系的散度和旋度公式。

根据教材中的式(1-3-15)，矢量场的散度为

$$\nabla \cdot \boldsymbol{A} = \frac{1}{\rho}\frac{\partial}{\partial \rho}(\rho\rho^2 \sin\varphi) + \frac{1}{\rho}\frac{\partial}{\partial \varphi}(4\rho^2 \cos\varphi) + \frac{\partial}{\partial z}(\rho z \sin\varphi) = 0$$

根据教材中的式(1-3-25)，矢量场的旋度为

$$\nabla \times \boldsymbol{A} = \begin{vmatrix} \dfrac{\boldsymbol{a}_\rho}{\rho} & \boldsymbol{a}_\varphi & \dfrac{\boldsymbol{a}_z}{\rho} \\ \dfrac{\partial}{\partial \rho} & \dfrac{\partial}{\partial \varphi} & \dfrac{\partial}{\partial z} \\ \rho^2 \sin\varphi & 4\rho^3 \cos\varphi & \rho z \sin\varphi \end{vmatrix}$$

$$= \boldsymbol{a}_\rho z \cos\varphi - \boldsymbol{a}_\varphi z \sin\varphi + \boldsymbol{a}_z 11\rho \cos\varphi$$

由于 $\nabla \cdot \boldsymbol{A}=0$，因此该矢量场为无散场，产生该矢量场的源为矢量源，其源分布为一矢量函数，表达式为

$$\boldsymbol{J} = \boldsymbol{a}_\rho z \cos\varphi - \boldsymbol{a}_\varphi z \sin\varphi + \boldsymbol{a}_z 11\rho \cos\varphi$$

矢量场 $\boldsymbol{B}$ 为直角坐标系中的表达式，因此我们可以采用直角坐标系的散度和旋度公式。

矢量场 $\boldsymbol{B}$ 的散度为

$$\nabla \cdot \boldsymbol{B} = \frac{\partial B_x}{\partial x} + \frac{\partial B_y}{\partial y} + \frac{\partial B_z}{\partial z} = \frac{\partial (x^2)}{\partial x} + \frac{\partial (2y)}{\partial y} + \frac{\partial (z)}{\partial z} = 2x + 3$$

矢量场 $\boldsymbol{B}$ 的旋度为

$$\nabla \times \boldsymbol{B} = \begin{vmatrix} \boldsymbol{a}_x & \boldsymbol{a}_y & \boldsymbol{a}_z \\ \dfrac{\partial}{\partial x} & \dfrac{\partial}{\partial y} & \dfrac{\partial}{\partial z} \\ x^2 & 2y & z \end{vmatrix} = \boldsymbol{0}$$

因为 $\nabla \times \boldsymbol{B}=\boldsymbol{0}$，所以该矢量场为无旋场，产生该矢量场的源为标量源，其源分布为一

标量函数 u，表达式为 $u=2x+3$。

1.4　部分习题参考答案

1.3　有一个二维矢量场 $\boldsymbol{F}(\boldsymbol{r})=\boldsymbol{a}_x(-y)+\boldsymbol{a}_y(x)$，求其矢量线方程，并定性画出该矢量场图形。

解　根据矢量线方程

$$-\frac{y}{\mathrm{d}x}=\frac{x}{\mathrm{d}y}$$

将其积分得

$$x^2+y^2=C^2$$

这是一组圆心在原点的同心圆，现在来确定矢量线的方向。将矢量场表达式转变为圆柱坐标系中：

$$\begin{aligned}\boldsymbol{F}&=\boldsymbol{a}_x(-y)+\boldsymbol{a}_y(x)\\&=(\boldsymbol{a}_\rho\cos\varphi-\boldsymbol{a}_\varphi\sin\varphi)(-\rho\sin\varphi)+(\boldsymbol{a}_\rho\sin\varphi+\boldsymbol{a}_\varphi\cos\varphi)(\rho\cos\varphi)\\&=\boldsymbol{a}_\varphi\rho\end{aligned}$$

所以，此矢量场的矢量线为一组圆心在原点的同心圆，矢量线的方向为 φ 方向。

1.8　试计算 $\oint_S\boldsymbol{r}\cdot\mathrm{d}\boldsymbol{S}$ 的值，式中的闭合曲面 S 是以原点为顶点的单位立方体，$\boldsymbol{r}$ 为空间任一点的位置矢量。

解　根据高斯散度定理

$$\oint_S\boldsymbol{r}\cdot\mathrm{d}\boldsymbol{S}=\int_V\nabla\cdot\boldsymbol{r}\,\mathrm{d}V$$

对于任意位置矢量有 $\nabla\cdot\boldsymbol{r}=3$，被积函数是常数，故体积分即为被积空间的体积。单位立方体的体积为 1，故有

$$\oint_S\boldsymbol{r}\cdot\mathrm{d}\boldsymbol{S}=3$$

1.10　在圆柱体 $x^2+y^2=9$ 和平面 $x=0$、$y=0$、$z=0$ 及 $z=2$ 所包围的第一象限区域，设此区域的表面为 S：

(1) 求矢量场 $\boldsymbol{A}$ 沿闭合曲面 S 的通量，其中矢量场 $\boldsymbol{A}$ 的表达式为

$$\boldsymbol{A}=\boldsymbol{a}_x3x^2+\boldsymbol{a}_y(3y+z)+\boldsymbol{a}_z(3z-x)$$

(2) 验证散度定理。

解　(1) 由题意可知，区域表面 S 如图 1-7 所示，则穿过 S 的通量为

$$\oint_S\boldsymbol{A}\cdot\mathrm{d}\boldsymbol{S}=\int_{y=0}\boldsymbol{A}\cdot\mathrm{d}\boldsymbol{S}+\int_{x=0}\boldsymbol{A}\cdot\mathrm{d}\boldsymbol{S}+\int_{z=0}\boldsymbol{A}\cdot\mathrm{d}\boldsymbol{S}+\int_{z=2}\boldsymbol{A}\cdot\mathrm{d}\boldsymbol{S}+\int_{\frac{1}{4}\text{圆柱面}}\boldsymbol{A}\cdot\mathrm{d}\boldsymbol{S}$$

$$\int_{y=0}\boldsymbol{A}\cdot\mathrm{d}\boldsymbol{S}=\int_{y=0}[\boldsymbol{a}_x3x^2+\boldsymbol{a}_y(3y+z)+\boldsymbol{a}_z(3z-x)]\cdot(-\boldsymbol{a}_y\mathrm{d}x\,\mathrm{d}z)=-6$$

$$\int_{x=0}\boldsymbol{A}\cdot\mathrm{d}\boldsymbol{S}=\int_{x=0}[\boldsymbol{a}_x3x^2+\boldsymbol{a}_y(3y+z)+\boldsymbol{a}_z(3z-x)]\cdot(-\boldsymbol{a}_x\,\mathrm{d}y\,\mathrm{d}z)=0$$

$$\int_{z=0}\boldsymbol{A}\cdot\mathrm{d}\boldsymbol{S}=\int_{z=0}[\boldsymbol{a}_x3x^2+\boldsymbol{a}_y(3y+z)+\boldsymbol{a}_z(3z-x)]\cdot(-\boldsymbol{a}_z\,\mathrm{d}x\,\mathrm{d}y)=9$$

$$\int_{z=2} \boldsymbol{A} \cdot \mathrm{d}\boldsymbol{S} = \int_{z=2} [\boldsymbol{a}_x 3x^2 + \boldsymbol{a}_y(3y+z) + \boldsymbol{a}_z(3z-x)] \cdot (\boldsymbol{a}_z \, \mathrm{d}x \, \mathrm{d}y) = 13.5\pi - 9$$

$$\int_{\frac{1}{4}\text{圆柱面}} \boldsymbol{A} \cdot \mathrm{d}\boldsymbol{S} = \int_{\frac{1}{4}\text{圆柱面}} [\boldsymbol{a}_x 3x^2 + \boldsymbol{a}_y(3y+z) + \boldsymbol{a}_z(3z-x)] \cdot (\boldsymbol{a}_\rho 3 \, \mathrm{d}\varphi \, \mathrm{d}z)$$

$$= \int_{\frac{1}{4}\text{圆柱面}} [\boldsymbol{a}_x 3x^2 + \boldsymbol{a}_y(3y+z) + \boldsymbol{a}_z(3z-x)] \cdot (\boldsymbol{a}_x \cos\varphi + \boldsymbol{a}_y \sin\varphi) 3 \, \mathrm{d}\varphi \, \mathrm{d}z$$

$$= \int_{\frac{1}{4}\text{圆柱面}} [3(3\cos\varphi)^2 \cos\varphi + (9\sin\varphi + z)\sin\varphi] 3 \, \mathrm{d}\varphi \, \mathrm{d}z = 114 + 13.5\pi$$

所以有

$$\oint_S \boldsymbol{A} \cdot \mathrm{d}\boldsymbol{S} = 192.8$$

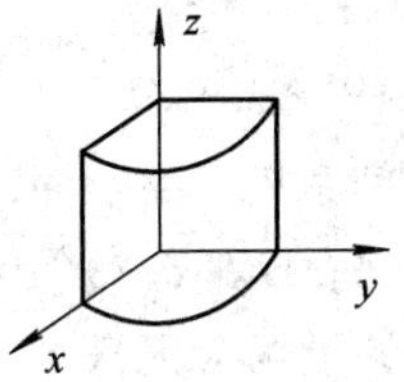

图 1-7　题 1.10 图

(2) 根据散度的定义

$$\nabla \cdot \boldsymbol{A} = \frac{\partial A_x}{\partial x} + \frac{\partial A_y}{\partial y} + \frac{\partial A_z}{\partial z} = 6x + 6$$

因此

$$\int_V \nabla \cdot \boldsymbol{A} \, \mathrm{d}V = \int_0^2 \int_0^{\frac{\pi}{2}} \int_0^3 (6x+6)\rho \, \mathrm{d}\rho \, \mathrm{d}\varphi \, \mathrm{d}z$$

$$= \int_0^2 \int_0^{\frac{\pi}{2}} \int_0^3 (6\rho\cos\varphi + 6)\rho \, \mathrm{d}\rho \, \mathrm{d}\varphi \, \mathrm{d}z = 192.8$$

可见，高斯散度定理成立。

1.11　从 $P(0, 0, 0)$ 到 $Q(1, 1, 0)$ 计算 $\int_C \boldsymbol{A} \cdot \mathrm{d}\boldsymbol{l}$，其中矢量场 $\boldsymbol{A}$ 的表达式为

$$\boldsymbol{A} = \boldsymbol{a}_x 4x - \boldsymbol{a}_y 14y^2$$

曲线 C 沿下列路径：

(1) $x=t$，$y=t^2$；

(2) 从 $(0, 0, 0)$ 沿 x 轴到 $(1, 0, 0)$，再沿 $x=1$ 到 $(1, 1, 0)$；

此矢量场为保守场吗?

解

(1)
$$\int_C \boldsymbol{A} \cdot \mathrm{d}\boldsymbol{l} = \int_0^1 4t \, \mathrm{d}t - 14t^4 \cdot 2t \, \mathrm{d}t = -\frac{8}{3}$$

(2)
$$\int_C \boldsymbol{A} \cdot \mathrm{d}\boldsymbol{l} = \int_0^1 4x \, \mathrm{d}x - \int_0^1 14y^2 \, \mathrm{d}y = -\frac{8}{3}$$

因此此矢量场是保守场。

1.13　求矢量 $\boldsymbol{A} = \boldsymbol{a}_x x + \boldsymbol{a}_y xy^2$ 沿圆周 $x^2 + y^2 = a^2$ 的线积分，再求 $\nabla \times \boldsymbol{A}$ 对此圆周所包

围的表面积分，验证斯托克斯定理。

解 先求解$\oint_C \boldsymbol{A}\cdot \mathrm{d}\boldsymbol{l}$，其中$C$为$x^2+y^2=a^2$的圆周。

由于$\mathrm{d}\boldsymbol{l}=\boldsymbol{a}_x\,\mathrm{d}x+\boldsymbol{a}_y\,\mathrm{d}y$，令$x=a\cos\varphi$，$y=a\sin\varphi$，因此

$$\oint_C \boldsymbol{A}\cdot \mathrm{d}\boldsymbol{l}=\int_0^{2\pi} a\cos\varphi(-a\sin\varphi)\,\mathrm{d}\varphi+a\cos\varphi a^2\sin^2\varphi a\cos\varphi\,\mathrm{d}\varphi=\frac{\pi}{4}a^4$$

$$\int_S \nabla\times\boldsymbol{A}\cdot \mathrm{d}\boldsymbol{S}=\int_0^a\int_0^{2\pi}\boldsymbol{a}_z y^2\cdot\boldsymbol{a}_z\rho\,\mathrm{d}\rho\,\mathrm{d}\varphi=\frac{\pi}{4}a^4$$

显然：

$$\oint_C \boldsymbol{A}\cdot \mathrm{d}\boldsymbol{l}=\int_S \nabla\times\boldsymbol{A}\cdot \mathrm{d}\boldsymbol{S}$$

1.18 现有三个矢量场$\boldsymbol{A}$、$\boldsymbol{B}$和$\boldsymbol{C}$，已知：

$$\boldsymbol{A}=\boldsymbol{a}_r\sin\theta\cos\varphi+\boldsymbol{a}_\theta\cos\theta\cos\varphi-\boldsymbol{a}_\varphi\sin\varphi$$

$$\boldsymbol{B}=\boldsymbol{a}_\rho z^2\sin\varphi+\boldsymbol{a}_\varphi z^2\cos\varphi+\boldsymbol{a}_z 2\rho z\sin\varphi$$

$$\boldsymbol{C}=\boldsymbol{a}_x(3y^2-2x)+\boldsymbol{a}_y 3x^2+\boldsymbol{a}_z 2z$$

(1) 哪些矢量场为无旋场，哪些矢量场为无散场？

(2) 哪些矢量场可以用一个标量函数的梯度来表示，哪些矢量场可以用一个矢量函数的旋度来表示？

(3) 求出它们的源分布。

解

$$\nabla\times\boldsymbol{A}=\boldsymbol{0},\ \nabla\cdot\boldsymbol{A}=0$$

$$\nabla\times\boldsymbol{B}=\boldsymbol{0},\ \nabla\cdot\boldsymbol{B}=2\rho\sin\varphi$$

$$\nabla\times\boldsymbol{C}=\boldsymbol{a}_z(6x-6y),\ \nabla\cdot\boldsymbol{C}=0$$

(1) $\boldsymbol{B}$为无旋场，$\boldsymbol{C}$为无散场。

(2) $\boldsymbol{B}$可以用一个标量函数的梯度来表示；$\boldsymbol{C}$可以用一个矢量函数的旋度来表示。

(3) $\boldsymbol{A}$无源；$\boldsymbol{B}$标量源分布为$2\rho\sin\varphi$；$\boldsymbol{C}$矢量源分布为$\boldsymbol{a}_z(6x-6y)$。

1.5 练 习 题

1.1 对于直角坐标系中的点$P_1(1, 1, 3)$和$P_2(0, -2, 1)$：

(1) 写出点P_1、P_2的位置矢量$\boldsymbol{r}_1$和$\boldsymbol{r}_2$；

(2) 求点P_1到点P_2的距离矢量；

(3) 求矢量$\boldsymbol{r}_1$在$\boldsymbol{r}_2$上的投影。(答案：$1/\sqrt{5}$)

1.2 写出空间任一点在直角坐标系、圆柱坐标系和球坐标系中位置矢量的表达式。

1.3 已知标量场$\Psi=x^2+y^2+\mathrm{e}^z$，求：

(1) 通过点$P(1, 2, 3)$的等值面方程；

(2) 标量函数的梯度；

(3) 梯度在点(1, 1, 0)处沿矢量$\boldsymbol{B}=2\boldsymbol{a}_x-2\boldsymbol{a}_y+\boldsymbol{a}_z$的方向导数。(答案：1/3)

1.4 已知矢量场$\boldsymbol{A}=x\boldsymbol{a}_x-2y\boldsymbol{a}_y+x^2\boldsymbol{a}_z$，试计算$\oint_S \boldsymbol{A}\cdot \mathrm{d}\boldsymbol{S}$的值，式中的闭合曲面$S$是

以原点为顶点的单位立方体。

1.5　在圆柱体 $x^2+y^2=9$ 和平面 $z=0$ 及 $z=2$ 所包围的区域，设此区域的表面为 S。

(1) 求矢量场 $\boldsymbol{A}$ 沿闭合曲面 S 的通量。矢量场 $\boldsymbol{A}$ 的表达式为

$$\boldsymbol{A}=\boldsymbol{a}_x 3x^2+\boldsymbol{a}_y xy+\boldsymbol{a}_z z^2 x$$

(答案：零)

(2) 验证散度定理。

1.6　求矢量 $\boldsymbol{A}=\boldsymbol{a}_x x+\boldsymbol{a}_y xy$ 沿 xy 平面上顶点位于坐标原点、边长为 1 的正方形的线积分，设闭合曲线的方向沿逆时针，并求 $\nabla\times\boldsymbol{A}$ 对此正方形所包围的表面积分，验证斯托克斯定理。

(答案：0.5)

1.7　求下列标量场的梯度：

(1) $u=xy^2+x$；

(2) $u=x^2yz+y^2z$。

1.8　求下列矢量场在给定点的散度：

(1) $\boldsymbol{A}=\boldsymbol{a}_x x+\boldsymbol{a}_y y^2+\boldsymbol{a}_z(3z-x)$ 在点 $P(1, 2, -1)$；

(2) $\boldsymbol{A}=\boldsymbol{a}_x x^2 y+\boldsymbol{a}_y yz$ 在点 $P(0, 1, 2)$。

1.9　求下列矢量场的旋度，并求出它们的源分布。

(1) $\boldsymbol{A}=\boldsymbol{a}_x(x^2+1)+\boldsymbol{a}_z 3z^2$；

(2) $\boldsymbol{A}=\boldsymbol{a}_x xyz$。

1.6　使用信息技术工具制作的演示模块

本章采用 Mathematica 软件编制了 12 个演示模块，下面给出其结果截图。

(1) 矢量的点乘见图 1-8。

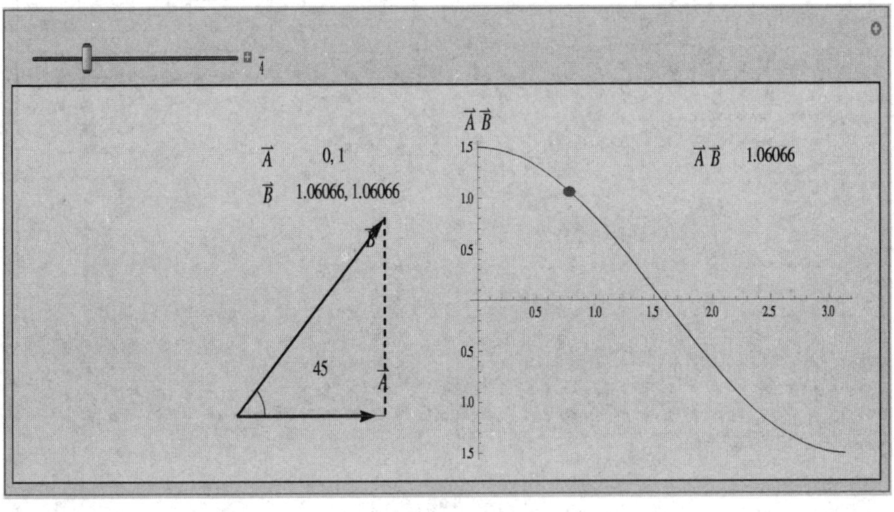

图 1-8　矢量的点乘

(2) 矢量的叉乘见图 1-9。

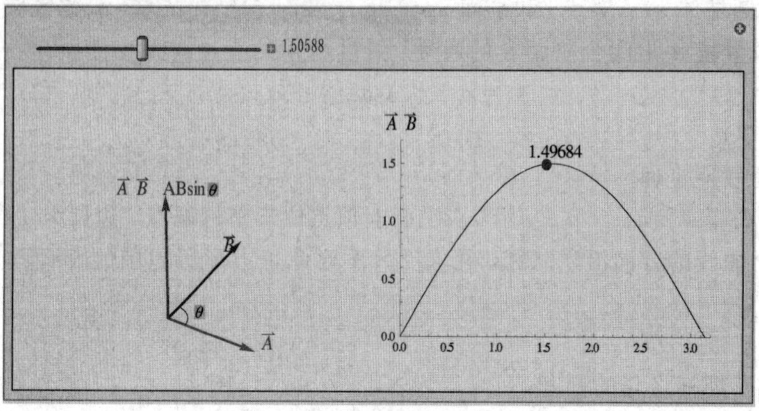

图 1-9 矢量的叉乘

(3) 圆柱坐标系与球坐标系见图 1-10。

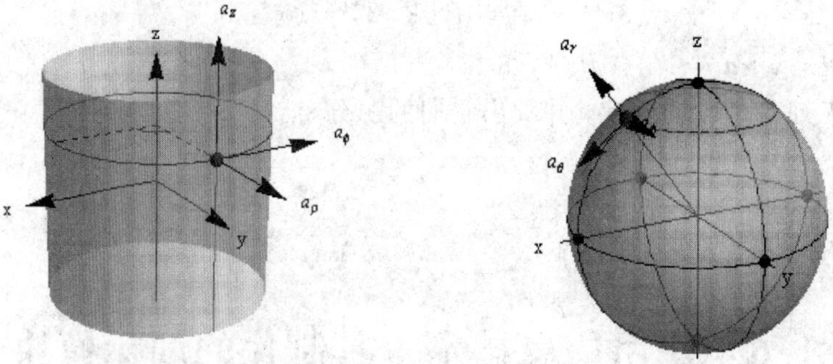

图 1-10 圆柱坐标系与球坐标系

(4) 发散场与旋涡场见图 1-11。

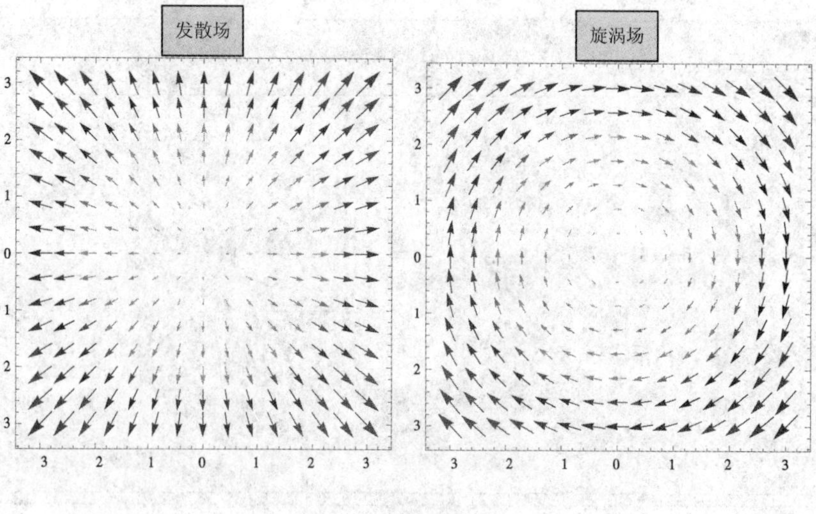

图 1-11 发散场与旋涡场

(5) 源与沟见图 1-12。

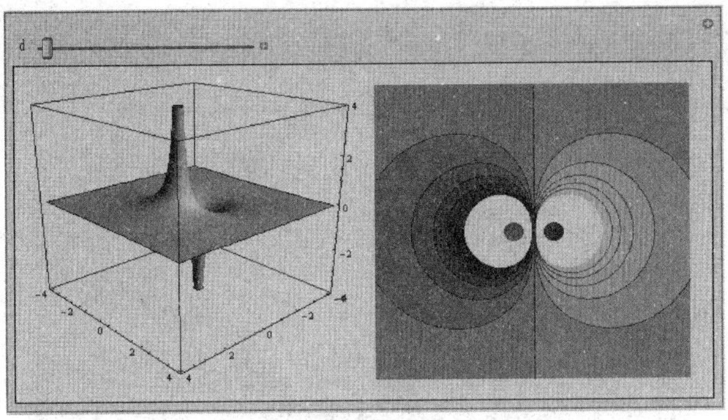

图 1-12　源与沟

(6) 穿过某曲面的通量见图 1-13。

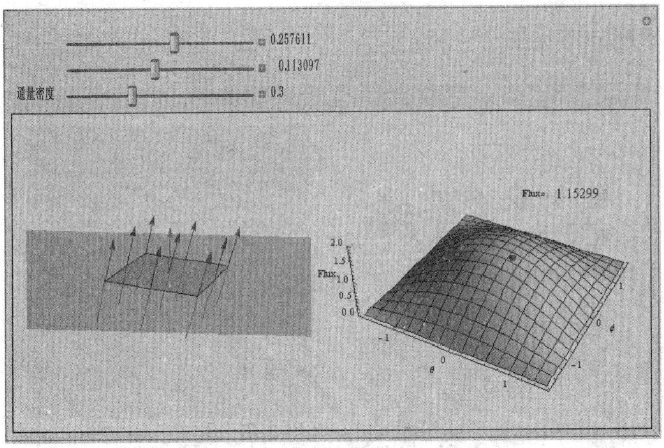

图 1-13　穿过某曲面的通量

(7) 矢量的旋度见图 1-14。

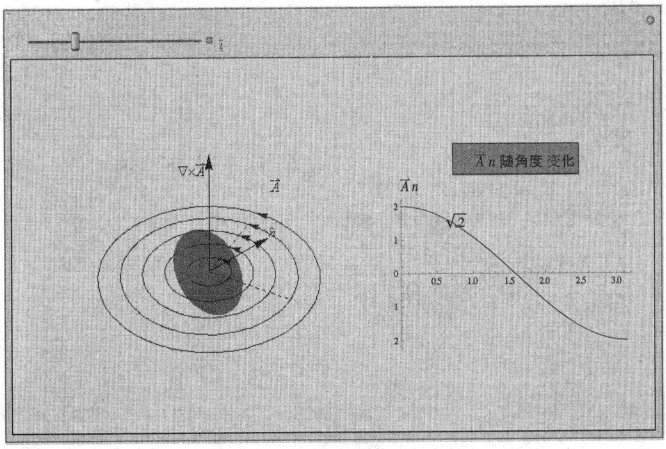

图 1-14　矢量的旋度

(8) 等值面与等值线见图 1-15。

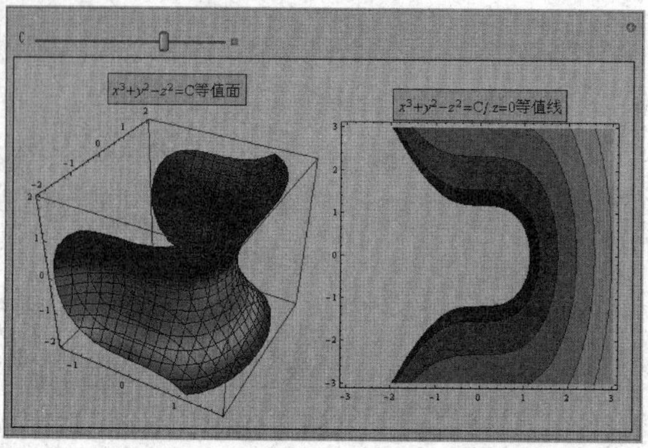

图 1-15　等值面与等值线

(9) 标量的梯度。

① sin$2xy$ 的梯度分布见图 1-16。

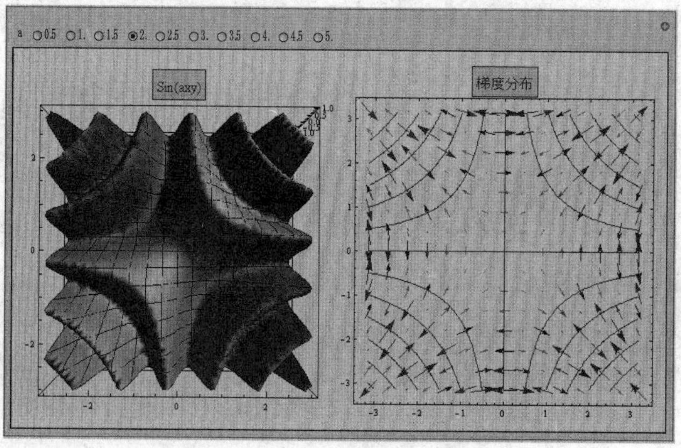

图 1-16　sin$2xy$ 的梯度分布

② $0.5x^2+y^2$ 的梯度分布见图 1-17。

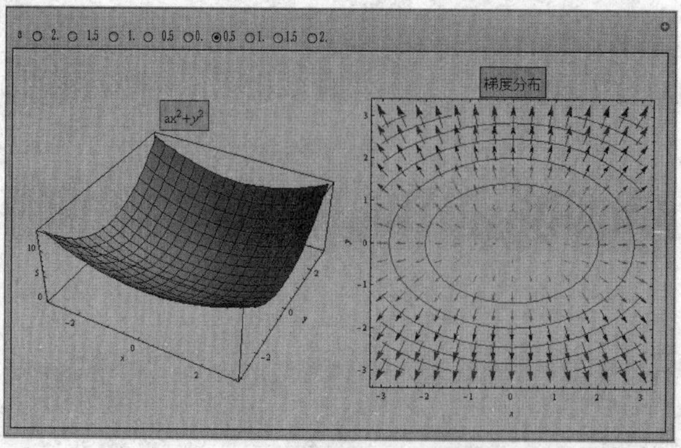

图 1-17　$0.5x^2+y^2$ 的梯度分布

(10) 矢量场的分解见图 1-18。

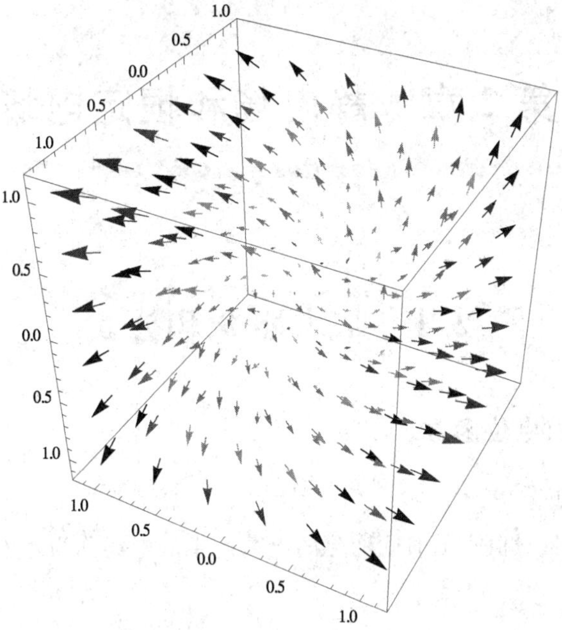

(a) 矢量场 $\boldsymbol{a}_x(x-z)+\boldsymbol{a}_y(y+x)+\boldsymbol{a}_z z$

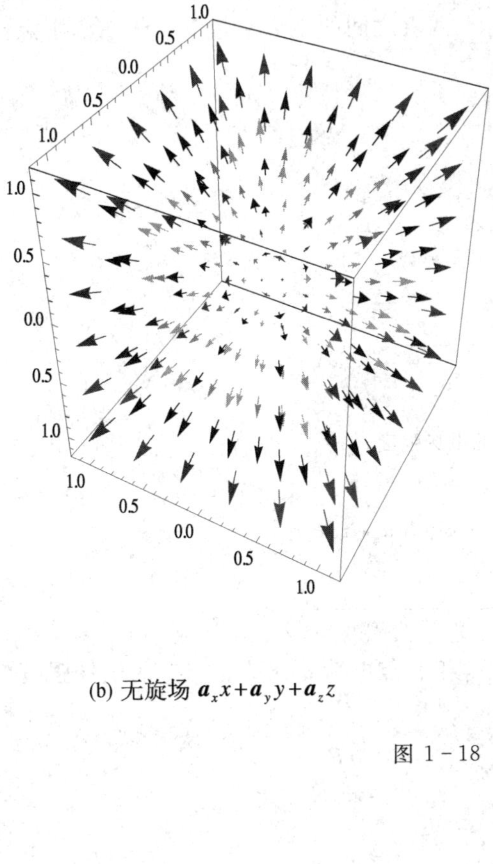

(b) 无旋场 $\boldsymbol{a}_x x+\boldsymbol{a}_y y+\boldsymbol{a}_z z$

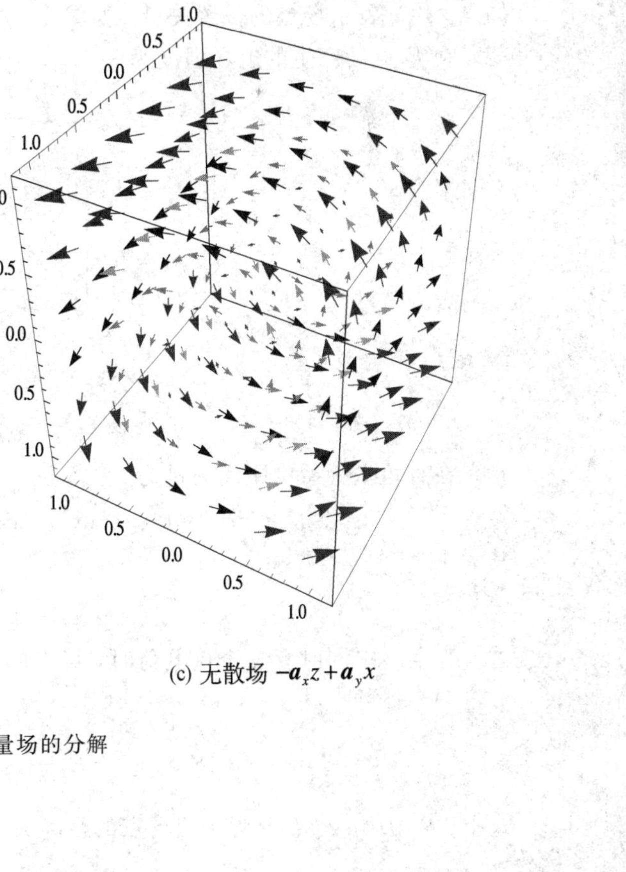

(c) 无散场 $-\boldsymbol{a}_x z+\boldsymbol{a}_y x$

图 1-18　矢量场的分解

第 2 章　静电场和恒定电场

2.1　基本概念和公式

2.1.1　电场强度和电位函数

1. 静电场的定义

对于观察者静止且量值不随时间变化的电荷产生的电场称为静电场。

2. 电场强度

1) 点电荷的电场强度

设点电荷 q 位于点 S 处，我们称之为源点，用 $\boldsymbol{r}'$ 表示源点的位置矢量；观察点 P 称为场点，用 $\boldsymbol{r}$ 表示场点的位置矢量，如图 2-1 所示。两者之间的距离矢量 $\boldsymbol{R}=\boldsymbol{r}-\boldsymbol{r}'$，则点电荷 q 在 P 点处产生的电场强度为

$$\boldsymbol{E}=\frac{q\boldsymbol{R}}{4\pi\varepsilon_0 R^3} \tag{2-1-1}$$

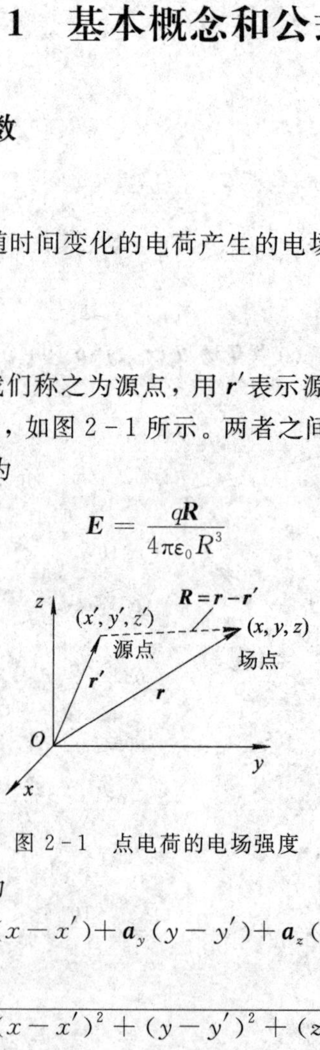

图 2-1　点电荷的电场强度

在直角坐标系中距离矢量为

$$\boldsymbol{R}=\boldsymbol{a}_x(x-x')+\boldsymbol{a}_y(y-y')+\boldsymbol{a}_z(z-z')$$

其大小为

$$R=\sqrt{(x-x')^2+(y-y')^2+(z-z')^2}$$

当空间中同时有 n 个点电荷时，场点的电场等于各点电荷 q_i 在该点产生的电场强度的矢量和，即

$$\boldsymbol{E}=\boldsymbol{E}_1+\boldsymbol{E}_2+\cdots+\boldsymbol{E}_n=\sum_{i=1}^{n}\frac{q_i\boldsymbol{R}_i}{4\pi\varepsilon_0 R_i^3} \tag{2-1-2}$$

式中：$\boldsymbol{R}_i$ 为第 i 个点电荷 q_i 到场点的距离矢量。

2）电场强度的矢量积分式

以线电荷密度 ρ_l 分布在线段上的线电荷在场点 $P(\boldsymbol{r})$ 处所产生的电场强度为

$$\boldsymbol{E} = \frac{1}{4\pi\varepsilon_0}\int_l \frac{\rho_l(\boldsymbol{r}')}{R^3}\boldsymbol{R}\,\mathrm{d}l' \tag{2-1-3}$$

以面电荷密度 ρ_S 分布在某表面 S 的面电荷在场点 $P(\boldsymbol{r})$ 处所产生的电场强度为

$$\boldsymbol{E} = \frac{1}{4\pi\varepsilon_0}\int_S \frac{\rho_S(\boldsymbol{r}')}{R^3}\boldsymbol{R}\,\mathrm{d}S' \tag{2-1-4}$$

以体电荷密度 ρ_V 分布在某体积 V 内的电荷在场点 $P(\boldsymbol{r})$ 处所产生的电场强度为

$$\boldsymbol{E} = \frac{1}{4\pi\varepsilon_0}\int_V \frac{\rho_V(\boldsymbol{r}')}{R^3}\boldsymbol{R}\,\mathrm{d}V' \tag{2-1-5}$$

小贴士　已知电荷分布求电场时，我们可以直接用上面的积分计算得到。这是已知电荷分布求电场强度的第一种方法——直接积分法。

3. 电位函数

由于电场强度满足 $\nabla\times\boldsymbol{E}=\boldsymbol{0}$，故可以用一标量（势）函数的梯度来表示，该标量函数称为电位函数（电势函数）ϕ。它与电场的关系是 $\boldsymbol{E}=-\nabla\phi$，负号的物理意义是电场强度的方向与电位最陡下降方向一致。

1）电位的定义

单位正电荷从点 P 移到参考点 Q 的过程中静电力所做的功称为 P 点处的电位，即

$$\phi = \int_P^Q \boldsymbol{E}\cdot\mathrm{d}\boldsymbol{l}$$

2）电位函数的表达式

点电荷的电位为

$$\phi = \frac{q}{4\pi\varepsilon_0}\frac{1}{R} \tag{2-1-6}$$

体电荷分布所产生的电位为

$$\phi = \frac{1}{4\pi\varepsilon_0}\int_V \frac{\rho_V(\boldsymbol{r}')}{R}\mathrm{d}V' \tag{2-1-7}$$

面电荷和线电荷分布产生的电位分别为

$$\phi = \frac{1}{4\pi\varepsilon_0}\int_S \frac{\rho_S(\boldsymbol{r}')}{R}\mathrm{d}S' \tag{2-1-8}$$

和

$$\phi = \frac{1}{4\pi\varepsilon_0}\int_l \frac{\rho_l(\boldsymbol{r}')}{R}\mathrm{d}l' \tag{2-1-9}$$

式(2-1-6)～式(2-1-9)都是将参考点选在无穷远处。

小贴士　已知电荷分布求电场时，我们可以先求其电位分布，再求其梯度，最后得到电场。这是已知电荷分布求电场强度的第二种方法——电位函数法。

2.1.2　电通量密度、静电场的基本方程

1. 电通量密度与电通量

电通量密度（矢量）也称为电位移矢量，在自由空间中它与电场强度的关系为

$$\boldsymbol{D}=\varepsilon_0\boldsymbol{E} \tag{2-1-10}$$

式(2-1-10)也称为介质的电场本构关系。

点电荷 q 在半径 R 处产生的电通量密度为

$$\boldsymbol{D}=\frac{q}{4\pi R^3}\boldsymbol{R} \tag{2-1-11}$$

电通量密度的单位为 C/m^2，其大小正比于电荷量，反比于 R^2，但电通量密度与介质无关。

设某区域的电通量密度为 $\boldsymbol{D}$，则穿过某个曲面 $\boldsymbol{S}$ 的电通量为

$$\Phi=\int_S\boldsymbol{D}\cdot d\boldsymbol{S} \tag{2-1-12}$$

因为该矢量的面积分是通量，所以称该矢量为电通量密度(矢量)。而该矢量的闭合曲面的积分等于该曲面内的电荷量，即

$$\oint_S\boldsymbol{D}\cdot d\boldsymbol{S}=Q \tag{2-1-13}$$

小贴士 当某些电荷分布具有对称性时，可以很方便地用上述公式计算电通量密度，然后用本构关系式求出电场，这是已知电荷分布求电场强度的第三种方法——高斯定理法。

2. 静电场的基本方程

静电场是矢量场，因此可用其积分形式(通量、环量)或者微分形式(散度、旋度)来表征源与场的基本关系。

1) 静电场的基本方程

静电场基本方程的积分形式为

$$\oint_S\boldsymbol{D}\cdot d\boldsymbol{S}=Q \tag{2-1-14}$$

$$\oint_l\boldsymbol{E}\cdot d\boldsymbol{l}=0 \tag{2-1-15}$$

其微分形式为

$$\nabla\cdot\boldsymbol{D}=\rho_V \tag{2-1-16}$$

$$\nabla\times\boldsymbol{E}=\boldsymbol{0} \tag{2-1-17}$$

2) 静电场的性质

静电场是无旋场，对于观察者静止且其电量不随时间变化的电荷是产生静电场的源。

2.1.3 电介质的极化

1. 极化的概念

如果介质内部的极化强度矢量不等于零，则称此介质发生了极化。介质极化后在其内部和表面形成极化电荷，也称为束缚电荷，致使介质内的电场强度小于外加电场强度。

在线性、均匀、各向同性的介质中，极化强度与电场强度满足关系：

$$\boldsymbol{P}=\chi_e\varepsilon_0\boldsymbol{E} \tag{2-1-18}$$

式中：χ_e为介质的电极化率，是一个无量纲的常数，其大小取决于电介质本身的性质。

小贴士 极化强度 $\boldsymbol{P}$ 的量纲与电通量密度的单位相同，为 C/m^2。

2. 极化介质产生的电位

整个极化电介质在 P 点所产生的电位表达式为

$$\phi = \frac{1}{4\pi\varepsilon_0}\left(\oint_S \frac{\rho_{Sb}}{R}\mathrm{d}S' + \int_V \frac{\rho_{Vb}}{R}\mathrm{d}V'\right) \tag{2-1-19}$$

式中：$\rho_{Sb}=\boldsymbol{P}\cdot\boldsymbol{a}_n$为束缚面电荷密度；$\rho_{Vb}=-\nabla\cdot\boldsymbol{P}$为束缚体电荷密度。

3. 击穿与电介质强度(击穿强度)

当增大外加电场强度到能使电介质中的束缚电子完全脱离分子的内部束缚力时，电介质将发生击穿，击穿后它将如导体一样。

电介质在击穿前所能承受的最大电场强度称为电介质强度或绝缘强度。

小贴士　雷击就是空气被强电场击穿后形成的；电解电容的两个电极之间是电介质，当外加电压超过其耐压时也会发生击穿现象。

2.1.4　导体的电容

1. 电容器和电容的定义

两个相互接近又相互绝缘的任意形状的导体都可构成电容器。一个导体上的电荷量与此导体相对于另一导体的电位之比定义为电容，其表达式为

$$C=\frac{Q_a}{U_{ab}} \tag{2-1-20}$$

式中：C表示电容，单位为F(法拉)；Q_a表示导体a上的电荷，单位为C(库仑)；U_{ab}表示导体a相对于导体b的电位，单位为V(伏特)。

小贴士　电容器的电容与两导体的相对位置、几何形状、尺寸及周围空间的介质有关，而与两导体所带电荷的多少及两导体间的电压无关。

另外，单个导体也存在电容，这是由于单个导体与大地之间也构成了双导体，只是此时的电容量较真正的双导体电容要小很多。

2. 多导体的电容

当有三个或三个以上导体存在时，称之为多导体系统。

在由N个导体组成的系统中，第i个导体上所带的电量不仅取决于其本身的形状、尺寸及其电位ϕ_i，还取决于系统中其他导体的大小、形状、尺寸、相对位置、电位及周围空间所填充的介质，其表达式为

$$\begin{aligned} q_i &= -\beta_{i1}(\phi_i-\phi_1)-\beta_{i2}(\phi_i-\phi_2)-\cdots-\beta_{ii}(\phi_i-\phi_i)-\cdots-\beta_{iN}(\phi_i-\phi_N)+ \\ &\quad (\beta_{i1}+\beta_{i2}+\cdots+\beta_{ii}+\cdots+\beta_{iN})\phi_i \\ &= C_{ii}\phi_i+\sum_{j=1,\ j\neq i}^{N} C_{ij}(\phi_i-\phi_j) \end{aligned} \tag{2-1-21}$$

式中：$C_{ij}=-\beta_{ij}(j\neq i)$为$i$与$j$间的互有部分电容；$C_{ii}=\sum\limits_{j=1}^{N}\beta_{ij}$为导体与大地间的自有部分电容。

小贴士　任意两个相靠近的导体之间会有互电容，从而为信号提供了一条耦合通道，这是引起串扰的一个重要原因。

2.1.5 静电场的边界条件

1. 边界条件的定义

决定分界面两侧场分量变化关系的方程称为边界条件。

2. 边界条件的表达式

1) 边界条件的一般表达

设有介质1和介质2，它们的介电常数分别为ε_1和ε_2，其分界面的法线$\boldsymbol{n}$为从介质2指向介质1，$\boldsymbol{t}$为分界面的切向，如图2-2所示。设分界面上存在自由面电荷密度为ρ_S，则有

$$\boldsymbol{n}\cdot(\boldsymbol{D}_1-\boldsymbol{D}_2)=\rho_S \quad 或 \quad D_{1n}-D_{2n}=\rho_S \tag{2-1-22}$$

$$\boldsymbol{n}\times(\boldsymbol{E}_1-\boldsymbol{E}_2)=\boldsymbol{0} \quad 或 \quad E_{1t}=E_{2t} \tag{2-1-23}$$

以上两个边界条件用电位函数表达为

$$\varepsilon_1\frac{\partial\phi_1}{\partial n}-\varepsilon_2\frac{\partial\phi_2}{\partial n}=-\rho_S \tag{2-1-24}$$

$$\phi_1=\phi_2 \tag{2-1-25}$$

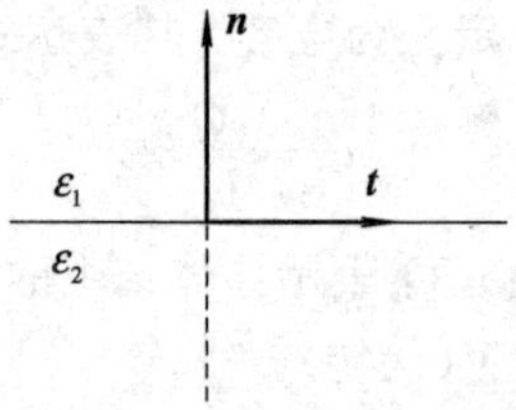

图2-2 边界及法向矢量

2) 两种特殊情况

(1) 介质1和介质2均为理想电介质，此时边界条件表达为

$$\begin{cases} D_{1n}=D_{2n} \\ E_{1t}=E_{2t} \end{cases}$$

或者

$$\begin{cases} \varepsilon_1\dfrac{\partial\phi_1}{\partial n}=\varepsilon_2\dfrac{\partial\phi_2}{\partial n} \\ \phi_1=\phi_2 \end{cases}$$

(2) 介质1为理想电介质，介质2为导体，设ρ_S为导体表面电荷密度，此时边界条件表达为

$$\begin{cases} D_{1n}=\rho_S \\ E_{1t}=0 \end{cases}$$

或者

$$\begin{cases} \varepsilon_1\dfrac{\partial\phi_1}{\partial n}=-\rho_S \\ \phi_1=\phi_2 \end{cases}$$

小贴士　边界条件是不同分界面上场应满足的方程，由于在分界面处微分没有定义，因此边界条件是从积分方程中导出的。当处理两种不同介质分界面的静电场问题时，必须使用静电场的边界条件。

2.1.6　恒定电场

1. 恒定电场的定义

电荷在电场作用下作定向运动形成电流，若电流不随时间变化，则称为恒定电流。在恒定电流的空间中存在的电场称为恒定电场，实际上，恒定电场是由电量不随时间变化但恒定流动的电荷所产生的。

2. 电流与电流密度

1）电流

单位时间内穿过面积 S 的电量称为电流。电流的单位是 A(安培，Ampere)，一般它是时间的函数。若电荷流动的速度不变，则称为恒定电流。

2）电流密度

（1）体电流密度。假定体电荷密度为 ρ_V 的电荷以速度 $\boldsymbol{v}$ 沿某方向运动，则有

$$\boldsymbol{J} = \rho_V \boldsymbol{v} \tag{2-1-26}$$

电流与电流密度之间的关系为

$$I = \int_S \boldsymbol{J}(\boldsymbol{r}') \cdot \mathrm{d}\boldsymbol{S} \tag{2-1-27}$$

小贴士　电流是电流密度矢量场的通量，也就是说，电流与电流密度矢量场的关系是矢量场与其通量之间的关系。

（2）面电流密度。假定面电荷密度为 ρ_S 的电荷以速度 $\boldsymbol{v}$ 沿某方向运动，则有

$$\boldsymbol{J}_S = \rho_S \boldsymbol{v} \tag{2-1-28}$$

3）线电流

实际上，当电荷在一根很细的导线中流过或电荷通过的横截面很小时，可以把电流看作在一根无限细的线上流过，若 $\boldsymbol{v}$ 为正电荷的流动速度，则线电流

$$\boldsymbol{I} = \rho_l \boldsymbol{v}$$

3. 恒定电场的方程

1）恒定电场的基本方程

对于流过恒定电流的导电介质，电源外恒定电场的基本方程为

$$\oint_S \boldsymbol{J} \cdot \mathrm{d}\boldsymbol{S} = 0 \tag{2-1-29}$$

$$\oint_l \boldsymbol{E} \cdot \mathrm{d}\boldsymbol{l} = 0 \tag{2-1-30}$$

其微分形式为

$$\nabla \cdot \boldsymbol{J} = 0 \tag{2-1-31}$$

$$\nabla \times \boldsymbol{E} = \boldsymbol{0} \tag{2-1-32}$$

恒定电场的基本方程反映了其两个性质：导电介质内的电流是连续的；电源外的恒定

电场是保守场。

2) 欧姆定律的微分形式

在导电介质中，σ 为导电介质的电导率，则通常电流密度与电场强度有如下关系：

$$\boldsymbol{J} = \sigma \boldsymbol{E} \tag{2-1-33}$$

式(2-1-33)也称为欧姆定律的微分形式，它表明电流密度与电场强度成正比。

3) 导电介质内的功率

导电介质内单位体积内的功率损耗为

$$p = \boldsymbol{J} \cdot \boldsymbol{E} = \sigma E^2 = \frac{J^2}{\sigma} \tag{2-1-34}$$

式(2-1-34)一般称为焦耳定律的微分形式。

4) 导电介质内的电荷分布

假设导电介质是均匀的，导电率 σ 为常数，则有

$$\nabla \cdot \boldsymbol{D} = 0 \tag{2-1-35}$$

小贴士　在均匀导体中不会有体电荷存在，即达到稳态时导体内的自由电荷体密度 ρ_V 处处等于零，这与静电平衡状态下导体的电荷分布在表面的结论是一致的。

5) 恒定电场的性质

在电源外的空间中，恒定电场为无旋场，恒定电流为恒定电场的源。

4. 电导和接地电阻

1) 电导

在导电介质中，介质的漏电导定义为

$$G = \frac{I}{U} \tag{2-1-36}$$

式中：I 为导电介质流过的电流；U 为导电介质所加的电压。

2) 接地电阻

所谓接地就是将金属导体埋入地内，而将设备中需要接地的部分与该导体连接，这种埋在地内的导体或导体系统称为接地体或接地电极。

小贴士　电流由电极流向大地时所遇到的电阻称为接地电阻。人跨一步(约 0.8 m)时两脚间的电压称为跨步电压。

5. 电动势

在电源内部，有非静电力存在。我们把非静电力与电荷的比值定义为非库仑场强 $\boldsymbol{E}'$，也称非保守场。回路中的电动势是非保守场沿闭合路径的积分，即

$$\mathscr{E} = \oint_l \boldsymbol{E}' \cdot \mathrm{d}\boldsymbol{l} \tag{2-1-37}$$

小贴士　电源内部存在两种场：库仑场和非库仑场。其中，库仑场为保守场，是由电荷所产生的；非库仑场为非保守场，不是由电荷所产生的。

6. 边界条件

1) 边界条件的一般表达

设有两种介质，即介质 1 和介质 2，它们的导电率分别为 σ_1 和 σ_2，其分界面的法线 $\boldsymbol{n}$ 为

从介质 2 指向介质 1，t 为分界面的切向。在分界面上的边界条件表达式如下：

$$\boldsymbol{n}\cdot(\boldsymbol{J}_1-\boldsymbol{J}_2)=0 \quad 或 \quad J_{1n}=J_{2n} \tag{2-1-38}$$

$$\boldsymbol{n}\times(\boldsymbol{E}_1-\boldsymbol{E}_2)=\boldsymbol{0} \quad 或 \quad E_{1t}=E_{2t} \tag{2-1-39}$$

以上两个边界条件用电位函数表达为

$$\sigma_1\frac{\partial\phi_1}{\partial n}=\sigma_2\frac{\partial\phi_2}{\partial n} \tag{2-1-40}$$

$$\phi_1=\phi_2 \tag{2-1-41}$$

2) 两导电介质分界面上的电荷

一般情况下，当恒定电流通过导电率不同的两种介质的分界面时，电流和电场都要发生突变，这时分界面上必有电荷分布，其表达式为

$$\rho_S=\left(\frac{\varepsilon_1}{\sigma_1}-\frac{\varepsilon_2}{\sigma_2}\right)J_{2n} \tag{2-1-42}$$

因此，只要$\frac{\varepsilon_1}{\sigma_1}\neq\frac{\varepsilon_2}{\sigma_2}$，分界面上必然有面电荷存在，这是在接通电源后的瞬间积累的电荷，并能很快达到恒定值。

小贴士　恒定电场的边界条件是从恒定电场的积分形式出发推导得到的，导电介质分界面上一般存在电荷分布。当处理两种不同导电介质分界面的恒定电场问题时，必须使用恒定电场的边界条件。

2.2　重点与难点

2.2.1　本章重点和难点

(1) 正确理解静电场的概念和性质、静电场的基本方程及边界条件，掌握电场强度与电位函数的求解方法，能正确地分析静电场问题是本章的重点之一；

(2) 深刻理解恒定电流和恒定电场的概念，掌握微分形式的欧姆定律、焦耳定律和恒定电场的基本方程及边界条件，能正确地分析恒定电场问题是本章的重点之二；

(3) 电场强度和电位函数的求解、漏电导的计算及静电场与恒定电场的关系是本章的难点。

(4) 导体间的电容、电耦合、漏电导、介质的击穿、跨步电压等概念是面向工程的知识点。

2.2.2　静电场和恒定电场的异同点

静电场是由对于观察者静止且其电量不随时间变化的电荷所产生的电场，而恒定电场是由其电量不随时间变化但恒定流动的电荷所产生的电场。

在静电场中，导体内部的电场强度等于零，导体是等位体，导体表面是等位面，在导体表面电场强度的切向分量等于零，也就是说电场强度垂直于导体表面；而在恒定电场中，导电介质内部的电场强度不等于零，因而导电介质不再是等位体，其表面也不再是等位面，电场强度不再垂直于导电介质的表面。

假设导电介质是均匀的，导电率 σ 为常数，则有 $\nabla\cdot\boldsymbol{D}=0$，这表明，在均匀导电介质

中不会有体电荷存在，即达到稳态时导电介质内的自由电荷体密度 ρ_V 处处等于零，这与静电平衡状态下导体的电荷分布在表面的结论是一致的。

对于恒定电场，电场强度 $\boldsymbol{E}=\boldsymbol{J}/\sigma$，因此只有当导电介质的导电率 $\sigma\rightarrow\infty$，即导电介质为理想导体时，其内部的电场强度等于零，外部的电场强度垂直于理想导体表面，此时，理想导体中的恒定电场与静电场的边界条件相同。但当导电介质的导电率很大时，良导体内的电场强度很小，因此良导体的表面可以近似地视为等位面。

从能量的角度讲，静电场建立后，其中各带电导体的电量不随时间变化，也不需要外部提供能量；而在恒定电场中，导电介质内的电荷在电场作用下运动要消耗能量，因此要维持恒定电流，就必须给导电介质加上电源，由电源给电荷的恒定流动提供能量。换句话说，如果没有外加电源就没有恒定电场。

静电场中求解的量一般为 $\boldsymbol{E}$、$\boldsymbol{D}$、电位 ϕ 和电容 C，而恒定电场中求解的量一般为 $\boldsymbol{E}$、$\boldsymbol{J}$、漏电导 G 和接地电阻 R。

2.2.3 静电场

1. 静电场要注意的问题

对于静电场要注意以下几点：

(1) 电场的可观测性是通过它与其他电荷的相互作用力来表现的(库仑定律)，电场强度反映了这种作用力的强度，电场强度等于零的点代表在此处它与其他电荷的作用力等于零。

(2) 电场强度是一个随空间位置而变化的矢量函数 $\boldsymbol{E}(x, y, z)$，它的性质是由产生它的源的性质所决定的，与试验电荷无关。

(3) 方程 $\oint_l \boldsymbol{E}\cdot d\boldsymbol{l}=0$ 或 $\nabla\times\boldsymbol{E}=\boldsymbol{0}$ 表明静电场是无旋场(又称为保守场或位场)。静电场的这个性质与其处在什么电介质中无关；这个性质还反映了静电场对电荷的电场力做功的性质，即电荷在静电场中移动时，电场力所做的功与电荷移动的路径无关，而仅与电荷起点和终点的位置有关。

(4) 方程 $\nabla\cdot\boldsymbol{D}=\rho_V$ 表明静电场的源是标量源，也说明电通量线由正电荷出发，终止于负电荷；$\oint_S \boldsymbol{D}\cdot d\boldsymbol{S}=Q$ 表明从闭合曲面内穿出的电通量等于闭合曲面内所包围的总净电荷。

小贴士 对于高斯定理应注意以下几点：

(1) 穿出闭合面 S 的电通量仅由闭合面内的自由电荷决定，与闭合面外的电荷无关，与闭合面内电荷是如何分布的也无关；

(2) 闭合面 S 上的电场强度是 S 面内、外空间中所有电荷的贡献，不能理解为仅是闭合面内电荷的贡献；

(3) 所谓净电荷是指闭合面内正电荷与负电荷的代数和；

(4) 高斯定理对静电场是普遍适用的，但要想得到电场的解析表达式，要求其电场必须具有某种对称性。也就是说，仅仅当电荷分布具有某种对称性时，我们才能用高斯定理求出电场的解析表达式。

2. 电位

电位是从电场力对电荷做功的角度来描述电场的。因为静电场为无旋场，所以电场力

做功与路径无关。设 Q 点为电位参考点，则任意 P 点的电位为

$$\phi=\int_P^Q \boldsymbol{E}\cdot \mathrm{d}\boldsymbol{l} \tag{2-2-1}$$

对于电位函数应注意以下几点：

(1) P 点的电位表示单位正电荷从 P 点移至参考点 Q 处电场力所做的功。

(2) 在同一个电场中，各点电位的大小与参考点的选取有关，或者说参考点改变，各点的电位也随着改变，因此电位仅有相对意义。而两点间的电位差(电压)是绝对的，与参考点的选取无关。

(3) 参考点的选取是任意的，以表达式简洁、有意义为原则。所谓有意义就是它能给出场中各点电位的确定值。比如，位于坐标原点处的点电荷，电位表达式为

$$\phi=\int_P^Q \boldsymbol{E}\cdot \mathrm{d}\boldsymbol{l}=\frac{q}{4\pi\varepsilon_0}\left(\frac{1}{R_P}-\frac{1}{R_Q}\right) \tag{2-2-2}$$

式中，如果参考点选在 $R_Q=0$ 处，则场中各点的电位均为无限大，表达式就失去了意义。这就是说，在点电荷的电场中，参考点不能选在点电荷所在的位置。同理，当点电荷延伸到无穷远处时，也不能将参考点选在无穷远处。

由以上分析可知，电场强度等于零的地方，其电位并不一定等于零，反之亦然。

3. 电场强度的计算方法

已知电荷分布要求解电场强度，归纳起来主要有以下三种方法：

(1) 用叠加定理求解电场强度。对于点电荷、连续分布电荷，其计算公式分别为式(2-1-2)～式(2-1-5)。

(2) 用高斯定理求解电场强度。当电荷分布具有某种对称性时，采用高斯定理求解。

(3) 用梯度法求解电场强度。采用这种方法就是先求电位分布，再利用 $\boldsymbol{E}=-\nabla\phi$ 求得电场强度。使用该方法时应注意：所求电位函数必须能代表空间的任意点，否则利用这个方法所求的电场强度是错误的。

4. 电容的求解

静电场中电容的求解一般是根据电容的定义，并遵循以下步骤：先假设导体上的电荷 Q，然后按 $Q\to\boldsymbol{E}\to U\to C$ 求得电容。这种方法仅适用于场分布具有对称性的情况。

2.2.4　恒定电场求解电导的方法

恒定电场中，求解电导的方法通常有两种：假设导电介质流过的电流为 I，然后按 $I\to\boldsymbol{J}\to\boldsymbol{E}\to U\to G$，即可求得电导；或者按 $U\to\boldsymbol{E}\to\boldsymbol{J}\to I\to G$ 也可以求得漏电导，这种方法也同样仅适用于场分布具有对称性的情况。

当恒定电场与静电场具有相同的边界条件时，利用静电对偶，若已求得静电场中两导体间的电容，则可利用 $G/C=\sigma/\varepsilon$ 求出漏电导。

因为电源外空间的恒定电场与静电场具有相同的性质(为无旋场)，所以无论是静电场还是恒定电场(电源外)，电场强度与电位函数之间均满足 $\boldsymbol{E}=-\nabla\phi$。因此，如果能求得其电位，根据 $\boldsymbol{E}=-\nabla\phi$ 就可以求得电场强度，进而求得漏电导。

2.2.5　静电场与恒定电场的比较

静电场与恒定电场的基本方程、边界条件、本构方程、电场与电位等的比较如表 2-1 所示。

表 2-1　静电场与恒定电场的比较

比较项目	静电场(无源区域)	恒定电场(电源外区域)
基本方程	$\nabla \cdot \boldsymbol{D} = 0$	$\nabla \cdot \boldsymbol{J} = 0$
	$\nabla \times \boldsymbol{E} = \boldsymbol{0}$	$\nabla \times \boldsymbol{E} = \boldsymbol{0}$
边界条件	$D_{1n} = D_{2n}$	$J_{1n} = J_{2n}$
	$E_{1t} = E_{2t}$	$E_{1t} = E_{2t}$
本构方程	$\boldsymbol{D} = \varepsilon \boldsymbol{E}$	$\boldsymbol{J} = \sigma \boldsymbol{E}$
电场与电位的关系	$\boldsymbol{E} = -\nabla \phi$	$\boldsymbol{E} = -\nabla \phi$
	$U = \int \boldsymbol{E} \cdot \mathrm{d}\boldsymbol{l}$	$U = \int \boldsymbol{E} \cdot \mathrm{d}\boldsymbol{l}$
通量	$q = \int \boldsymbol{D} \cdot \mathrm{d}\boldsymbol{S}$	$I = \int \boldsymbol{J} \cdot \mathrm{d}\boldsymbol{S}$
特征量	电容 C	漏电导 G

2.3　典型例题分析

【例 1】 真空中有两个点电荷，q_1 电量为 2 C、位于点(1，0，1)，q_2 电量为 −2 C、位于点(1，1，0)处，如图 2-3 所示。求：

(1) 点 $P(0, 1, 0)$处的电位；

(2) 点 $Q(0, 1, 1)$处的电场强度。

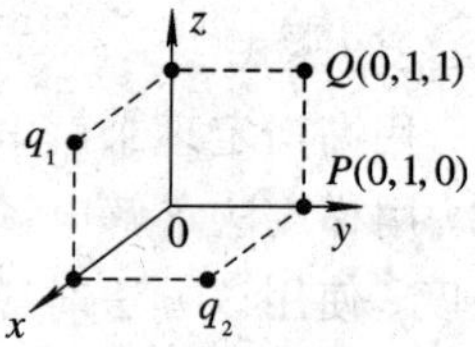

图 2-3　源点及场点分布图

解　此题是关于两个点电荷电位和电场的问题，应用叠加定理求解。

(1) q_1 和 q_2 在空间任意点处的电位分别为

$$\phi_1 = \frac{q_1}{4\pi\varepsilon_0 r_1} \quad 和 \quad \phi_2 = \frac{q_2}{4\pi\varepsilon_0 r_2}$$

式中：

$$r_1 = \sqrt{(x-1)^2 + y^2 + (z-1)^2}$$

$$r_2 = \sqrt{(x-1)^2 + (y-1)^2 + z^2}$$

在点 $P(0, 1, 0)$处的总电位为

$$\phi = \frac{2}{4\pi\varepsilon_0 \sqrt{3}} - \frac{2}{4\pi\varepsilon_0} = \frac{\sqrt{3} - 3}{6\pi\varepsilon_0}$$

(2) q_1 和 q_2 在空间任意点处的电场强度分别为

$$\boldsymbol{E}_1 = \frac{q_1}{4\pi\varepsilon_0 r_1^3} \boldsymbol{r}_1 \quad 和 \quad \boldsymbol{E}_2 = \frac{q_2}{4\pi\varepsilon_0 r_2^3} \boldsymbol{r}_2$$

式中：

$$r_1 = \sqrt{(x-1)^2 + y^2 + (z-1)^2}$$

$$r_2 = \sqrt{(x-1)^2 + (y-1)^2 + z^2}$$

$$\boldsymbol{r}_1 = (x-1)\boldsymbol{a}_x + y\boldsymbol{a}_y + (z-1)\boldsymbol{a}_z$$
$$\boldsymbol{r}_2 = (x-1)\boldsymbol{a}_x + (y-1)\boldsymbol{a}_y + z\boldsymbol{a}_z$$

因此，点 $Q(0, 1, 1)$处的总电场强度为

$$\boldsymbol{E} = \boldsymbol{E}_1 + \boldsymbol{E}_2 = \frac{2}{4\pi\varepsilon_0(\sqrt{2})^3}(-\boldsymbol{a}_x + \boldsymbol{a}_y) + \frac{-2}{4\pi\varepsilon_0(\sqrt{2})^3}(-\boldsymbol{a}_x + \boldsymbol{a}_z)$$

整理得

$$\boldsymbol{E} = \frac{1}{4\sqrt{2}\pi\varepsilon_0}(\boldsymbol{a}_y - \boldsymbol{a}_z)$$

【例 2】 真空中有一半径为 a 的均匀带电球体，设电荷以体密度 ρ_V 均匀分布在球内，求球内外的电场强度和电位。

解　此题可以采用三种方法：第一，可以采用场强叠加原理，即电场强度的矢量积分式；第二，采用电位的积分表达式，先求电位再求电场；第三，由于球体的电荷分布是均匀的，球内外的场具有球对称特性，因此可以采用高斯定理。第一种方法最麻烦，第三种方法最简单。我们就采用第三种方法求解。

(1) 球外。

在带电球体外作一半径为 $r(r>a)$的同心高斯球面 S，在此球面上各点的电场强度大小相等，方向沿半径方向。对 S 应用高斯定理得

$$\oint_S \boldsymbol{D}_1 \cdot \mathrm{d}\boldsymbol{S} = 4\pi r^2 D_1 = \int_V \rho_V \mathrm{d}V = \frac{4}{3}\pi a^3 \rho_V$$

所以，球外任一点的电场强度为

$$\boldsymbol{E}_1 = \frac{\rho_V a^3}{3\varepsilon_0 r^2}\boldsymbol{a}_r \quad (r > a)$$

选择无穷远处为参考点，观察点处的电位为

$$\phi = \int_r^\infty \boldsymbol{E}_1 \cdot \mathrm{d}\boldsymbol{r} = \frac{\rho_V a^3}{3\varepsilon_0 r} \quad (r > a)$$

(2) 球内。

在带电球体内作半径为 $r(r<a)$的同心高斯球面 S'，在该球面上各点的电场强度大小相等，方向沿半径方向。对该球面利用高斯定理得

$$\oint_{S'} \boldsymbol{D}_2 \cdot \mathrm{d}\boldsymbol{S}' = 4\pi r^2 D_2 = \int_{V'} \rho_V \mathrm{d}V = \frac{4}{3}\pi r^3 \rho_V$$

球内任一点的电场强度为

$$\boldsymbol{E}_2 = \frac{\rho_V r}{3\varepsilon_0} \quad (r < a)$$

同样选择无穷远处为参考点，则观察点处的电位为

$$\phi = \int_r^a \boldsymbol{E}_2 \cdot \mathrm{d}\boldsymbol{r} + \int_a^\infty \boldsymbol{E}_1 \cdot \mathrm{d}\boldsymbol{r} = \frac{\rho_V a^2}{2\varepsilon_0} - \frac{\rho_V r^2}{6\varepsilon_0} \quad (r < a)$$

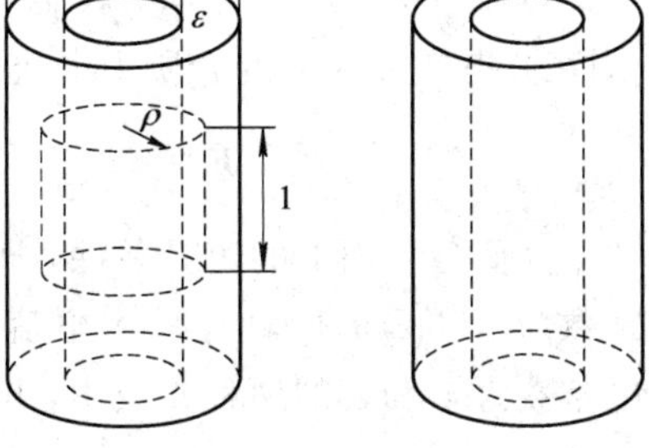

图 2-4　同轴线及其单位长圆柱

【例 3】 真空中有内、外半径分别为 a 和 b 的无限长同轴导体圆柱，如图 2-4 所示。设内导体表面

单位长度的电荷为 ρ_l，内外导体间填充介电常数为 ε 的介质，求空间各处的电位。

解 此题与上题类似，采用的方法也相同。

对于同轴线，由于电荷分布在内导体的外表面，当半径 $\rho<a$ 时，电场强度等于零，电位等于常数。当 $\rho>b$ 即在外导体之外的区域中时，电场强度也为零。

当 $a<\rho<b$ 时，以同轴线的轴线为轴线，在内外导体的空间中作一半径为 ρ 的单位长度的圆柱面，由高斯定理得

$$\oint_{S'} \varepsilon \boldsymbol{E} \cdot \mathrm{d}\boldsymbol{S} = \rho_l$$

所以，内外导体中的电场强度为

$$\boldsymbol{E} = \frac{\rho_l}{2\pi\varepsilon\rho}\boldsymbol{a}_\rho$$

选择外导体的电位为参考电位(可以选择除了无穷远处之外的任意处为参考)，则空间各处的电位为

$$\phi = \int_\rho^b \boldsymbol{E} \cdot \mathrm{d}\boldsymbol{\rho} = \frac{\rho_l}{2\pi\varepsilon}\ln\frac{b}{\rho}$$

即内导体为等位体，其电位为$\frac{\rho_l}{2\pi\varepsilon}\ln\frac{b}{a}$；外导体也是等位体，其电位为零；其余各处的电位为$\frac{\rho_l}{2\pi\varepsilon}\ln\frac{b}{\rho}$。显然，内外导体之间的电压为

$$U = \frac{\rho_l}{2\pi\varepsilon}\ln\frac{b}{a}$$

当选择其他处为参考点时，得到的各处电位表达式会发生变化，但两点之间的电压不变。因此参考点可以任意选择，只要表达式简洁、有意义即可。

【例 4】 平行板电容器的板长为 a、宽为 b，板间距为 d，其间介质的介电常数和导电率分别为 ε_1 和 σ_1，现在电容器中插入一厚度为$\frac{1}{3}d$，介电常数和导电率分别为 ε_2 和 σ_2 的介质。设电容器的电压为 U，试求：

(1) 各区域的电场强度；

(2) 两种介质分界面上的电荷密度；

(3) 电容器的漏电导。

解 根据题意，平行板电容器结构如图 2-5 所示。

(1) 设下极板电位为正，上极板电位为负。因此电容器中的电场应为 $+z$ 轴方向。设通过电容器的总电流为 I，则在介电常数为 ε_1 的介质中电流密度为

$$\boldsymbol{J} = \boldsymbol{a}_z\frac{I}{ab}$$

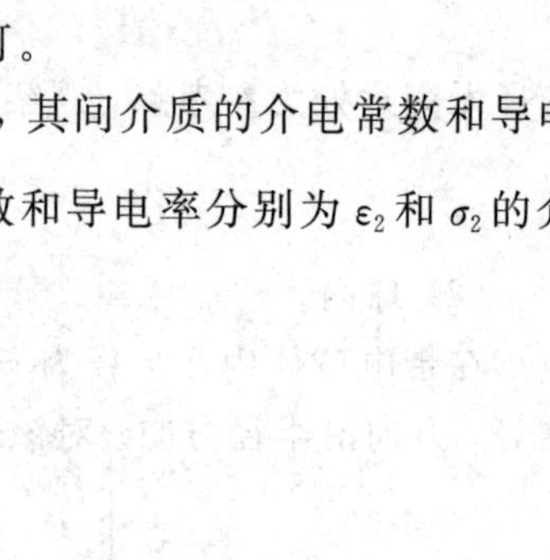

图 2-5 平行板电容器

由介质分界面上的边界条件，即 $J_{1n}=J_{2n}$，可知在介电常数为 ε_1 和 ε_2 的两种介质中电流密度相同。因此，在介电常数为 ε_1 和 ε_2 的两种介质中，电场强度分别为

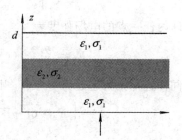

$$\boldsymbol{E}_1 = \boldsymbol{a}_z \frac{I}{ab\sigma_1} \quad 和 \quad \boldsymbol{E}_2 = \boldsymbol{a}_z \frac{I}{ab\sigma_2}$$

而由电容器的电压为 U，即

$$E_1 \frac{2}{3}d + E_2 \frac{1}{3}d = U$$

得

$$I = \frac{3\sigma_1\sigma_2 abU}{d(2\sigma_2 + \sigma_1)}$$

因此，两介质中的电场强度分别为

$$\boldsymbol{E}_1 = \boldsymbol{a}_z \frac{3\sigma_2 U}{d(2\sigma_2 + \sigma_1)}$$

$$\boldsymbol{E}_2 = \boldsymbol{a}_z \frac{3\sigma_1 U}{d(2\sigma_2 + \sigma_1)}$$

(2) 在介电常数为 ε_2 的介质的上下表面的电荷密度为

$$\rho_S = \varepsilon_1 E_1 - \varepsilon_2 E_2 = \frac{3U(\varepsilon_1\sigma_2 - \sigma_1\varepsilon_2)}{d(2\sigma_2 + \sigma_1)}$$

(3) 电容器的漏电导为

$$G = \frac{I}{U} = \frac{3\sigma_1\sigma_2 ab}{d(2\sigma_2 + \sigma_1)}$$

2.4　部分习题参考答案

2.2　一个半径为 a 的半圆上均匀分布着线电荷密度 ρ_l，求垂直于圆平面的轴线上 $z=a$ 处的电场强度。

解　本题可表示如图 2-6 所示。采用直接积分法，电场强度与电荷分布的关系为

$$\boldsymbol{E} = \frac{1}{4\pi\varepsilon_0}\int_l \frac{\rho_l \mathrm{d}l}{R^2}\boldsymbol{a}_R$$

式中：

$$\mathrm{d}l = a\ \mathrm{d}\varphi$$

$$R = \sqrt{2}a$$

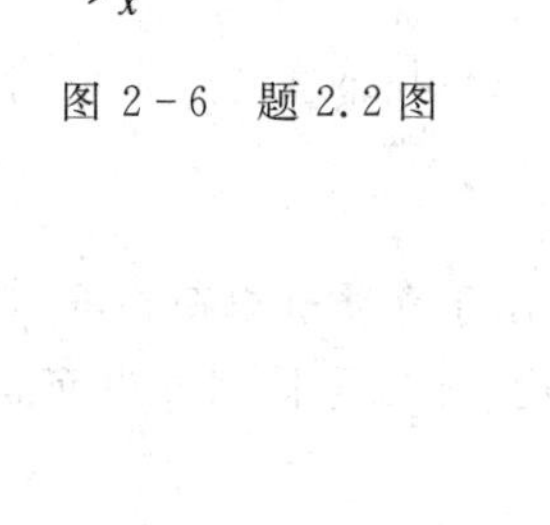

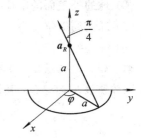

图 2-6　题 2.2 图

$$\boldsymbol{a}_R = \boldsymbol{a}_z \cos\frac{\pi}{4} - \boldsymbol{a}_x \sin\frac{\pi}{4}\cos\varphi - \boldsymbol{a}_y \sin\frac{\pi}{4}\sin\varphi$$

因此：

$$\begin{aligned}\boldsymbol{E} &= \frac{1}{4\pi\varepsilon_0}\int_l \frac{\rho_l \mathrm{d}l}{R^2}\boldsymbol{a}_R \\ &= \frac{1}{4\pi\varepsilon_0}\int_{-\frac{\pi}{2}}^{\frac{\pi}{2}} \frac{\rho_l}{2a^2} a\ \mathrm{d}\varphi\left(\boldsymbol{a}_z \cos\frac{\pi}{4} - \boldsymbol{a}_x \sin\frac{\pi}{4}\cos\varphi - \boldsymbol{a}_y \sin\frac{\pi}{4}\sin\varphi\right) \\ &= \frac{\rho_l}{8\sqrt{2}\pi\varepsilon_0 a}(\boldsymbol{a}_z \pi - \boldsymbol{a}_x 2)\end{aligned}$$

2.5 试求半径为 a、带电量为 Q 的均匀带电球体的电场。

解 本题采用高斯定理法求解。

电荷 Q 均匀分布在半径为 a 的球中，其电荷体密度为

$$\rho_V = \frac{3Q}{4\pi a^3}$$

当 $r \leqslant a$ 时作一个半径为 r 的球面，由高斯定理得

$$D \cdot 4\pi r^2 = \rho_V \frac{4}{3}\pi r^3$$

$$\boldsymbol{D} = \boldsymbol{a}_r \frac{rQ}{4\pi a^3}$$

当 $r > a$ 时作一个半径为 r 的球面，同理得

$$D \cdot 4\pi r^2 = Q$$

$$\boldsymbol{D} = \boldsymbol{a}_r \frac{Q}{4\pi r^2}$$

根据电通量密度与电场强度的关系得

$$\boldsymbol{E} = \begin{cases} \boldsymbol{a}_r \dfrac{rQ}{4\pi\varepsilon_0 a^3} & (r \leqslant a) \\ \boldsymbol{a}_r \dfrac{Q}{4\pi\varepsilon_0 r^2} & (r > a) \end{cases}$$

2.9 一半径为 a 的薄导体球壳，在其内表面涂覆了一层薄的绝缘膜，球内充满总电量为 Q 的电荷，球壳上又另充了电量为 Q 的电荷，已知内部的电场为 $\boldsymbol{E}=\boldsymbol{a}_r\left(\frac{r}{a}\right)^4$，计算：

(1) 球内的电荷分布；

(2) 球的外表面的电荷分布；

(3) 球壳的电位；

(4) 球心的电位。

解 (1) 由题意知，在半径为 a 的导体球内有一介电常数为 ε_0 的介质球，介质球内的电荷以体密度均匀分布，其体密度为

$$\rho_V = \nabla \cdot (\varepsilon_0 \boldsymbol{E}) = \varepsilon_0 \frac{6r^3}{a^4}$$

(2) 内部总电荷为 Q，因此可以得到电荷 Q 与半径 a 的关系：

$$Q = \int_V \rho_V \, \mathrm{d}V = 4\pi\varepsilon_0 a^2$$

由于介质球电荷在导体球内表面感应出的电量为 $-Q$，因此在导体球外表面的总电量为 $2Q$，所以导体球外表面的面电荷密度为

$$\rho_S = \frac{2Q}{4\pi a^2} = 2\varepsilon_0$$

(3) 球外任一点的电位由薄导体球壳和介质球两部分的电荷产生，即

$$\phi = \frac{Q}{4\pi\varepsilon_0 r} + \frac{Q}{4\pi\varepsilon_0 r}$$

球壳上的电位为

$$\phi\big|_{r=a} = 2a$$

(4) 球心的电位为

$$\phi\big|_{球心} = \phi\big|_{球壳} + \int_0^a \boldsymbol{E}\cdot d\boldsymbol{l} = 2a + \int_0^a \left(\frac{r}{a}\right)^4 dr = 2.2a$$

2.11　电场中一半径为 a 的介质球，已知球内、外的电位函数分别为

$$\begin{cases} \phi_1 = -E_0 r\cos\theta + \dfrac{\varepsilon-\varepsilon_0}{\varepsilon+2\varepsilon_0} a^3 E_0 \dfrac{\cos\theta}{r^2} & (r \geqslant a) \\ \phi_2 = -\dfrac{3\varepsilon_0}{\varepsilon+2\varepsilon_0} E_0 r\cos\theta & (r < a) \end{cases}$$

此介质球表面的边界条件如何？计算球表面的电荷密度。

解　由电位函数与电场强度的关系得

$$\boldsymbol{E}_1 = -\nabla\phi_1 = \boldsymbol{a}_r E_0\cos\theta\left(1+\frac{\varepsilon-\varepsilon_0}{\varepsilon+2\varepsilon_0}\frac{2a^3}{r^3}\right) - \boldsymbol{a}_\theta E_0\sin\theta\left(1-\frac{\varepsilon-\varepsilon_0}{\varepsilon+2\varepsilon_0}\frac{a^3}{r^3}\right) \quad (r \geqslant a)$$

$$\boldsymbol{E}_2 = -\nabla\phi_2 = \boldsymbol{a}_r E_0\cos\theta\frac{3\varepsilon_0}{\varepsilon+2\varepsilon_0} - \boldsymbol{a}_\theta E_0\sin\theta\frac{3\varepsilon_0}{\varepsilon+2\varepsilon_0} \quad (r < a)$$

介质球满足的边界条件为

$$D_{1r} = D_{2r}$$
$$E_{1\theta} = E_{2\theta}$$

球表面的束缚电荷密度为

$$\rho_{Sb} = \boldsymbol{P}\cdot\boldsymbol{a}_r = \frac{3(\varepsilon-\varepsilon_0)}{\varepsilon+2\varepsilon_0}\varepsilon E_0\cos\theta$$

2.14　无限大空气平行板电容器的电容量为 C_0，将相对介电常数为 $\varepsilon_r=4$ 的一块平板平行地插入两极板之间，如图 2-7 所示。

(1) 在保持电荷一定的条件下，使该电容器的电容值升为原值的 2 倍，所插入板的厚度 d_1 与电容器两板之间的距离 d 的比值为多少？

(2) 若插入板的厚度 $d_1=\dfrac{2}{3}d$，在保持电容器电压不变的条件下，电容器的电容将变为多少？

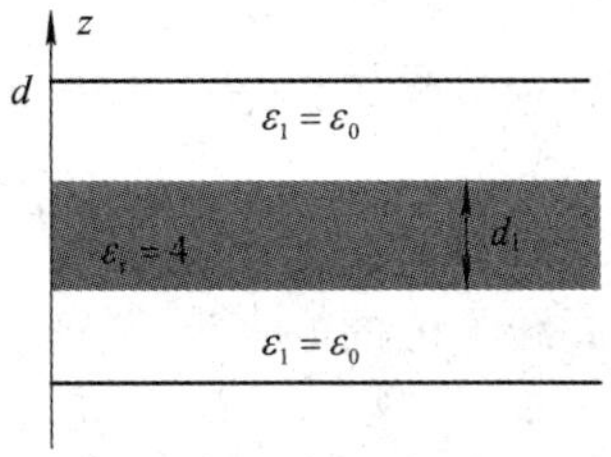

图 2-7　题 2.14 图

解　(1) 设介质板插入前，电容器极板上的电荷为 Q，电容为 C_0，极板间电压为 U。插入介质板后，电容器极板上的电荷 Q 不变，电容升为原来的 2 倍，则极板间的电压变为原来的 1/2。由于极板上的电荷不变，则空气中的电场强度不变。根据以上分析可以得到下列方程：

$$E_0 d = U$$
$$E_0(d-d_1) + \frac{1}{4}E_0 d_1 = \frac{1}{2}U$$

解方程得

$$\frac{d_1}{d} = \frac{2}{3}$$

(2) 设介质板插入前电容器极板上的电荷为 Q，电容为 C_0，极板间电压为 U，电场强

度为 E_0。插入介质板后，若保持电压不变，则电场强度必然变化。设插入介质板后空气中的电场强度为 E'，则

$$E'\left(d-\frac{2d}{3}\right)+\frac{1}{4}E'\frac{2d}{3}=U$$

因此，有

$$E'=\frac{2U}{d}=2E_0$$

即极板上的电荷变为原来的 2 倍，因此插入介质板后电容器的电容为

$$C'=2C_0$$

2.15　同轴电容器的内导体半径为 a，外导体内直径为 b，在 $a<r<b'$ 部分填充介电常数为 ε 的电介质。

(1) 求单位长度的电容；

(2) 若 $a=5$ mm，$b=10$ mm，$b'=8$ mm，内外导体间所加电压为 10 000 V，介质的相对介电常数为 $\varepsilon_r=5$，空气的击穿场强为 3×10^6 V/m，介质的击穿场强为 20×10^6 V/m，问电介质是否会被击穿。

解　(1) 设单位长度上的电荷为 ρ_l，在内外导体之间作一个长度为 1、半径为 ρ 的高斯柱面，利用高斯定理求得其电通量密度为

$$\boldsymbol{D}=\boldsymbol{a}_\rho\frac{\rho_l}{2\pi\rho}$$

因此，有

$$\boldsymbol{E}_1=\boldsymbol{a}_\rho\frac{\rho_l}{2\pi\varepsilon\rho}\quad(a<\rho<b')$$

$$\boldsymbol{E}_2=\boldsymbol{a}_\rho\frac{\rho_l}{2\pi\varepsilon_0\rho}\quad(b'<\rho<b)$$

将电场强度积分得

$$U=\int_a^{b'}E_1\,\mathrm{d}\rho+\int_{b'}^{b}E_2\,\mathrm{d}\rho=\frac{\rho_l}{2\pi}\left(\frac{1}{\varepsilon}\ln\frac{b'}{a}+\frac{1}{\varepsilon_0}\ln\frac{b}{b'}\right)$$

所以单位长度的电容为

$$C_0=\frac{2\pi\varepsilon\varepsilon_0}{\varepsilon_0\ln\dfrac{b'}{a}+\varepsilon\ln\dfrac{b}{b'}}$$

(2) 根据(1)的分析，单位长度的电荷与电压的关系为

$$\rho_l=\frac{2\pi U\varepsilon\varepsilon_0}{\varepsilon_0\ln\dfrac{b'}{a}+\varepsilon\ln\dfrac{b}{b'}}$$

因此，介质和空气中的电场强度分别为

$$\boldsymbol{E}_1=\boldsymbol{a}_\rho\frac{U}{\left(\ln\dfrac{b'}{a}+\varepsilon_r\ln\dfrac{b}{b'}\right)\rho}\quad(a<\rho<b',\text{介质中})$$

$$\boldsymbol{E}_2=\boldsymbol{a}_\rho\frac{U\varepsilon_r}{\left(\ln\dfrac{b'}{a}+\varepsilon_r\ln\dfrac{b}{b'}\right)\rho}\quad(b'<\rho<b,\text{空气中})$$

介质中和空气中的最大场强分别为

$$E_{1max} = 1.3 \times 10^6 \text{ V/m}$$

$$E_{2max} = 3.9 \times 10^6 \text{ V/m}$$

显然，空气会被击穿，击穿后介质中的场强为

$$\boldsymbol{E}_1 = \boldsymbol{a}_\rho \frac{U}{\ln \frac{b'}{a} \rho} \quad (a < \rho < b')$$

介质所承受的最大场强为

$$E_{1max} = 2.6 \times 10^6 \text{ V/m}$$

2.16　在介电常数为 ε 的无限大均匀介质中，开有如下空腔：

(1) 平行于 $\boldsymbol{E}$ 的针形空腔；

(2) 底面垂直于 $\boldsymbol{E}$ 的薄盘形空腔。

求各空腔中的 $\boldsymbol{E}$ 和 $\boldsymbol{D}$。

解　在介电常数为 ε 的无限大介质中，开有如图 2-8 所示的两个空腔，其中 1 为平行于 $\boldsymbol{E}$ 的针形空腔，2 为底面垂直于 $\boldsymbol{E}$ 的薄盘形空腔。

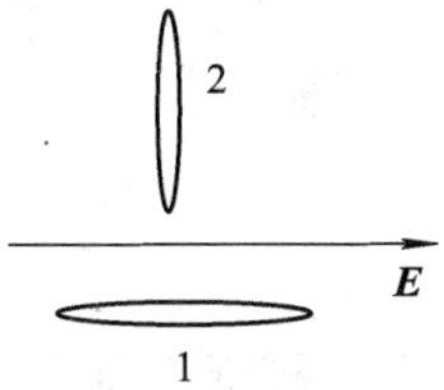

图 2-8　题 2.16 图

(1) 1 为平行于 $\boldsymbol{E}$ 的针形空腔，根据电场强度切向分量连续的边界条件，有

$$\boldsymbol{E}_1 = \boldsymbol{E}$$

$$\boldsymbol{D}_1 = \varepsilon_0 \boldsymbol{E}$$

(2) 2 为底面垂直于 $\boldsymbol{E}$ 的薄盘形空腔，根据电通量密度法向分量连续的边界条件，有

$$\boldsymbol{D}_2 = \varepsilon \boldsymbol{E}$$

$$\boldsymbol{E}_2 = \varepsilon_r \boldsymbol{E}$$

2.17　一个有两层介质(ε_1，ε_2)的平行板电容器，两种介质的电导率分别为 σ_1 和 σ_2，电容器极板的面积为 S，如图 2-9 所示。当外加电压为 U 时，求：

(1) 电容器的电场强度；

(2) 两种介质分界面上表面的自由电荷密度；

(3) 电容器的漏电导；

(4) 当满足参数 $\sigma_1\varepsilon_2=\sigma_2\varepsilon_1$ 时，G/C=？(C 为电容器电容)

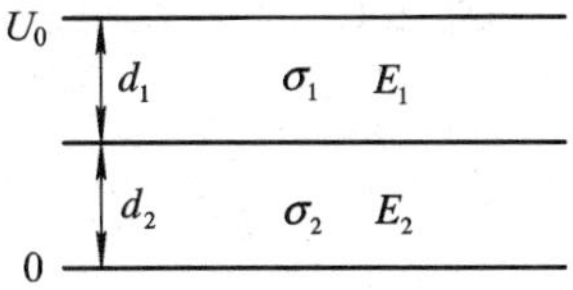

图 2-9　题 2.17 图

解　设电容器的电极是由理想导体构成的，故电容器极板是等位面。设电流为 I，极板面积为 S，则两种介质中的电流密度为

$$J_1 = J_2 = \frac{I}{S} = J$$

两介质内的电场强度分别为

$$E_1 = \frac{J_1}{\sigma_1}$$

$$E_2 = \frac{J_2}{\sigma_2}$$

外加电压为

$$U_0 = E_1 d_1 + E_2 d_2 = \left(\frac{d_1}{\sigma_1} + \frac{d_2}{\sigma_2}\right) J = \left(\frac{d_1}{\sigma_1} + \frac{d_2}{\sigma_2}\right) \frac{I}{S}$$

所以电流为

$$I = \frac{S U_0 \sigma_1 \sigma_2}{d_1 \sigma_2 + d_2 \sigma_1}$$

$$J = \frac{U_0 \sigma_1 \sigma_2}{d_1 \sigma_2 + d_2 \sigma_1}$$

(1) 两介质中的电场强度分别为

$$E_1 = \frac{U_0 \sigma_2}{d_1 \sigma_2 + d_2 \sigma_1}$$

$$E_2 = \frac{U_0 \sigma_1}{d_1 \sigma_2 + d_2 \sigma_1}$$

(2) 两介质表面上的自由电荷密度为

$$\rho_S = D_1 - D_2 = \varepsilon_1 E_1 - \varepsilon_2 E_2 = \frac{\varepsilon_1 \sigma_2 - \varepsilon_2 \sigma_1}{d_1 \sigma_2 + d_2 \sigma_1} U_0$$

(3) 电容器的漏电导为

$$G = \frac{I}{U_0} = \frac{S \sigma_1 \sigma_2}{d_1 \sigma_2 + \sigma_1 d_2}$$

(4) 电容器的电容相当于两个电容串联，两个电容分别为

$$C_1 = \frac{D_1 S}{E_1 d_1} = \frac{\varepsilon_1 E_1 S}{E_1 d_1} = \frac{S \varepsilon_1}{d_1}$$

$$C_2 = \frac{D_2 S}{E_2 d_2} = \frac{\varepsilon_2 E_2 S}{E_2 d_2} = \frac{S \varepsilon_2}{d_2}$$

电容器的总电容为

$$C = \frac{C_1 C_2}{C_1 + C_2} = \frac{S \varepsilon_1 \varepsilon_2}{\varepsilon_1 d_2 + \varepsilon_2 d_1}$$

如果 $\sigma_1 \varepsilon_2 = \sigma_2 \varepsilon_1$，则

$$\frac{G}{C} = \frac{\sigma_2}{\varepsilon_2} \quad 或 \quad \frac{\sigma_1}{\varepsilon_1}$$

2.20 半径为 R_1 和 R_2($R_1 < R_2$)的两个同心球面之间充满了电导率为 $\sigma = \sigma_0 \left(\frac{1+K}{r}\right)$ 的材料(K 为常数)，试求两理想导体球面间的电阻。

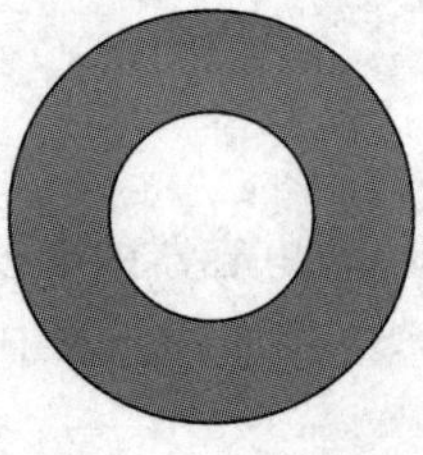

图 2-10 题 2.20 图

解 由题意可得，两导体如图 2-10 所示。设在两个同心球面之间流过的总电流为 I，则电流密度为

$$J = \frac{I}{4\pi r^2}$$

两个同心球面之间的电场强度为

$$E = \frac{I}{4\pi\sigma r^2} = \frac{I}{4\pi\sigma_0(1+K)r}$$

因此两同心球面之间的电压为

$$U = \int_{R_1}^{R_2} E\mathrm{d}r = \frac{I}{4\pi\sigma_0(1+K)}\ln\frac{R_2}{R_1}$$

所以，两理想导体球面间的电阻为

$$R = \frac{1}{4\pi\sigma_0(1+K)}\ln\frac{R_2}{R_1}$$

2.5　练　习　题

2.1　两点电荷 $\boldsymbol{q}_1=-2$ C，位于 x 轴上 $x=2$ 处，$\boldsymbol{q}_2=2$ C，位于 y 轴上 $y=2$ 处，求 z 轴上点(0，0，2)处的电位和电场强度。(答案：$\dfrac{\boldsymbol{a}_x-\boldsymbol{a}_y}{16\sqrt{2}\pi\varepsilon_0}$)

2.2　一个半径为 a 的圆上均匀分布着线电荷密度 ρ_l，求垂直于圆平面的轴线上 $z=a$ 处的电场强度。(答案：$\boldsymbol{E}=\dfrac{\rho_l}{8\sqrt{2}\varepsilon_0 a}\boldsymbol{a}_z$)

2.3　一个点电荷 $+q$ 位于(−1，0，0)处，另一个点电荷 $-2q$ 位于(1，0，0)处，求电位等于零的面；空间中有电场强度等于零的点吗？(答案：$-3-2\sqrt{2}$)

2.4　试求半径为 a、电荷密度为 ρ_V 的均匀带电球体的电场和电位。

(答案：球内，$\boldsymbol{E}=\dfrac{\rho_V\boldsymbol{r}}{3\varepsilon_0}$，$\phi=\dfrac{\rho_V a^2}{2\varepsilon_0}-\dfrac{\rho_V r^2}{6\varepsilon_0}$；球外，$\boldsymbol{E}=\dfrac{\rho_V a^3}{3\varepsilon_0 r^3}\boldsymbol{r}$，$\phi=\dfrac{\rho_V a^3}{3\varepsilon_0 r}$)

2.5　真空中一个球心在原点的半径为 a 的球面，在点(0，0，a)处放置点电荷 $+q$，试计算球赤道圆平面上电通密度的通量。(答案：$\dfrac{q}{2}\left(1-\dfrac{1}{\sqrt{2}}\right)$)

2.6　两无限长的同轴圆柱导体，内外半径分别为 a 和 b，内外导体间为空气。设同轴圆柱导体内、外导体间的电压为 U，求空间各处的电场强度。

(答案：内外导体间 $\boldsymbol{E}=\dfrac{U}{\rho\ln\dfrac{b}{a}}\boldsymbol{a}_\rho$)

2.7　真空中有一半径为 a 的圆柱体，已知圆柱内、外的电位为

$$\begin{cases}\phi = 0 & (\rho\leqslant a)\\ \phi = A\left(\rho-\dfrac{a^2}{\rho}\right) & (\rho>a)\end{cases}$$

求：(1) 圆柱体内、外的电场强度；

(2) 表面电荷密度。

(答案：$\rho_S=-2A\varepsilon_0$)

2.8　设 $z=0$ 为两电介质的分界面，在 $z>0$ 的区域 1 中充满相对介电常数为 $\varepsilon_{r1}=2$ 的介质，而在 $z<0$ 的区域 2 中充满相对介电常数为 $\varepsilon_{r2}=3$ 的介质。已知区域 1 中的电通量密度为

$$\boldsymbol{D}_1=\boldsymbol{a}_x 2-\boldsymbol{a}_y 2+\boldsymbol{a}_z 2$$

求区域 2 中的 $\boldsymbol{E}_2$ 和 $\boldsymbol{D}_2$。

(答案：$\boldsymbol{E}_2=\boldsymbol{a}_x-\boldsymbol{a}_y+\frac{2}{3\varepsilon_0}\boldsymbol{a}_z$)

2.9　一个平行板电容器，极板间为空气，两极板间距为 d，电容器极板的面积为 S，已知上极板上的电荷为 Q，求：

(1) 电容器内的电场强度；

(2) 两极板间的电位分布。

(答案：$\phi=\frac{Qx}{S\varepsilon_0}$)

2.10　请问下列矢量函数中哪些可能是电场强度。如果是请求出其电荷密度。

(1) $\boldsymbol{E}=\boldsymbol{a}_x x^2+\boldsymbol{a}_y y+\boldsymbol{a}_z z^2$；

(2) $\boldsymbol{E}=\boldsymbol{a}_x x^2 y+\boldsymbol{a}_y yz+\boldsymbol{a}_z z$。

2.11　半径为 a 的介质球，其相对介电常数为 2，已知内部的电场为 $\boldsymbol{E}=\boldsymbol{a}_r r^2$，计算：

(1) 球内的电荷分布；

(2) 球壳的电位；

(3) 球心的电位。

(答案：$\rho_V=8\varepsilon_0 r$；$2a^3$；$\frac{a^3}{3}+2a^3$)

2.6　使用信息技术工具制作的演示模块

下面采用 Mathematica 软件编制了 8 个演示模块，下面给出其结果截图，原图见与教材配套的光盘。

(1) 线电荷的电位分布与电场分布见图 2-11。

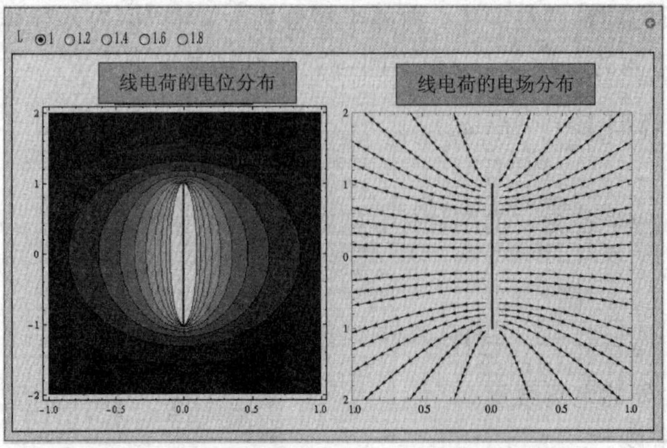

图 2-11　线电荷的电位分布与电场分布

（2）电偶极子的等电位面与场分布见图 2-12。

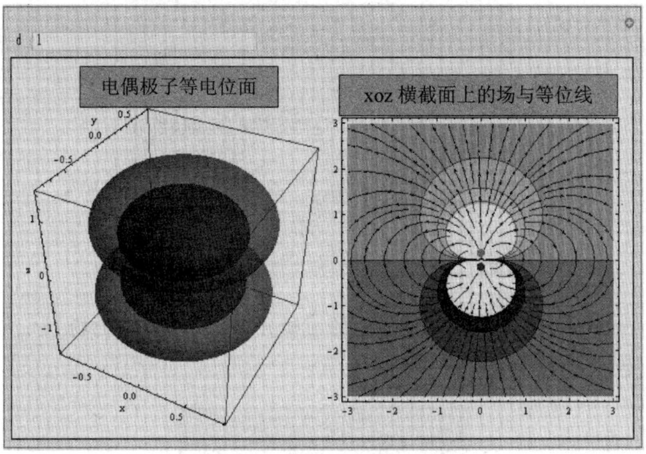

图 2-12　电偶极子的等电位面与场分布

（3）平行双线的场分布与单位场电容见图 2-13。

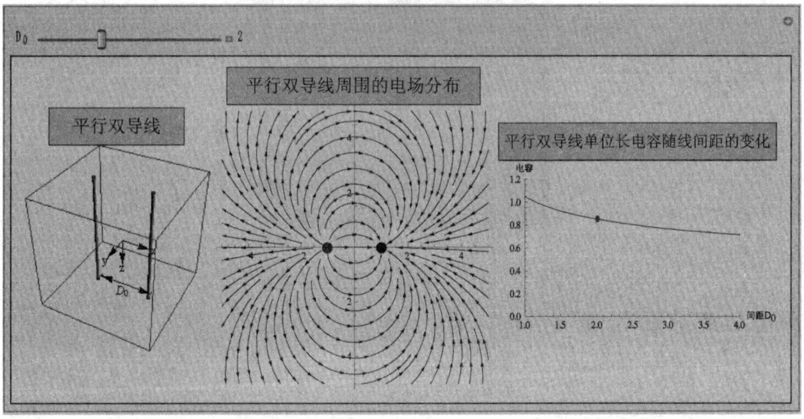

图 2-13　平行双线的场分布与单位场电容

（4）同轴线的场分布见图 2-14。

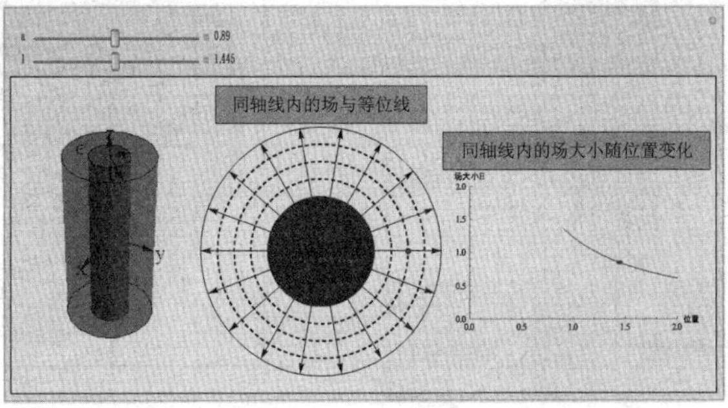

图 2-14　同轴线的场分布

(5) 两层同轴线的力线分布与分界面上的场见图 2-15。

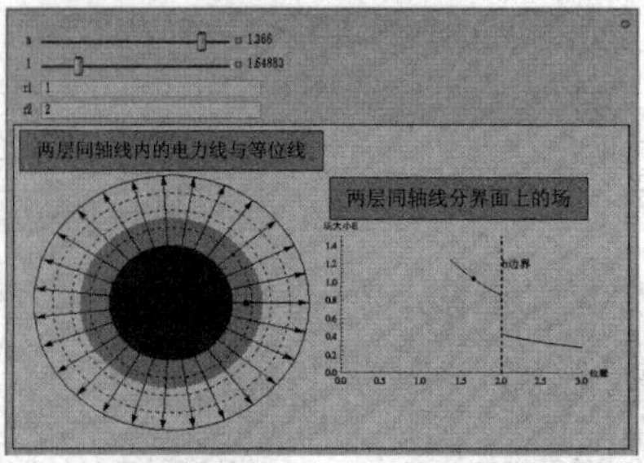

图 2-15 两层同轴线的力线分布与分界面上的场

(6) 接地体的电流分布见图 2-16。

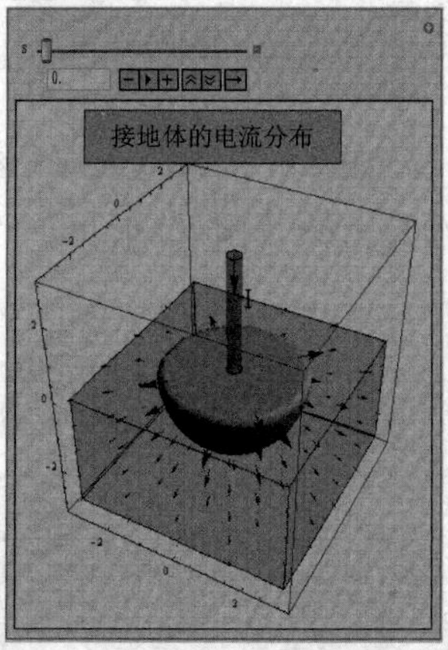

图 2-16 接地体的电流分布

(7) 电源电动势见图 2-17。

(8) 同轴线中的漏电流见图 2-18。

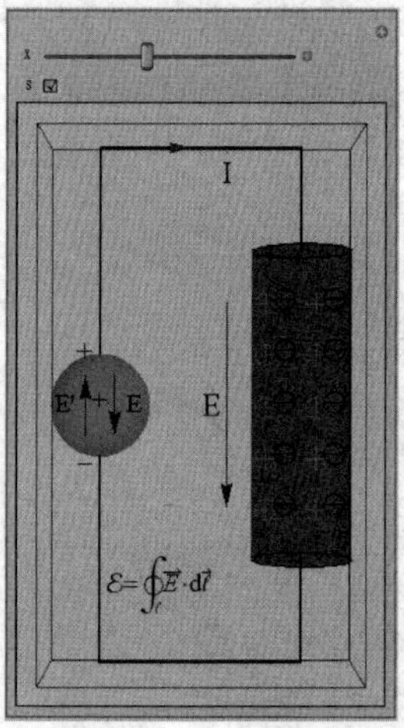

图 2-17 电源电动势

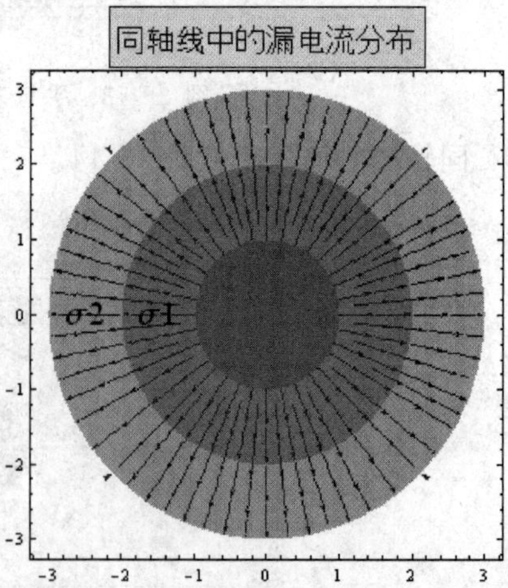

图 2-18 同轴线中的漏电流

本章思维导图

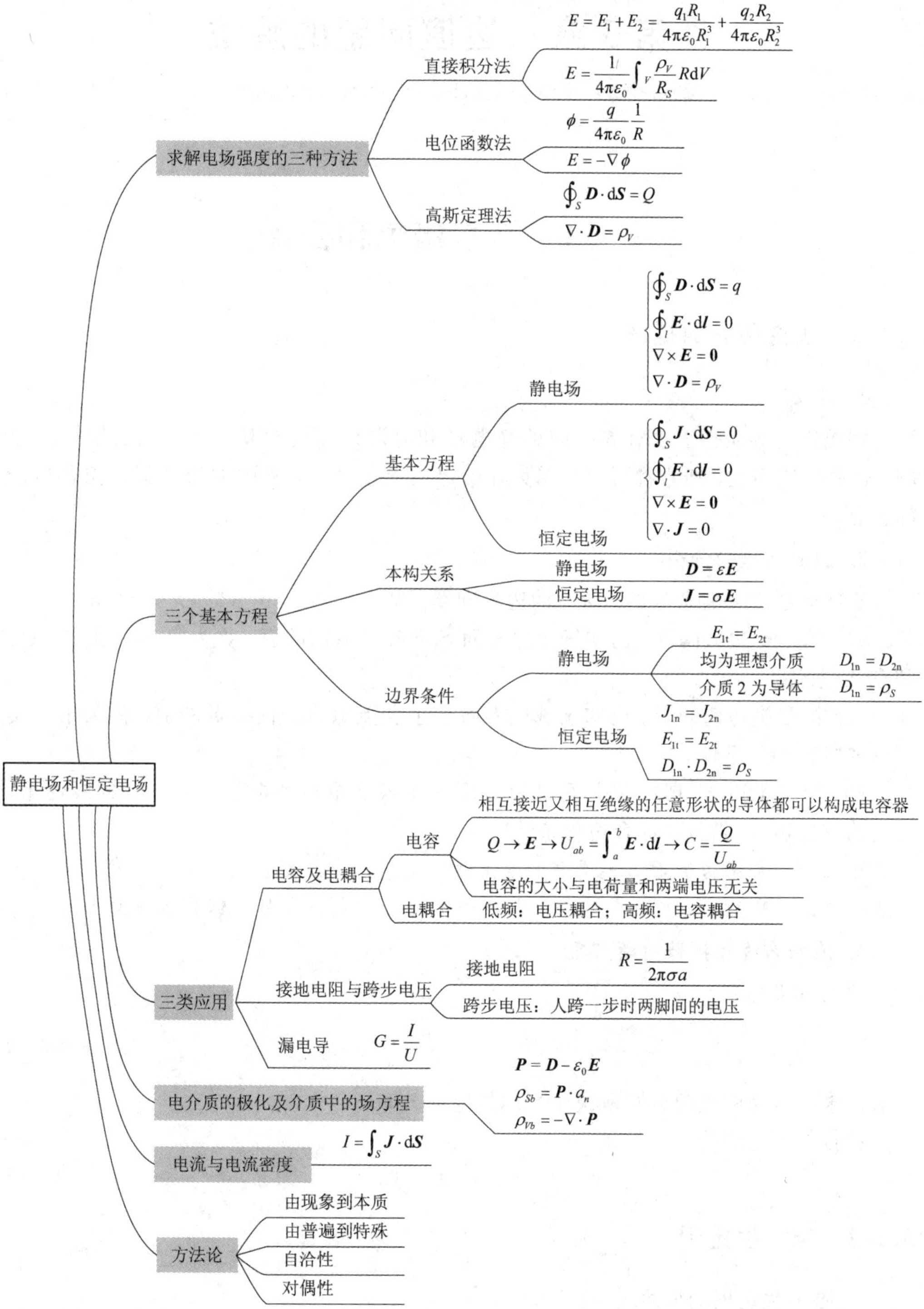
静电场和恒定电场
求解电场强度的三种方法
直接积分法
$E=E_1+E_2=\frac{q_1R_1}{4\pi\varepsilon_0R_1^3}+\frac{q_2R_2}{4\pi\varepsilon_0R_2^3}$
$E=\frac{1}{4\pi\varepsilon_0}\int_V\frac{\rho_V}{R_S}R\mathrm{d}V$
电位函数法
$\phi=\frac{q}{4\pi\varepsilon_0}\frac{1}{R}$
$E=-\nabla\phi$
高斯定理法
$\oint_S \boldsymbol{D}\cdot\mathrm{d}\boldsymbol{S}=Q$
$\nabla\cdot\boldsymbol{D}=\rho_V$
三个基本方程
基本方程
静电场
$\oint_S \boldsymbol{D}\cdot\mathrm{d}\boldsymbol{S}=q$
$\oint_l \boldsymbol{E}\cdot\mathrm{d}\boldsymbol{l}=0$
$\nabla\times\boldsymbol{E}=\boldsymbol{0}$
$\nabla\cdot\boldsymbol{D}=\rho_V$
恒定电场
$\oint_S \boldsymbol{J}\cdot\mathrm{d}\boldsymbol{S}=0$
$\oint_l \boldsymbol{E}\cdot\mathrm{d}\boldsymbol{l}=0$
$\nabla\times\boldsymbol{E}=\boldsymbol{0}$
$\nabla\cdot\boldsymbol{J}=0$
本构关系
静电场　$\boldsymbol{D}=\varepsilon\boldsymbol{E}$
恒定电场　$\boldsymbol{J}=\sigma\boldsymbol{E}$
边界条件
静电场
$E_{1t}=E_{2t}$
均为理想介质　$D_{1n}=D_{2n}$
介质 2 为导体　$D_{1n}=\rho_S$
恒定电场
$J_{1n}=J_{2n}$
$E_{1t}=E_{2t}$
$D_{1n}\cdot D_{2n}=\rho_S$
三类应用
电容及电耦合
电容
相互接近又相互绝缘的任意形状的导体都可以构成电容器
$Q\to\boldsymbol{E}\to U_{ab}=\int_a^b\boldsymbol{E}\cdot\mathrm{d}\boldsymbol{l}\to C=\frac{Q}{U_{ab}}$
电容的大小与电荷量和两端电压无关
电耦合　低频：电压耦合；高频：电容耦合
接地电阻与跨步电压
接地电阻　$R=\frac{1}{2\pi\sigma a}$
跨步电压：人跨一步时两脚间的电压
漏电导　$G=\frac{I}{U}$
电介质的极化及介质中的场方程
$\boldsymbol{P}=\boldsymbol{D}-\varepsilon_0\boldsymbol{E}$
$\rho_{Sb}=\boldsymbol{P}\cdot a_n$
$\rho_{Vb}=-\nabla\cdot\boldsymbol{P}$
电流与电流密度
$I=\int_S\boldsymbol{J}\cdot\mathrm{d}\boldsymbol{S}$
方法论
由现象到本质
由普遍到特殊
自洽性
对偶性

第3章 边值问题的解法

3.1 基本概念和公式

3.1.1 边值问题的提法

1. 定义

在给定边界条件下求有界空间的静电场和电源外恒定电场，这类问题通称为边值问题。这些边值问题，通常都可以归结为在给定边值条件下，求解泊松方程或拉普拉斯方程的问题。

2. 边值问题的分类

实际问题总是有边界的。所有的边界问题可以归结为以下三类：

(1) 第一类边值问题。已知场域边界面S上各点电位的值，称为第一类边值问题或“狄利克莱”条件。

(2) 第二类边值问题。已知场域边界面S上各点电位法向导数的值，称为第二类边界问题或“诺伊曼”条件。

(3) 第三类边值问题。已知场域边界面S上各点电位和电位法向导数的线性组合值，称为第三类边界问题或“混合边界条件”。

小贴士　如果边界面S是导体，则上述三类问题分别变为已知各导体表面的电位；已知各导体的总电荷量；已知导体的一部分边界面上的电位和另一部分边界面上的电荷量。

3. 泊松方程和拉普拉斯方程

泊松方程为

$$\nabla^2 \phi = -\frac{\rho_V}{\varepsilon} \qquad (3-1-1)$$

它表示求解区域的电位分布取决于当地的电荷分布。

拉普拉斯方程为

$$\nabla^2 \phi = 0 \qquad (3-1-2)$$

3.1.2 唯一性定理

1. 唯一性定理的描述

静电场中，在每一类边界条件下，泊松方程或拉普拉斯方程的解必定是唯一的，这称为静电场的唯一性定理。

2. 唯一性定理的意义

唯一性定理给出了拉普拉斯方程(或泊松方程)定解的充分必要条件，这个定理启发我们，在解拉普拉斯方程(或泊松方程)的时候，不管采用什么方法，只要找到一个既能满足给定的边界条件，又能满足拉普拉斯方程(或泊松方程)的电位函数，则这个电位函数就是我们要求的正确解，由任何另一种方法求得的同一问题的解与其必然完全相同。

小贴士　唯一性定理给出了求解电磁问题的定解条件，也为镜像法、分离变量法等方法奠定了理论依据。

3.1.3　镜像法

上述边值问题的解法可以分为解析法和数值法两大类。解析法中包括直接积分法、镜像法、分离变量法等；数值法中包括有限差分法、边界元法、矩量法等。这些方法各有特点，现阶段我们主要学习镜像法、分离变量法和有限差分法。

1. 镜像法的定义

所谓镜像法，就是暂时忽略边界的存在，在所求的区域之外放置虚拟电荷来代替实际导体表面上复杂的电荷分布进行计算的一种方法，这个虚拟的电荷称为实际电荷的镜像。

根据唯一性定理，只要镜像电荷与实际电荷一起产生的电位能满足给定的边界条件，又在所求的区域内满足拉普拉斯方程，则使用这个方法得到的解就是我们所要求的正确解。

小贴士　使用镜像法时关键要找到镜像电荷的位置、镜像电荷的个数和镜像电荷的大小。

2. 点电荷与平面边界

自由空间中一个点电荷 q 置于距离平面导体边界 d 处，在平面导体边界上就有感应电荷出现，则空间中任意点处的电场或电位是由点电荷和感应电荷共同产生的。采用镜像法时，感应电荷的作用由镜像电荷来代替。镜像电荷的个数、位置及大小如下。

1) 镜像电荷的个数

对于两相交平面，若两平面的夹角为 θ，且 $360°/\theta$ 为偶数，则镜像电荷的个数为 $360°/\theta-1$；若 $360°/\theta$ 不是偶数，则不能用镜像法求解。

2) 镜像电荷的位置及大小

镜像电荷位于与原电荷关于边界对称的位置上，且两者大小相等、符号相反。

此时，求解区域的电位或电场等于原电荷与所有镜像电荷共同作用的叠加。

小贴士　对于无限大导体平面，其镜像电荷的大小与边界上感应电荷的大小相等。这也反映了镜像电荷代替感应电荷在空间产生场。

3. 点电荷与球面边界

自由空间中接地导体球半径为 a，一个点电荷 q 置于距球心 d 处。根据电荷感应原理，在导体球面上有感应电荷出现，球外任意点处的电场或电位是由点电荷和感应电荷共同产生的，感应电荷的贡献用镜像电荷来代替。由于导电球面弯曲，因此镜像电荷在大小上一般不等于原电荷的大小 q。

1）接地导体球

由于球接地，球面电位等于零，为了保持球面电位为零，球面上应有负的感应电荷，并与原电荷共同作用使球面电位等于零。用镜像法分析时，镜像电荷代替感应电荷的作用，镜像电荷的位置应在球内，且与原电荷关于圆周(过点电荷与球心的平面与球相切的圆周)对称，设其大小为 $q_1=-mq$，一般情况下，$m\leqslant 1$；仅当原电荷在球面上时，镜像电荷在大小上才等于原电荷，即 $m=1$。

此时，球外任一点处的电位或电场等于原电荷与镜像电荷的共同作用。

2）不接地导体球

球不接地时，球面上的净电荷为零。但球表面仍然是等位面(静电平衡状态下导体的性质)，与接地导体球不同的是球面电位不等于零而是常数。因此，为了保持球导体表面净电荷等于零的边界条件，球面上应该有两种电荷分布，正电荷和负电荷。负电荷不均匀分布在球面上，它与原电荷共同作用使球面上的电位等于零，为了保持球面上电位为常数，正电荷应均匀分布在球面上。因此用镜像法分析不接地导体球时，应该用两个镜像电荷：一个是 $q_1=-mq$，其位置在球内且与原电荷关于圆周对称；另一个是 $q_2=-q_1=mq$，其位置在球心以保持球面为等位面。

此时，球外任一点的电场或电位等于原电荷与两个镜像电荷的共同作用。

小贴士　接地导体球与不接地导体球的差别在于：接地导体球的表面电位为零，只存在负的感应电荷；而不接地导体球的表面电位为常数，其表面总的感应电荷应为零。

4. 线电荷的镜像

自由空间中无限长接地导体圆柱半径为 a，一个线电荷密度为 ρ_l 的无限长带电直线置于距离圆柱轴线 d 处。

由于导体圆柱接地，因此导体圆柱上的电位和电场均为零，导体圆柱在带电直线的作用下，在柱面上出现感应电荷。其感应电荷在柱外空间的作用可以用镜像电荷来代替。镜像电荷的位置在圆柱内部，且与原电荷关于圆周对称，镜像电荷的大小与原电荷的大小相等、符号相反。

小贴士　能否采用镜像法关键是能否找到镜像电荷，只有一些特殊的结构和电荷分布才能使用镜像法，这是该方法的局限性。

3.1.4 分离变量法

1. 定义

分离变量法是把一个多变量的函数表示成几个单变量函数乘积的方法。在直角坐标系、圆柱坐标系、球坐标系中都可以应用分离变量法。

小贴士　使用分离变量法的前提是电位函数的分布可以表示成几个独立函数的乘积。

2. 直角坐标系中的分离变量法

在直角坐标系中，电位函数的拉普拉斯方程为

$$\frac{\partial^2 \phi}{\partial x^2}+\frac{\partial^2 \phi}{\partial y^2}+\frac{\partial^2 \phi}{\partial z^2}=0 \tag{3-1-3}$$

电位函数 ϕ 用三个单变量函数的乘积表示为 $\phi(x,y,z)=f(x)g(y)h(z)$，并代入

式(3-1-3)得

$$\frac{1}{f}\frac{d^2 f}{dx^2}=-k_x^2 \tag{3-1-4}$$

$$\frac{1}{g}\frac{d^2 g}{dy^2}=-k_y^2 \tag{3-1-5}$$

$$\frac{1}{h}\frac{d^2 h}{dz^2}=-k_z^2 \tag{3-1-6}$$

$$k_x^2+k_y^2+k_z^2=0 \tag{3-1-7}$$

式中：k_x、k_y和k_z称为分离常数。

常系数二阶微分方程式(3-1-4)～式(3-1-6)解的形式由分离常数的取值决定。

以 $f(x)$为例，若 k_x为实数，则微分方程(3-1-4)的通解为

$$f(x)=A_1\sin k_x x+A_2\cos k_x x \tag{3-1-8}$$

若 k_x为虚数，令 $k_x=\mathrm{j}\alpha_x$(α_x为实数)，则微分方程(3-1-4)的通解为

$$f(x)=B_1\sinh\alpha_x x+B_2\cosh\alpha_x x \tag{3-1-9}$$

或

$$f(x)=B_1'\exp(\alpha_x x)+B_2'\exp(-\alpha_x x) \tag{3-1-10}$$

若 $k_x=0$，则微分方程(3-1-4)的通解为

$$f(x)=C_1 x+C_2 \tag{3-1-11}$$

$g(y)$和$h(z)$的情况类似，对于k_y和k_z的不同取值，式(3-1-5)和式(3-1-6)有相应的通解的形式。这样，根据满足式(3-1-7)的k_x、k_y和k_z取值的不同组合情况，拉普拉斯方程的解$\phi(x, y, z)=f(x)g(y)h(z)$也将有不同的组合形式。然而，根据唯一性定理，在给定的边界条件下，拉普拉斯方程的解是唯一的。因此，对于给定边界条件的具体问题的解，拉普拉斯方程解的形式由边界条件来确定。

***3. 圆柱坐标系中的分离变量法**

在求解圆柱空间或有柱面边界的场问题时，采用圆柱坐标系较为方便。圆柱坐标系中电位的拉普拉斯方程为

$$\frac{1}{\rho}\frac{\partial}{\partial\rho}\left(\rho\frac{\partial\phi}{\partial\rho}\right)+\frac{1}{\rho^2}\frac{\partial^2\phi}{\partial\varphi^2}+\frac{\partial^2\phi}{\partial z^2}=0 \tag{3-1-12}$$

1）一般解

圆柱坐标系中拉普拉斯方程的一个解为

$$\phi=(A\sinh kz+B\cosh kz)(C\sin n\varphi+D\cos n\varphi)[F\mathrm{J}_n(k\rho)+G\mathrm{N}_n(k\rho)]$$

式中：$\mathrm{J}_n(k\rho)$为 n 阶第一类贝塞尔函数，$\mathrm{N}_n(k\rho)$为第二类贝塞尔函数或纽曼函数。

2）圆柱沿 z 方向无限长的解

如果圆柱沿 z 方向无限长，则电位与 z 无关，拉普拉斯方程变为

$$\frac{1}{\rho}\frac{\partial}{\partial\rho}\left(\rho\frac{\partial\phi}{\partial\rho}\right)+\frac{1}{\rho^2}\frac{\partial^2\phi}{\partial\varphi^2}=0 \tag{3-1-13}$$

此时通解为

$$\phi=C_1+C_2\ln\rho+\sum_{n=1}^{\infty}(A_n\sin n\varphi+B_n\cos n\varphi)(D_n\rho^n+F_n\rho^{-n}) \tag{3-1-14}$$

其中的系数由边界条件确定。

3) 圆柱的电位是圆对称的且 z 轴方向无限长的

如果圆柱电位是圆对称的且 z 轴方向无限长的，即电位与 ϕ 和 z 无关，那么拉普拉斯方程为

$$\frac{1}{\rho}\frac{\mathrm{d}}{\mathrm{d}\rho}\left(\rho\frac{\mathrm{d}\phi}{\mathrm{d}\rho}\right)=0 \tag{3-1-15}$$

方程的解为

$$\phi=C_1\ln\rho+C_2 \tag{3-1-16}$$

其中，系数 C_1 和 C_2 由边界条件确定。

***4. 球坐标系中的分离变量法**

在求解球空间或有球面边界的场问题时，采用球坐标系较为方便。球坐标系中电位满足的拉普拉斯方程为

$$\frac{1}{r^2}\frac{\partial}{\partial r}\left(r^2\frac{\partial\phi}{\partial r}\right)+\frac{1}{r^2\sin\theta}\frac{\partial}{\partial\theta}\left(\sin\theta\frac{\partial\phi}{\partial\theta}\right)+\frac{1}{r^2\sin^2\theta}\frac{\partial^2\phi}{\partial\varphi^2}=0 \tag{3-1-17}$$

拉普拉斯方程的通解为

$$\phi=\sum_{l=0}^{\infty}\left[A_l r^l+B_l r^{-(l+1)}\right]\mathrm{P}_l(\cos\theta) \tag{3-1-18}$$

式中：$\mathrm{P}_l(\cos\theta)$ 称为 l 次勒让德多项式；系数 A_l 和 B_l 由边界条件确定。

小贴士　分离变量法的本质是在一定几何分布的条件下，选择合适的坐标系，将泊松方程或拉普拉斯方程变换为三个独立的二阶常微分方程，分别求出该方程组的通解，然后满足边界条件，再确定待定系数。

3.1.5 有限差分法

分离变量法和镜像法都是求解边值问题的解析法。事实上，实际问题的边界往往是复杂的，一般难于用解析的方法得到它们的解，在这些情况下，通常采用数值解法。

1. 定义

有限差分法是把微分方程在给定点附近用差分代数方程代替而计算电位的一种近似方法。

2. 表达式

考虑二维问题，设区域中某点(i, j)的电位为 $\phi_{i,j}$，则其上下左右四个点的电位分别为 $\phi_{i,j+1}$、$\phi_{i,j-1}$、$\phi_{i-1,j}$ 和 $\phi_{i+1,j}$，若所研究区域中的电荷密度为 ρ_V，则任意点(i, j)电位满足泊松方程的差分形式为

$$\phi_{i,j}=\frac{\phi_{i-1,j}+\phi_{i+1,j}+\phi_{i,j+1}+\phi_{i,j-1}+h^2\rho_V/\varepsilon_0}{4} \tag{3-1-19}$$

如果 $\rho_V=0$，则二维拉普拉斯方程的有限差分形式为

$$\phi_{i,j}=\frac{\phi_{i-1,j}+\phi_{i+1,j}+\phi_{i,j+1}+\phi_{i,j-1}}{4} \tag{3-1-20}$$

式(3-1-20)表明，在没有体电荷分布的区域，任意点的电位等于围绕它的四个点的电位的平均值。下面我们主要考虑无源区域的解。

3. 简单迭代法

简单迭代法的特点是用前一次迭代得到的节点电位作为下一次迭代的初值，迭代公式为

$$\phi_{i,j}^{(n+1)} = \frac{\phi_{i-1,j}^{(n)} + \phi_{i+1,j}^{(n)} + \phi_{i,j+1}^{(n)} + \phi_{i,j-1}^{(n)}}{4} \tag{3-1-21}$$

式中：上标(n)表示第 n 次迭代结果；上标$(n+1)$表示新的迭代结果。

4. 超松弛法

一般说来，简单迭代法的收敛速度比较慢，所以它的实用价值不大，实际中常采用超松弛法。与简单迭代法相比，超松弛法有两点重大改进：第一是计算每一节点电位时，把刚才得到的邻近点第二电位新值代入；第二为了加快收敛，引进松弛因子 s，其表达式为

$$\phi_{i,j}^{(n+1)} = \phi_{i,j}^{(n)} + \frac{s}{4}\left[\phi_{i-1,j}^{(n+1)} + \phi_{i+1,j}^{(n)} + \phi_{i,j+1}^{(n)} + \phi_{i,j-1}^{(n+1)} - 4\phi_{i,j}^{(n)}\right] \tag{3-1-22}$$

式(3-1-22)的迭代方法称为超松弛迭代法。

松弛因子 s 的取值一般在 1 与 2 之间，不同的 s 有不同的收敛速度，它有一个最优值。如果松弛因子选择适当，那么收敛速度还将加快。

小贴士　有限差分法的本质是将微分方程用差分来表示，然后利用步进的方法不断逼近收敛值，是一种典型的数值计算方法。

3.2 重点与难点

3.2.1 本章重点和难点

(1) 边界条件和泊松方程(或拉普拉斯方程)共同构成了静电场的边值问题，深刻理解唯一性定理，能够根据给定的信息正确地写出所求问题的方程是求解静电边值问题的关键和难点；理解唯一性定理及边界条件的应用是本章的重点。

(2) 点电荷与接地(不接地)导体的镜像问题是本章的难点之二。掌握镜像电荷的求法及镜像法的有效区域是本章又一重点。

(3) 按待求场域的形状特征选择适当的坐标系以使边值问题的表达式尽可能简单。直角坐标系中的分离变量法是本章的重点之三。

3.2.2 镜像法

镜像法的理论依据是静电场的唯一性定理，它处理问题的特点是不直接求解电位所满足的泊松方程，而是在保持边界条件不变的前提下，用假想的电荷(镜像电荷)来取代导体上的感应电荷对电位的贡献，从而使问题的求解大大简化。

使用镜像法时应注意：在所求的区域内，既不能引入镜像电荷也不能改变其介质的分布，更不能改变边界条件，只能在所研究的区域之外引入镜像电荷，而用此方法所求的解仅在所求区域内是正确的、有意义的。

对于半径为 a 的两根等值异号的平行圆柱形导线，由于它们相互靠近使圆柱形导线表面上的电荷分布不是轴对称的，因此直接求解它们的电场是困难的。而镜像法是在保持圆柱体上边界条件不变的条件下，用两根假想的带等值异号的无限长线电荷来代替两个带电

圆柱导体，根据唯一性定理，用无限长线电荷来代替两个带电圆柱导体计算得到所求区域的电位正是原问题的解，这个问题的关键是确定两线电荷的位置。

3.2.3 分离变量法

利用分离变量法求解边值问题时，首先要看清所给定的有关信息，包括电荷分布、电介质分布、场域边界面上的边界条件、边界的形状等，然后根据所给定的信息列出方程(泊松方程或拉普拉斯方程)并选择正确的坐标系。

坐标系的一般选择原则：如果边界面的形状与直角坐标系相合就选择直角坐标系；如果边界面的形状是圆柱形或球形，就应选择圆柱坐标系或球坐标系。

对于某些问题，如果坐标系选择得当，可能使所求电位仅是一个坐标变量的函数，此时泊松方程或拉普拉斯方程可化为二阶常微分方程，其解就很容易求得，教材中的例 3-4 及例 3-6 就是属于这种情况。

3.3 典型例题分析

【例 1】 真空中有一半径为 a 的不带电导体球壳，设在球壳内距球心为 $b(b<a)$ 处放置一点电荷 q，求球壳内(球心除外)及球壳上的电位分布。

解 根据静电平衡状态下导体的性质，导体球壳是等位体，电位是一常数，且球壳上的电荷总量等于零。由于距球心为 $b(b<a)$ 处放置点电荷 q，在球壳上应该有两种感应电荷分布：正电荷和负电荷。负电荷不均匀地分布在球壳内表面，它与原点电荷共同作用使球壳的电位等于零。正电荷均匀地分布在球壳的外表面，保持球壳电位为一常数，正负电荷的总和为零。用镜像法分析，应该有两个镜像电荷：一个镜像电荷来代替负的感应电荷的作用，设电荷量为 $-q'$，其位置(在所研究区域之外)为球壳外球心与点电荷连线的延长线上，与球心的距离为 d，如图 3-1 所示；另一个镜像电荷用来代替正的感应电荷的作用，其电荷量为 $q''=q'$(保证球壳上的总电荷等于零)，位置在球心。此时，球壳内部任一点的电位等于三个点电荷的共同作用。

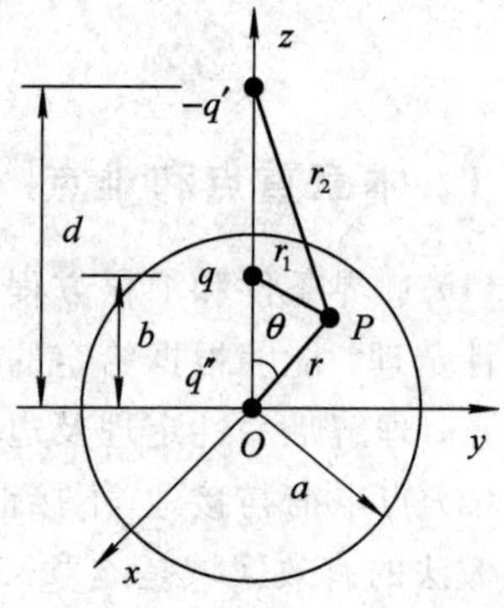

图 3-1 导体球壳内的点电荷

设球壳内空间的一点为 P，P 点的电位表达式为

$$\phi=\frac{q}{4\pi\varepsilon_0 r_1}-\frac{q'}{4\pi\varepsilon_0 r_2}+\frac{q''}{4\pi\varepsilon_0 r}$$

式中：$r_1=\sqrt{r^2+b^2-2rb\cos\theta}$；$r_2=\sqrt{r^2+d^2-2rd\cos\theta}$。

根据上面的分析，球壳的内表面上感应电荷 $-q'$ 与点电荷 q 的共同作用使导体球壳的电位等于零，即

$$\left(\frac{q}{4\pi\varepsilon_0 r_1}-\frac{q'}{4\pi\varepsilon_0 r_2}\right)_{r=a}=0$$

由此可算得

$$d=\frac{a^2}{b},\quad q'=\frac{aq}{b}$$

球壳是等位体，其上的电位为

$$\phi=\frac{q''}{4\pi\varepsilon_0 a}=\frac{q}{4\pi\varepsilon_0 b}$$

【例 2】 真空中有一半径为 a、介电常数为 ε 的无限长圆柱体，其上均匀地分布着电荷，设单位长度的电荷为 Q，求它在空间各处所产生的电位和电场强度。

解

解法一：由于电荷均匀地分布在圆柱内，因此它所产生的电场是柱对称的，或者说电位仅是半径的函数，属于一维问题，我们采用先求电位再求电场强度的方法。

设圆柱内单位体积的电荷为 $\rho_V=\dfrac{Q}{\pi a^2}$，圆柱内外的电位分别为 ϕ_1 和 ϕ_2，则它们满足方程：

$$\frac{1}{\rho}\frac{\mathrm{d}}{\mathrm{d}\rho}\left(\rho\frac{\mathrm{d}\phi_1}{\mathrm{d}\rho}\right)=-\frac{\rho_V}{\varepsilon}$$

$$\frac{1}{\rho}\frac{\mathrm{d}}{\mathrm{d}\rho}\left(\rho\frac{\mathrm{d}\phi_2}{\mathrm{d}\rho}\right)=0$$

它们的解为

$$\phi_1=-\frac{\rho_V}{4\varepsilon}\rho^2+C_1\ln\rho+C_2$$

$$\phi_2=C_3\ln\rho+C_4$$

根据自然边界条件 $\rho\to 0$，即圆柱的轴线上的电位应该是有限的值，因此有 $C_1=0$，选择 $\rho=0$ 为参考电位。令 $\rho=0$ 处的电位为零，必然有 $C_2=0$。

电位在 $\rho=a$ 的两种介质分界面上满足：

$$\phi_1\big|_{\rho=a}=\phi_2\big|_{\rho=a},\quad \varepsilon\frac{\partial\phi_1}{\partial\rho}\bigg|_{\rho=a}=\varepsilon_0\frac{\partial\phi_2}{\partial\rho}\bigg|_{\rho=a}$$

因而得

$$C_3=-\frac{\rho_V}{2\varepsilon_0}a^2=-\frac{Q}{2\pi\varepsilon_0},\quad C_4=-\frac{Q}{4\pi\varepsilon}+\frac{Q\ln a}{2\pi\varepsilon_0}$$

因此圆柱内外的电位表达式为

$$\phi_1=-\frac{Q\rho^2}{4\pi\varepsilon a^2}\quad(\rho<a)$$

$$\phi_2=\frac{Q}{2\pi\varepsilon_0}\ln\frac{a}{\rho}+\frac{Q}{4\pi\varepsilon}\quad(\rho>a)$$

由电场强度与电位之间的关系 $\boldsymbol{E}=-\nabla\phi$ 可得圆柱内外的电场强度为

$$\boldsymbol{E}_1=\boldsymbol{a}_\rho\frac{Q\rho}{2\pi\varepsilon a^2}\quad(\rho<a)$$

$$\boldsymbol{E}_2=\boldsymbol{a}_\rho\frac{Q}{2\pi\varepsilon_0\rho}\quad(\rho>a)$$

注意：本题参考点不能选在无穷远点，当电荷分布延伸到无限远处时，参考点可以选在除无穷远点以外的任何点。当参考点变化时所求电位也随着变化，但任意两点间的电压不变，且所求电场强度也不变。

解法二：由于电荷均匀地分布在圆柱内，它所产生的电场是柱对称的，采用高斯定理先求电场强度再求电位的方法。

已知单位长度的电荷为 Q，则圆柱内单位体积的电荷为 $\rho_V = \dfrac{Q}{\pi a^2}$，设圆柱内任意点 P 处的电场强度为 $\boldsymbol{E}_1(\rho<a)$，则以过点 P 到圆柱轴线的垂直距离为半径，以圆柱的轴线为轴线作半径为 ρ、长度为 1 的高斯圆柱面，由高斯定理有

$$\oint_S \varepsilon \boldsymbol{E}_1 \cdot \mathrm{d}\boldsymbol{S} = \frac{Q}{\pi a^2}\pi\rho^2$$

因此

$$\boldsymbol{E}_1 = \frac{Q\rho}{2\pi\varepsilon a^2}\boldsymbol{a}_\rho$$

设圆柱外任意点 P 处的电场强度为 $\boldsymbol{E}_2(\rho>a)$，则以过点 P 到圆柱轴线的垂直距离为半径，以圆柱的轴线为轴线作半径为 ρ、长度为 1 的高斯圆柱面，由高斯定理有

$$\oint_S \varepsilon_0 \boldsymbol{E}_2 \cdot \mathrm{d}\boldsymbol{S} = Q$$

因此

$$\boldsymbol{E}_2 = \frac{Q}{2\pi\varepsilon_0\rho}\boldsymbol{a}_\rho$$

选择圆柱面 $\rho=a$ 处为参考电位，即 $\rho=a$ 处的电位为零，则圆柱内任一点的电位为

$$\phi_1 = \int_\rho^a \boldsymbol{E}_1 \cdot \mathrm{d}\rho$$

即

$$\phi_1 = \frac{Q}{4\pi\varepsilon}\left(1-\frac{\rho^2}{a^2}\right) \quad (\rho<a)$$

圆柱外任意点的电位为 ϕ_2，则

$$\phi_2 = \int_\rho^a \boldsymbol{E}_2 \cdot \mathrm{d}\rho$$

即

$$\phi_2 = \frac{Q}{2\pi\varepsilon_0}\ln\left(\frac{a}{\rho}\right) \quad (\rho>a)$$

由上述两种解法可见：

(1) 方法二比方法一更为简单，因此以后遇到电荷对称分布的情况，尽可能用高斯定理；

(2) 两种方法所求电位的表达式有所不同，这是由于所选的参考点不同所致，但任意两点间的电压是相同的，方法一中计算所得半径为 a 的圆柱面与轴心间的电压为 $-Q/(4\pi\varepsilon)$，与方法二中的结果相同。

【例 3】 真空中有一沿 z 方向无限长、截面形状为矩形的槽，槽沿 x 方向的宽度为 a，沿 y 方向的高度为 b，其内部介电常数为 ε，且无电荷分布。矩形槽的边界条件如下：$\phi\big|_{\substack{x=0,\,a\\0\leqslant y\leqslant b}}=0$，$\phi\big|_{\substack{y=0\\0\leqslant x\leqslant a}}=0$，$\phi\big|_{\substack{y=b\\0\leqslant x\leqslant a}}=U_0\sin\left(\dfrac{\pi}{a}x\right)$。求槽内的电位分布。

解 由于槽沿 z 方向无限长，又因为槽内无电荷分布，所以槽内的电位分布满足二维

问题拉普拉斯方程，即

$$\frac{\partial^2 \phi}{\partial x^2}+\frac{\partial^2 \phi}{\partial y^2}=0$$

令 $\phi(x, y)=f(x)g(y)$，并将其代入上述方程得

$$\begin{cases}\dfrac{\mathrm{d}^2 f}{\mathrm{d}x^2}+k_x^2 f=0\\ \dfrac{\mathrm{d}^2 g}{\mathrm{d}x^2}+k_y^2 g=0\\ k_x^2+k_y^2=0\end{cases}$$

根据 $\phi\Big|_{\substack{x=0, a\\ 0\leqslant y\leqslant b}}=0$ 的边界条件，$f(x)$可能的解为

$$f(x)=A_1\sin k_x x+A_2\cos k_x x$$

由 $x=0$ 时 $f(0)=0$ 得 $A_2=0$，由 $x=a$ 时 $f(a)=0$ 得 $k_x=\frac{m\pi}{a}$，因此有

$$f(x)=A_1\sin\left(\frac{m\pi}{a}x\right)$$

再由 $k_x^2+k_y^2=0$ 知，k_y 一定为虚数，且槽沿 y 方向为有限长，所以 $g(y)$ 为

$$g(y)=B_1\sinh\left(\frac{m\pi}{a}y\right)+B_2\cosh\left(\frac{m\pi}{a}y\right)$$

由 $y=0$ 时 $g(0)=0$ 得 $B_2=0$，因此有

$$g(y)=B_1\sinh\left(\frac{m\pi}{a}y\right)$$

所以槽内电位的通解为

$$\phi(x, y)=\sum_{m=1}^{\infty}D_m\sin\left(\frac{m\pi}{a}x\right)\sinh\left(\frac{m\pi}{a}y\right)$$

最后，根据边界条件 $\phi(x, b)=U_0\sin\left(\frac{\pi}{a}x\right)$有

$$\sum_{m=1}^{\infty}D_m\sin\left(\frac{m\pi}{a}x\right)\sinh\left(\frac{m\pi}{a}b\right)=U_0\sin\left(\frac{\pi}{a}x\right)$$

将等式两边同乘以 $\sin\left(\frac{n\pi}{a}x\right)$，并将其对 x 从 0 到 a 积分，即

$$\int_0^a\left[\sum_{m=1}^{\infty}D_m\sin\left(\frac{m\pi}{a}x\right)\sinh\left(\frac{m\pi}{a}b\right)\right]\sin\left(\frac{n\pi}{a}x\right)\mathrm{d}x=\int_0^a U_0\sin\left(\frac{\pi}{a}x\right)\sin\left(\frac{n\pi}{a}x\right)\mathrm{d}x$$

由三角函数的正交性得

$$D_1=\frac{U_0}{\sinh\left(\frac{\pi b}{a}\right)}$$

从而槽内电位函数的解为

$$\phi(x, y)=\frac{U_0}{\sinh\left(\frac{\pi b}{a}\right)}\sin\left(\frac{\pi x}{a}\right)\sinh\left(\frac{\pi y}{a}\right)$$

【例 4】 平行板电容器两板距离为 d，板间介质的介电常数为 ε，板的面积为 S，其中一块板的电位为零，另一块板的电位为 U_0，如图 3-2 所示。求：

(1) 电容器内的电位分布；

(2) 每块板上的电荷分布；

(3) 平行板电容器的电容。

解 (1) 因为平行板电容器中两极板的电位为给定值，所以，它属于第一类边值问题。

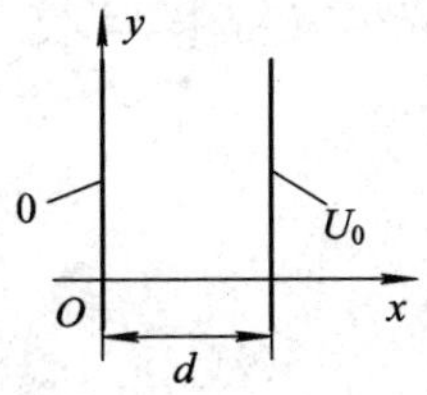

图 3-2 平行板电容器

平行板电容器板间无电荷，因此电容器内的电位函数应满足拉普拉斯方程

$$\nabla^2 \phi = 0$$

其边界条件为

$$\phi\big|_{x=0} = 0 \quad 和 \quad \phi\big|_{x=d} = U_0$$

由于平行板电容器在 y 和 z 方向均为无限大，因此，待求区域内的电位函数仅是变量 x 的函数。泊松方程可以写为

$$\frac{\mathrm{d}^2\phi}{\mathrm{d}x^2} = 0$$

将上式积分两次，得到通解为

$$\phi = C_1 x + C_2$$

应用边界条件得

$$C_2 = 0 \quad 和 \quad C_1 = \frac{U_0}{d}$$

所以，电容器中的电位函数为

$$\phi = \frac{U_0}{d}x$$

(2) 电容器内的电场强度为

$$\boldsymbol{E} = -\nabla\phi = -\boldsymbol{a}_x\frac{\mathrm{d}\phi}{\mathrm{d}x} = -\boldsymbol{a}_x\frac{U_0}{d}$$

电通量密度为

$$\boldsymbol{D} = \varepsilon\boldsymbol{E} = -\boldsymbol{a}_x\frac{\varepsilon U_0}{d}$$

电容器两板上的电荷密度分别为

$$\rho_S\big|_{x=0} = \boldsymbol{a}_x\cdot\boldsymbol{D} = -\frac{\varepsilon U_0}{d}$$

$$\rho_S\big|_{x=d} = -\boldsymbol{a}_x\cdot\boldsymbol{D} = \frac{\varepsilon U_0}{d}$$

(3) 电容器一极板所带的电荷量为

$$Q = S\rho_S = \frac{\varepsilon U_0 S}{d}$$

由电容器电容的定义得平行板电容器的电容为

$$C = \frac{Q}{U_0} = \frac{\varepsilon S}{d}$$

3.4　部分习题参考答案

3.1　设一点电荷 q 与无限大接地导体平面的距离为 d，如图 3－3 所示。求：

(1) 空间的电位分布和电场强度；

(2) 导体平面上的感应电荷密度；

(3) 点电荷 q 所受的力。

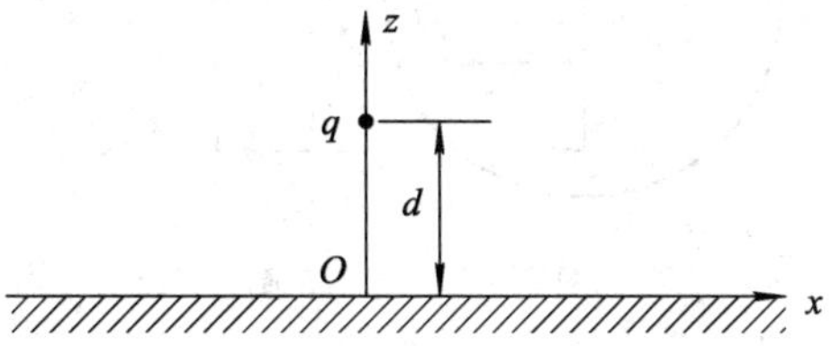

图 3－3　题 3.1 图

解　(1)、(2)的求解方法见教材 3.3 节。

(3) 该电荷受到的力，可以看作位于 $z=-d$ 处的镜像电荷对其作用的力，故有：

$$F = qE = -\frac{q^2}{4\pi\varepsilon_0(2d)^2} = -\frac{q^2}{16\pi\varepsilon_0 d^2}$$

其方向为 $\boldsymbol{a}_z$。

3.2　两无限大导体平板成 60°角放置，在其内部 $x=1$、$y=1$ 处有一点电荷 q，如图 3－4 所示。求：

(1) 所有镜像电荷的位置和大小；

(2) $x=2$、$y=1$ 处的电位。

解　各镜像电荷所在位置如图 3－4 所示，其他略。

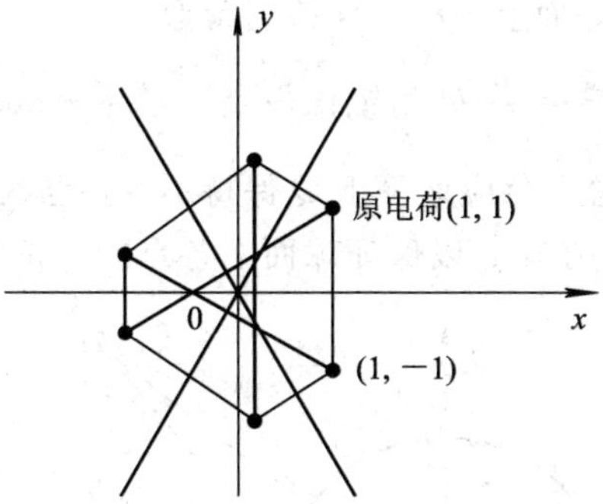

图 3－4　题 3.2 图

3.3　自由空间中无限长导体圆柱半径为 a，一个线电荷密度为 ρ_l 的无限长带电直线置于距离圆柱轴线 d 处，求圆柱外空间任一点处的电位。

解　由于线电荷 ρ_l 会产生电场，圆柱上的电荷会重新分布，但该导体圆柱没有接地，因此总电荷应保持零不变，同时圆柱面上的电位保持为常数。

由镜像法可以知道，圆柱面上的分布电荷可以用置于轴心的镜像线电荷 ρ_l 和位于 $b=\frac{a^2}{d}$ 处的镜像线电荷 $-\rho_l$ 来代替，如图 3－5 所示。

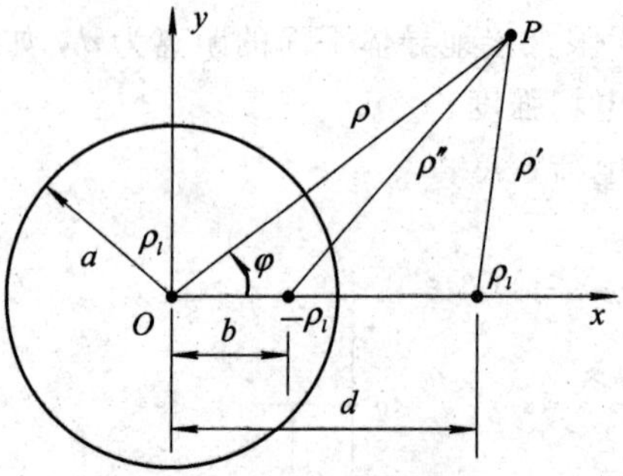

图 3－5　题 3.3 图

圆柱外任一点处的电位为

$$\phi=\frac{\rho_l}{2\pi\varepsilon_0}\left(\ln\frac{d\rho''}{a\rho'}+\ln\frac{a}{\rho}\right)$$

式中：

$$\rho'=\sqrt{\rho^2+d^2-2\rho d\ \cos\varphi}$$
$$\rho''=\sqrt{\rho^2+b^2-2\rho b\ \cos\varphi}$$

最后整理得

$$\phi=\frac{\rho_l}{4\pi\varepsilon_0}\ln\frac{d^2\rho^2+a^4-2\rho d a^2\ \cos\varphi}{d^2\rho^2+\rho^4-2\rho^3 d\ \cos\varphi}$$

3.4　半径为 a，带电量为 Q 的导体球外有一点电荷 q 与球心的距离为 d，试求球外任一点处的电位。

解　由于点电荷 q 会产生电场，球上的电荷会重新分布，但该导体球没有接地，因此总电荷应保持 Q 不变，同时球面上的电位保持为常数。

由镜像法可以知道，置于 $b=\frac{a^2}{d}$ 处的镜像电荷 $-q''=-mq$，$m=\frac{a}{d}$ 可以使球面的电位等于零，但实际上球面上的总电荷应该等于 Q 保持不变，也就是说球面上还有另外的电荷 $q'=mq+Q$，这些电荷应该放在球心以保证球面上各点的电位相同，如图 3－6 所示。

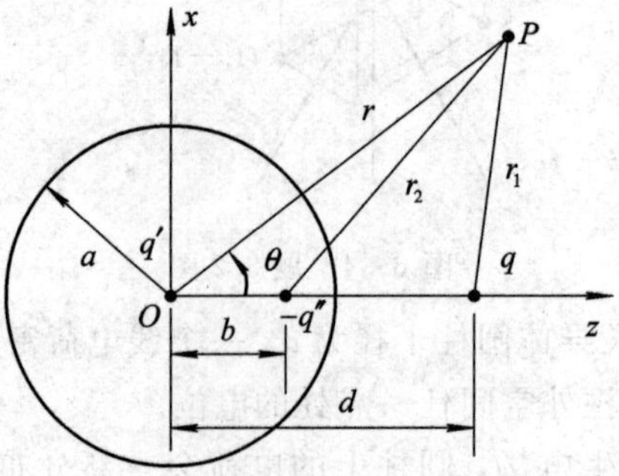

图 3－6　题 3.4 图

因此，球外任一点处的电位为

$$\phi = \frac{q}{4\pi\varepsilon_0 r_1} + \frac{-q''}{4\pi\varepsilon_0 r_2} + \frac{q'}{4\pi\varepsilon_0 r}$$

式中：$q''=mq$，$m=\dfrac{a}{d}$；$q'=mq+Q$；$r_1=\sqrt{r^2+d^2-2rd\cos\theta}$；$r_2=\sqrt{r^2+b^2-2rb\cos\theta}$，$b=\dfrac{a^2}{d}$。

3.5　在一个半径为 a 的圆柱面上，给定的电位分布为

$$\phi = \begin{cases} U_0 & (0<\varphi<\pi) \\ 0 & (-\pi<\varphi<0) \end{cases}$$

试求圆柱内的电位分布。

解　根据题意，圆柱与长度无关，所以圆柱面上电位的一般表达式为

$$\phi = C_1 + C_2\ln\rho + \sum_{n=1}^{\infty}(A_n\sin n\varphi + B_n\cos n\varphi)(D_n\rho^n + F_n\rho^{-n})$$

电位 ϕ 应该满足在 $\rho\to 0$ 时为有限值的边界条件，因此得 $C_2=0$，$F_n=0$。

此时电位函数简化为

$$\phi = C_1 + \sum_{n=1}^{\infty}(A_n\sin n\varphi + B_n\cos n\varphi)\rho^n$$

由 $\phi\left(a, \dfrac{\pi}{2}\right)=U_0$ 和 $\phi\left(a, -\dfrac{\pi}{2}\right)=0$ 的边界条件得 $B_n=0$，所以电位表达式为

$$\phi = C_1 + \sum_{n=1}^{\infty}A_n\rho^n\sin n\varphi$$

再次利用 $\phi\left(a, \dfrac{\pi}{2}\right)=U_0$ 和 $\phi\left(a, -\dfrac{\pi}{2}\right)=0$ 的边界条件得 $C_1=\dfrac{U_0}{2}$。

最后使用 $\phi(a, \varphi)=\begin{cases} U_0 & (0<\varphi<\pi) \\ 0 & (-\pi<\varphi<0) \end{cases}$ 的边界条件，并利用三角函数的正交性得

$$A_n = \frac{U_0}{n\pi a^n}(1-\cos n\pi)$$

圆柱面上的电位为

$$\phi = \frac{U_0}{2} + \sum_{n=1, 3, 5}^{\infty}\frac{2U_0}{n\pi}\left(\frac{\rho}{a}\right)^n\sin n\varphi$$

3.6　两无限大平行板电极，距离为 d，电位分别为 0 和 U_0，板间充满电荷密度为 $\rho_0 x/d$ 的电荷，如图 3-7 所示。求极板间的电位分布和极板上的电荷密度。

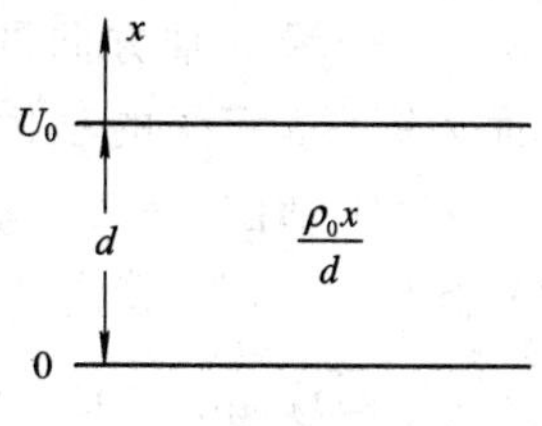

图 3-7　题 3.6 图

解　据题意，平行板间的电位应满足的方程为

$$\frac{d^2\phi}{dx^2} = -\frac{\rho_0 x}{\varepsilon_0 d}$$

对上式直接积分得

$$\phi = -\frac{\rho_0}{6\varepsilon_0 d}x^3 + C_1 x + C_2$$

由边界条件 $\phi(0)=0$ 得 $C_2=0$，由边界条件 $\phi(d)=U_0$ 得 $C_2=\dfrac{U_0}{d}+\dfrac{\rho_0 d}{6\varepsilon_0}$。

所以，平行板间的电位为

$$\phi=-\frac{\rho_0}{6\varepsilon_0 d}x^3+\left(\frac{U_0}{d}+\frac{\rho_0 d}{6\varepsilon_0}\right)x$$

上、下两极板的电荷密度分别为

$$\rho_S\big|_{x=d}=\varepsilon_0\frac{\partial\phi}{\partial x}\bigg|_{x=d}=\frac{\varepsilon_0 U_0}{d}-\frac{\rho_0 d}{3}$$

$$\rho_S\big|_{x=0}=-\varepsilon_0\frac{\partial\phi}{\partial x}\bigg|_{x=0}=-\frac{\varepsilon_0 U_0}{d}-\frac{\rho_0 d}{6}$$

3.7 两平行无限大接地平板间有一无限大的电荷片，电荷片与两平板平行，其电荷密度为 ρ_S，如图 3-8 所示。求平行平板间的电位分布和电场强度。

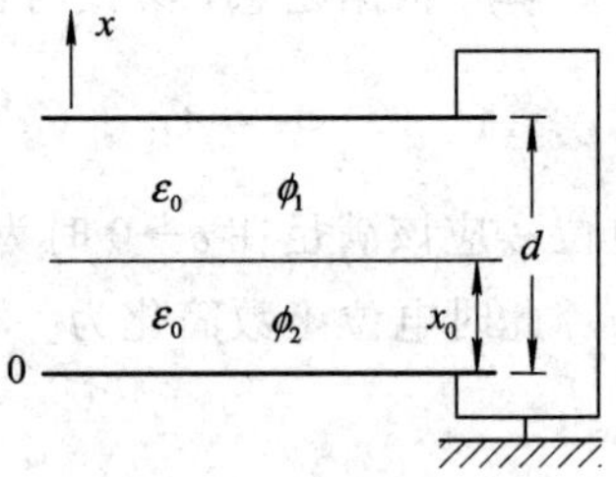

图 3-8 题 3.7 图

解 设两区域的电位分别为 ϕ_1 和 ϕ_2，它们应满足的方程为

$$\frac{d^2\phi_1}{dx^2}=0,\quad \frac{d^2\phi_2}{dx^2}=0$$

因此有 $\phi_1=C_1x+C_2$ 和 $\phi_2=C_3x+C_4$。

由 $\phi_1(d)=0$ 得 $C_2=-C_1d$，由 $\phi_2(0)=0$ 得 $C_4=0$。

由 $\phi_1(x_0)=\phi_2(x_0)$ 得 $C_1(x_0-d_1)=C_3x_0$。

由 $D_{1n}-D_{2n}=\rho_S$，即 $-\varepsilon_0\dfrac{\partial\phi_1}{\partial x}+\varepsilon_0\dfrac{\partial\phi_2}{\partial x}=\rho_S$ 得 $-\varepsilon_0C_1+C_3\varepsilon_0=\rho_S$。

因此，$C_1=-\dfrac{\rho_S x_0}{\varepsilon_0 d}$，$C_3=\dfrac{\rho_S(d-x_0)}{\varepsilon_0 d}$。

两区域的电位分别为

$$\phi_1=\frac{\rho_S x_0}{\varepsilon_0 d}(d-x),\quad \phi_2=\frac{\rho_S(d-x_0)}{\varepsilon_0 d}x$$

两区域的电场强度分别为

$$\boldsymbol{E}_1=-\boldsymbol{a}_x\frac{d\phi_1}{dx}=\boldsymbol{a}_x\frac{\rho_S x_0}{\varepsilon_0 d},\ \boldsymbol{E}_2=-\boldsymbol{a}_x\frac{d\phi_2}{dx}=-\boldsymbol{a}_x\frac{\rho_S(d-x_0)}{\varepsilon_0 d}$$

3.8 一个沿 z 轴方向的长且中空的金属管，其横截面为矩形，管子的三边保持零电位，而第四边的电位为 U，如图 3-9 所示。求：

(1) 当 $U=U_0$ 时，管内的电位分布；

(2) 当 $U=U_0\sin\dfrac{\pi y}{b}$ 时，管内的电位分布。

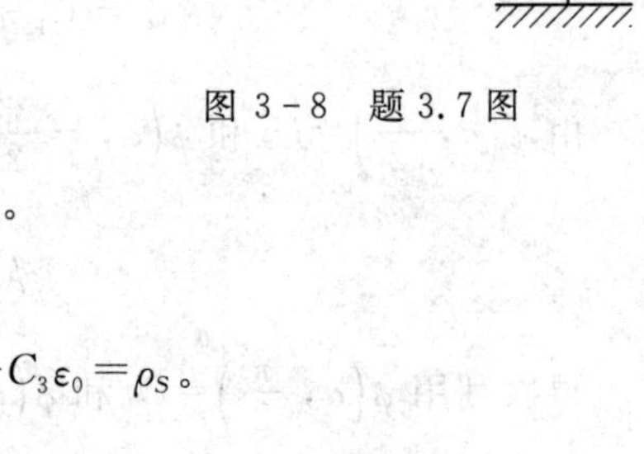

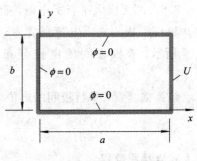

图 3-9 题 3.8 图

解 (1) 由于槽沿 z 轴方向无限长，因此电位函数与 z 无关，这是一个矩形域的二维场问题。

在直角坐标系中，电位函数 $\phi(x, y)$ 的拉普拉斯方程为

$$\frac{\partial^2 \phi}{\partial x^2}+\frac{\partial^2 \phi}{\partial y^2}=0 \qquad (0<x<a,\ 0<y<b)$$

其边界条件为

$$\phi\big|_{y=0,\ 0\leqslant x<a}=0 \quad 和 \quad \phi\big|_{y=b,\ 0\leqslant x<a}=0$$

$$\phi\big|_{x=0,\ 0\leqslant y\leqslant b}=0 \quad 和 \quad \phi\big|_{x=a,\ 0\leqslant y\leqslant b}=U_0$$

令 $\phi(x,\ y)=f(x)g(y)$，由分离变量法得以下三个方程：

$$\frac{1}{f}\frac{\mathrm{d}^2 f}{\mathrm{d}x^2}=-k_x^2$$

$$\frac{1}{g}\frac{\mathrm{d}^2 g}{\mathrm{d}y^2}=-k_y^2$$

$$k_x^2+k_y^2=0$$

由边界条件 $\phi\big|_{y=0,\ 0\leqslant x\leqslant a}=0$ 和 $\phi\big|_{y=b,\ 0\leqslant x\leqslant a}=0$ 得 $g(y)=B_1\sin k_y y$，$k_y=\dfrac{n\pi}{b}$。

根据常数方程得 $k_x^2=-k_y^2=\left(\mathrm{j}\dfrac{n\pi}{b}\right)^2$，因此，$f(x)=A_1\sinh\dfrac{n\pi}{b}x$。

电位函数 $\phi(x,\ y)$ 的通解为

$$\phi(x,\ y)=\sum_{n=1}^{\infty}A_nB_n\sinh\frac{n\pi}{b}x\ \sin\frac{n\pi}{b}y=\sum_{n=1}^{\infty}D_n\sinh\frac{n\pi}{b}x\ \sin\frac{n\pi}{b}y$$

式中：系数 D_n 由 $x=a$，$0\leqslant y\leqslant b$ 时 $\phi=U_0$ 的边界条件决定，即

$$\phi(a,\ y)=U_0=\sum_{n=1}^{\infty}D_n\sinh\frac{n\pi}{b}a\ \sin\frac{n\pi}{b}y$$

将上式进行傅立叶级数展开，即等式两边同乘以 $\sin\dfrac{m\pi}{b}y$，再对 y 从 0 到 b 积分，得

$$\int_0^b\left(U_0\sin\frac{m\pi}{b}y\right)\mathrm{d}y=\int_0^b\left(\sum_{n=1}^{\infty}D_n\sinh\frac{n\pi}{b}a\ \sin\frac{n\pi}{b}y\ \sin\frac{m\pi}{b}y\right)\mathrm{d}y$$

等式左边的积分为

$$\int_0^b\left(U_0\sin\frac{m\pi}{b}y\right)\mathrm{d}y=U_0\frac{b}{m\pi}(1-\cos m\pi)$$

利用三角函数的正交性质

$$\int_0^a\left(\sin\frac{n\pi}{b}y\ \sin\frac{m\pi}{b}y\right)\mathrm{d}y=\begin{cases}0 & (n\neq m)\\ \dfrac{b}{2} & (n=m)\end{cases}$$

等式右边的积分为

$$\int_0^b\left(\sum_{n=1}^{\infty}D_n\sinh\frac{n\pi}{b}a\ \sin\frac{n\pi}{b}y\ \sin\frac{m\pi}{b}y\right)\mathrm{d}y=\frac{b}{2}D_m\sinh\frac{m\pi}{b}a$$

故

$$D_n=\frac{4U_0}{n\pi\sinh\dfrac{n\pi}{b}a} \quad (n=1,\ 3,\ 5,\ \cdots)$$

因此，槽内的电位函数为

$$\phi(x,\ y)=\sum_{n=1}^{\infty}\frac{4U_0}{n\pi\sinh\dfrac{n\pi}{b}a}\sinh\frac{n\pi}{b}x\ \sin\frac{n\pi}{b}y \quad (n=1,\ 3,\ 5,\ \cdots)$$

(2) 当 $U=U_0\sin\left(\frac{\pi y}{b}\right)$ 时，管内电位分布的通解仍为

$$\phi(x, y)=\sum_{n=1}^{\infty}D_n \sinh\frac{n\pi}{b}x\ \sin\frac{n\pi}{b}y$$

式中：系数 D_n 由 $x=a$，$0\leqslant y\leqslant b$ 时 $\phi=U_0\sin\left(\frac{\pi y}{b}\right)$ 的边界条件决定，即

$$\phi(a, y)=U_0\sin\frac{\pi}{b}y=\sum_{n=1}^{\infty}D_n \sinh\frac{n\pi}{b}a\ \sin\frac{n\pi}{b}y$$

对比同类项系数，得

$$U_0=D_1\sinh\frac{\pi}{b}a\text{，其余 }D_n=0$$

故管内的电位分布为

$$\phi(x, y)=\frac{U_0\sinh\frac{\pi}{b}x}{\sinh\frac{\pi}{b}a}\sin\frac{\pi}{b}y$$

3.9 一个沿 $+y$ 轴方向无限长的导体槽，其底面保持电位为 U_0，其余两面的电位为零，如图 3-10 所示。求槽内的电位函数。

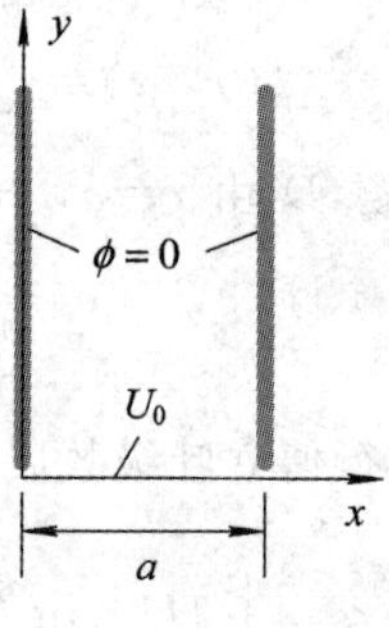

图 3-10 题 3.9 图

解 根据题意，所求区域的电位函数只取决于 x、y，与 z 无关。由边界条件可写出电位函数表达式为

$$\phi(x, y)=\sum_{n=1}^{\infty}A_n\sin\left(\frac{n\pi}{a}x\right)e^{-\frac{n\pi}{a}y}$$

根据边界条件

$$\phi(x, y)\big|_{y=0}=U_0$$

得

$$\sum_{n=1}^{\infty}A_n\sin\left(\frac{n\pi}{a}x\right)=U_0$$

因此

$$A_n=\frac{2}{a}\int_0^a U_0\sin\left(\frac{n\pi}{a}x\right)dx=\frac{2U_0}{n\pi}(1-\cos n\pi)$$

槽内的电位函数为

$$\phi(x, y)=\sum_{n=1,3,5}^{\infty}\frac{4U_0}{n\pi}\sin\left(\frac{n\pi}{a}x\right)e^{-\frac{n\pi}{a}y}$$

3.10 两平行的距离为 b 的无限大导体平面，其间有一沿 x 方向无限长的极薄的导体片由 $y=d$ 到 $y=b$，如图 3-11 所示。上板和薄片保持电位为 U_0，下板保持零电位，求板间的电位分布。设在薄片平面上，从 $y=0$ 到 $y=d$ 电位线性变化，即 $\phi=(U_0/d)y$。

解 根据题意，两板之间的电位函数仅为 y、z 的函数。此题可以采用叠加定理分解成两部分：一部分是薄片不存在，板间电压为 U_0 的两平行板的场；另一部分是薄片和两个电位为零的平板间的场，如图 3-11 所示。

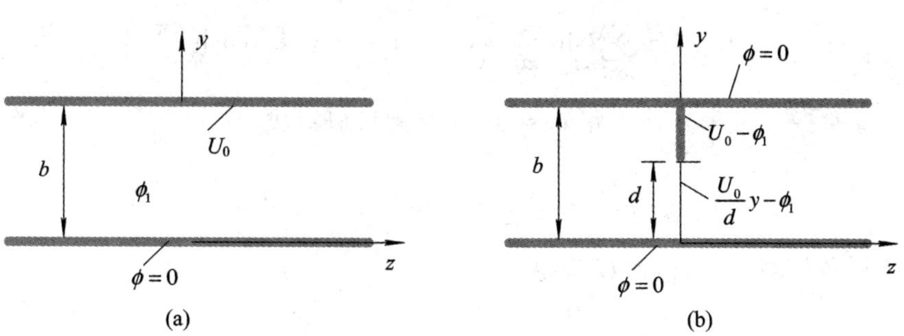

图 3-11　题 3.10 图

设图 3-11(a)中两平板间的电位为 ϕ_1，根据边界条件其表达式为

$$\phi_1=\frac{U_0}{b}y$$

设图 3-11(b)中两平板间的电位为 ϕ_2，其表达式为

$$\phi_2=\sum_{n=1}^{\infty}A_n\sin\left(\frac{n\pi}{b}y\right)e^{-\frac{n\pi}{b}z}$$

原问题中两板间的电位为

$$\phi(y,z)=\phi_1+\phi_2=\frac{U_0}{b}y+\sum_{n=1}^{\infty}A_n\sin\left(\frac{n\pi}{b}y\right)e^{-\frac{n\pi}{b}z}$$

根据边界条件

$$\phi_2(y,z)\big|_{z=0}=\begin{cases}U_0-\dfrac{U_0}{b}y & (d<y<b)\\[2ex]\dfrac{U_0}{d}y-\dfrac{U_0}{b}y & (0<y<d)\end{cases}$$

因此，有

$$\begin{aligned}A_n&=\frac{2}{b}\left[\int_0^d\left(\frac{U_0}{d}-\frac{U_0}{b}\right)y\ \sin\left(\frac{n\pi}{b}y\right)dy+\int_d^b\left(U_0-\frac{U_0}{b}y\right)\sin\left(\frac{n\pi}{b}y\right)dy\right]\\&=\frac{2U_0}{(n\pi)^2}\frac{b}{d}\sin\left(\frac{n\pi}{b}d\right)\end{aligned}$$

所以，两板间的电位为

$$\phi(y,z)=\frac{U_0}{b}y+\sum_{n=1}^{\infty}\frac{2U_0}{(n\pi)^2}\frac{b}{d}\sin\left(\frac{n\pi}{b}d\right)\sin\left(\frac{n\pi}{b}y\right)e^{-\frac{n\pi}{b}z}$$

3.11　一个沿 z 轴方向的长且中空的矩形金属管，管子的边界条件如图 3-12 所示。求管内的电位分布。

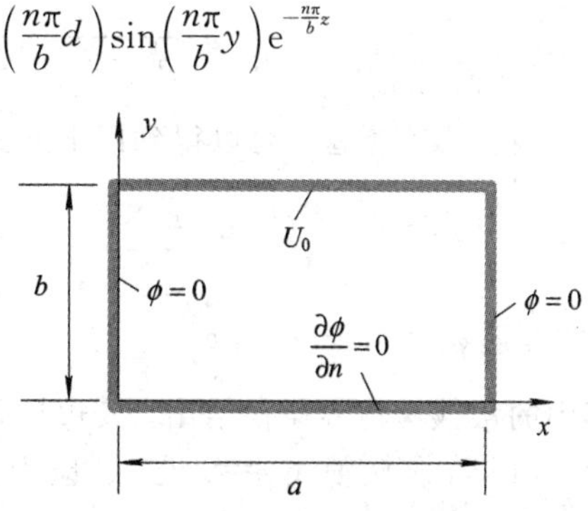

图 3-12　题 3.11 图

解　利用分离变量法，考虑到边界条件 $\phi\big|_{x=0,\ 0\leqslant y\leqslant b}=0$ 和 $\phi\big|_{x=a,\ 0\leqslant y\leqslant b}=0$ 得

$$f(x)=A_1\sin k_x x\quad\left(k_x=\frac{n\pi}{a}\right)$$

其通解可写成：

$$\phi(x,\ y)=\sum_{n=1}^{\infty}\sin\frac{n\pi}{a}x\left(C_n\sinh\frac{n\pi}{a}y+D_n\cosh\frac{n\pi}{a}y\right)$$

由边界条件$\left.\frac{\partial\phi}{\partial y}\right|_{y=0,\ 0\leqslant x\leqslant a}=0$ 得 $C_n=0$，于是解可以写成：

$$\phi(x,\ y)=\sum_{n=1}^{\infty}D_n\sin\frac{n\pi}{a}x\ \cosh\frac{n\pi}{a}y$$

再由边界条件$\phi|_{y=b,\ 0\leqslant x\leqslant a}=U_0$，得

$$D_n=\frac{4U_0}{n\pi\cosh\frac{n\pi}{a}b}\qquad(n=1,\ 3,\ 5,\ \cdots)$$

最后管内电位的分布为

$$\phi(x,\ y)=\sum_{n=1,\ 3,\ 5,\ \cdots}\frac{4U_0}{n\pi\ \cosh\frac{n\pi}{a}b}\sin\frac{n\pi}{a}x\ \cosh\frac{n\pi}{a}y$$

3.12 介电常数为ε的无限长的介质圆柱，半径为a，在距离轴线为$d(d>a)$处有一无限长线电荷与圆柱平行，如图 3-13 所示。计算空间各部分的电位。

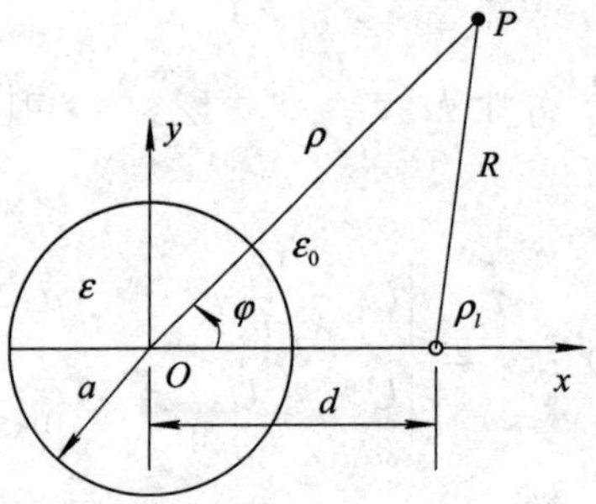

图 3-13 题 3.12 图

解 在线电荷的作用下，介质圆柱产生了极化，其表面出现极化电荷，空间的电位由线电荷和极化电荷产生的电位叠加而成。根据叠加定理，空间任意一点 P 处的电位表达为

$$\phi_1=\phi_0+\phi_1'\quad(\rho\leqslant a)$$
$$\phi_2=\phi_0+\phi_2'\quad(\rho>a)$$

式中：$\phi_0=\frac{-\rho_l}{2\pi\varepsilon_0}\ln R$，$R=\sqrt{\rho^2+d^2-2\rho d\cos\varphi}$。

由分离变量法，可以得到以下通式：

$$\phi_1'=C_1+C_2\ln\rho+\sum_{n=1}^{\infty}(A_n\sin n\varphi+B_n\cos n\varphi)(D_n\rho^n+F_n\rho^{-n})\qquad(\rho\leqslant a)$$

$$\phi_2'=C_1'+C_2'\ln\rho+\sum_{n=1}^{\infty}(A_n'\sin n\varphi+B_n'\cos n\varphi)(D_n'\rho^n+F_n'\rho^{-n})\qquad(\rho>a)$$

其中的常数由边界条件给出，其边界条件为

(1) 在圆柱轴线 $\rho=0$ 处，ϕ_1'应为有限值；

(2) 当 $\rho\to\infty$时，$\phi_2'\to0$；

(3) 在 $\rho=a$ 的圆柱空腔面上，$\phi_1=\phi_2$和 $\varepsilon\frac{\partial\phi_1}{\partial\rho}=\varepsilon_0\frac{\partial\phi_2}{\partial\rho}$。

由条件(1)得 $C_2=0$，$F_n=0$，此时圆柱内的电位可以表达为

$$\phi_1'=C_1+\sum_{n=1}^{\infty}(A_n\sin n\varphi+B_n\cos n\varphi)\rho^n$$

由条件(2)得 $C_1'=0$，$C_2'=0$，$D_n'=0$，圆柱外的电位表达式为

$$\phi_2'=\sum_{n=1}^{\infty}(A_n'\sin n\varphi+B_n'\cos n\varphi)\rho^{-n}$$

可以将 ϕ_0 展开为如下形式(证明详见教材参考文献[23])：

$$\phi_{01}=\frac{-\rho_l}{2\pi\varepsilon_0}\ln R=\frac{\rho_l}{2\pi\varepsilon_0}\left[\sum_{n=1}^{\infty}\frac{1}{n}\left(\frac{\rho}{d}\right)^n\cos n\varphi-\ln d\right]\quad(\rho<d)$$

$$\phi_{02}=\frac{-\rho_l}{2\pi\varepsilon_0}\ln R=\frac{\rho_l}{2\pi\varepsilon_0}\left[\sum_{n=1}^{\infty}\frac{1}{n}\left(\frac{d}{\rho}\right)^n\cos n\varphi-\ln\rho\right]\quad(\rho>d)$$

于是空间任意一点处的电位可以表达为

$$\phi_1=\phi_{01}+C_1+\sum_{n=1}^{\infty}(A_n\sin n\varphi+B_n\cos n\varphi)\rho^n\quad(\rho\leqslant a)$$

$$\phi_2=\phi_{01}+\sum_{n=1}^{\infty}(A_n'\sin n\varphi+B_n'\cos n\varphi)\rho^{-n}\quad(a<\rho<d)$$

$$\phi_3=\phi_{02}+\sum_{n=1}^{\infty}(A_n'\sin n\varphi+B_n'\cos n\varphi)\rho^{-n}\quad(\rho>d)$$

由条件(3)得

$$C_1+\sum_{n=1}^{\infty}(A_n\sin n\varphi+B_n\cos n\varphi)a^n=\sum_{n=1}^{\infty}(A_n'\sin n\varphi+B_n'\cos n\varphi)a^{-n}$$

$$\frac{\varepsilon\rho_l}{2\pi\varepsilon_0}\left[\sum_{n=1}^{\infty}\left(\frac{a}{d}\right)^n a^{-1}\cos n\varphi\right]+\varepsilon\sum_{n=1}^{\infty}n(A_n\sin n\varphi+B_n\cos n\varphi)a^{n-1}$$

$$=\frac{\varepsilon_0\rho_l}{2\pi\varepsilon_0}\left[\sum_{n=1}^{\infty}\left(\frac{a}{d}\right)^n a^{-1}\cos n\varphi\right]-\varepsilon_0\sum_{n=1}^{\infty}n(A_n'\sin n\varphi+B_n'\cos n\varphi)a^{-n-1}$$

上式对任意角度 φ 都成立，比较以上两式中 $\sin n\varphi$ 和 $\cos n\varphi$ 的系数得

$$C_1=0,\quad B_n=0,\quad B_n'=0$$

$$A_n=\frac{\rho_l}{2\pi\varepsilon_0}\frac{\varepsilon_0-\varepsilon}{\varepsilon_0+\varepsilon}\frac{1}{nd^n}$$

$$A_n'=\frac{\rho_l}{2\pi\varepsilon_0}\frac{\varepsilon_0-\varepsilon}{\varepsilon_0+\varepsilon}\frac{1}{n}\left(\frac{a^2}{d}\right)^n$$

最后可以得到各点处的电位为

$$\phi_1=\frac{\rho_l}{\pi(\varepsilon_0+\varepsilon)}\sum_{n=1}^{\infty}\frac{1}{n}\left(\frac{\rho}{d}\right)^n\cos n\varphi-\frac{\rho_l}{2\pi\varepsilon_0}\ln d\quad(\rho\leqslant a)$$

$$\phi_2=\frac{\rho_l}{2\pi\varepsilon_0}\left\{\sum_{n=1}^{\infty}\frac{1}{n}\left[\left(\frac{\rho}{d}\right)^n+\frac{\varepsilon_0-\varepsilon}{\varepsilon_0+\varepsilon}\left(\frac{a^2}{d}\right)^n\rho^{-n}\right]\cos n\varphi-\ln d\right\}\quad(a<\rho<d)$$

$$\phi_3=\frac{\rho_l}{2\pi\varepsilon_0}\left\{\sum_{n=1}^{\infty}\frac{1}{n}\left[\left(\frac{d}{\rho}\right)^n+\frac{\varepsilon_0-\varepsilon}{\varepsilon_0+\varepsilon}\left(\frac{a^2}{d}\right)^n\rho^{-n}\right]\cos n\varphi+\ln\rho\right\}\quad(\rho>d)$$

3.13　介电常数为 ε 的无限大的介质处于外加电场中，其间有一半径为 a 的球形空腔，如图 3-14 所示。求空腔中的电场强度和空腔表面的极化电荷密度。

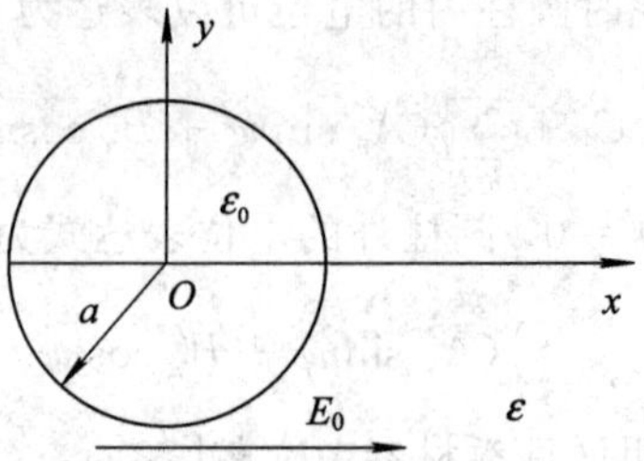

图 3-14 题 3.13 图

解 根据球坐标中的分离变量法，球形空腔内、外电位函数的通解如下：

$$\phi_1(r,\theta)=\sum_{n=0}^{\infty}[A_nr^n+B_nr^{-(n+1)}]P_n(\cos\theta)\quad\begin{pmatrix}r\leqslant a\\0\leqslant\theta\leqslant\pi\end{pmatrix}$$

$$\phi_2(r,\theta)=\sum_{n=0}^{\infty}[C_nr^n+D_nr^{-(n+1)}]P_n(\cos\theta)\quad\begin{pmatrix}r\geqslant a\\0\leqslant\theta\leqslant\pi\end{pmatrix}$$

边界条件为

(1) 不妨设球心处的电位为零，则在 $r=0$ 处有 $\phi_1|_{r=0}=0$；

(2) 当 $r\to\infty$ 时，电位 $\phi=-E_0r\cos\theta$；

(3) 在 $r=a$ 处，有 $\phi_1|_{r=a}=\phi_2|_{r=a}$；

(4) 在 $r=a$ 处，有 $\varepsilon_0\dfrac{\partial\phi_1}{\partial r}\Big|_{r=a}=\varepsilon\dfrac{\partial\phi_2}{\partial r}\Big|_{r=a}$。

由条件(1)得

$$B_n=0$$

由条件(2)得

$$C_n=0(n\neq1),\quad C_1=-E_0$$

于是有

$$\phi_1(r,\theta)=\sum_{n=0}^{\infty}A_nr^nP_n(\cos\theta)\quad\begin{pmatrix}r\leqslant a\\0\leqslant\theta\leqslant\pi\end{pmatrix}$$

$$\phi_2(r,\theta)=-E_0r\cos\theta+\sum_{n=0}^{\infty}D_nr^{-(n+1)}P_n(\cos\theta)$$

再由条件(3)和(4)得

$$\sum_{n=0}^{\infty}A_na^nP_n(\cos\theta)=-E_0a\cos\theta+\sum_{n=0}^{\infty}D_na^{-(n+1)}P_n(\cos\theta)$$

$$\sum_{n=0}^{\infty}\varepsilon_0nA_na^{n-1}P_n(\cos\theta)=-\varepsilon E_0\cos\theta-\sum_{n=0}^{\infty}\varepsilon(n+1)D_na^{-(n+2)}P_n(\cos\theta)$$

比较同类项系数，除 $n=1$ 外，$A_n=0(n\neq1)$，$D_n=0(n\neq1)$，而 A_1 和 D_1 满足

$$A_1a=-E_0a+D_1a^{-2}$$

$$\varepsilon_0A_1=-\varepsilon E_0a-2\varepsilon D_1a^{-3}$$

解上两式得

$$A_1=\frac{-3\varepsilon}{\varepsilon_0+2\varepsilon}E_0$$

$$D_1=\frac{\varepsilon_0-\varepsilon}{\varepsilon_0+2\varepsilon}E_0a^3$$

所以，空腔内、外电位为

$$\phi_1(r,\theta)=\frac{-3\varepsilon}{\varepsilon_0+2\varepsilon}E_0r\cos\theta$$

$$\phi_2(r,\theta)=-E_0r\cos\theta+\frac{\varepsilon_0-\varepsilon}{\varepsilon_0+2\varepsilon}\left(\frac{a}{r}\right)^3E_0r\cos\theta$$

空腔内、外电场强度为

$$\boldsymbol{E}_1=-\nabla\phi_1=\boldsymbol{a}_r\frac{3\varepsilon}{\varepsilon_0+2\varepsilon}E_0\cos\theta-\boldsymbol{a}_\theta\frac{3\varepsilon}{\varepsilon_0+2\varepsilon}E_0\sin\theta\quad(r\leqslant a)$$

$$\boldsymbol{E}_2=-\nabla\phi_2=\boldsymbol{a}_rE_0\cos\theta\left[1+2\frac{\varepsilon_0-\varepsilon}{\varepsilon_0+2\varepsilon}\left(\frac{a}{r}\right)^3\right]-\boldsymbol{a}_\theta E_0\sin\theta\left[1-\frac{\varepsilon_0-\varepsilon}{\varepsilon_0+2\varepsilon}\left(\frac{a}{r}\right)^3\right]\quad(r\geqslant a)$$

介质中的激化强度为

$$\boldsymbol{P}_2=(\varepsilon-\varepsilon_0)\boldsymbol{E}_2=\boldsymbol{a}_rE_0\cos\theta(\varepsilon-\varepsilon_0)\left(1+2\frac{\varepsilon_0-\varepsilon}{\varepsilon_0+2\varepsilon}\left(\frac{a}{r}\right)^3\right)-\boldsymbol{a}_\theta(\varepsilon-\varepsilon_0)E_0\sin\theta\left(1-\frac{\varepsilon_0-\varepsilon}{\varepsilon_0+2\varepsilon}\left(\frac{a}{r}\right)^3\right)\quad(r\geqslant a)$$

于是空腔表面的束缚电荷密度为

$$\rho_{sb}=-\boldsymbol{a}_r\cdot\boldsymbol{P}_2\big|_{r=a}=-3\varepsilon_0E_0\cos\theta\left(\frac{\varepsilon_0-\varepsilon}{\varepsilon_0+2\varepsilon}\right)$$

3.14 在均匀电场中放入半径为 a 的导体球，如果：

(1) 导体球的电位为 U_0；

(2) 导体球的电量为 Q。

试在这两种情况下计算球外部分的电位。

解 (1) 根据球坐标中的分离变量法，导体球外电位函数的通解如下：

$$\phi(r,\theta)=\sum_{n=0}^{\infty}[A_nr^n+B_nr^{-(n+1)}]P_n(\cos\theta)\quad\begin{pmatrix}r\geqslant a\\0\leqslant\theta\leqslant\pi\end{pmatrix}$$

边界条件为

① 当 $r\to\infty$ 时，电位 $\phi=-E_0r\cos\theta$；

② 在 $r=a$ 处，有 $\phi|_{r=a}=U_0$。

由条件①得 $A_n=0(n\neq1)$，$A_1=-E_0$，即电位分布可表示为

$$\phi(r,\theta)=-E_0r\cos\theta+\sum_{n=0}^{\infty}B_nr^{-(n+1)}P_n(\cos\theta)$$

由条件②得

$$-E_0a\cos\theta+\sum_{n=0}^{\infty}B_na^{-(n+1)}P_n(\cos\theta)=U_0$$

比较同类项系数

$$B_0a^{-1}=U_0,\quad -E_0a+B_1a^{-2}=0,\quad B_n=0(n\neq0,1)$$

所以当导体球电位为 U_0 时，导体球外的电位为

$$\phi(r,\theta)=\frac{a}{r}U_0-\left[1-\left(\frac{a}{r}\right)^3\right]E_0 r\cos\theta$$

(2) 要求当已知导体球的电荷量为 Q 时导体球外的电位分布，只要求出导体电位 U_0 和电荷量 Q 的关系式就行了，为此先求出已知导体电位时的导体表面电场法向分量：

$$E_r=-\frac{\partial\phi}{\partial r}=\frac{a}{r^2}U_0-E_0\cos\theta$$

则导体表面的电荷密度为

$$\rho_S=\boldsymbol{n}\cdot\boldsymbol{D}\big|_{r=a}=\boldsymbol{a}_r\cdot\varepsilon_0\boldsymbol{E}\big|_{r=a}=\frac{\varepsilon_0 U_0}{a}-\varepsilon_0 E_0\cos\theta$$

导体表面总的电荷量为

$$Q=\int_0^{2\pi}\int_0^{\pi}\rho_S a^2\sin\theta\,\mathrm{d}\theta\,\mathrm{d}\varphi=4\pi\varepsilon_0 a U_0$$

于是用电荷量表示的球外电位为

$$\phi(r,\theta)=\frac{Q}{4\pi\varepsilon_0 r}-\left[1-\left(\frac{a}{r}\right)^3\right]E_0 r\cos\theta$$

3.15 半径为 a 的接地导体球，离球心为 h 处有一点电荷 q，如图 3-15 所示。试用分离变量法求电位分布。

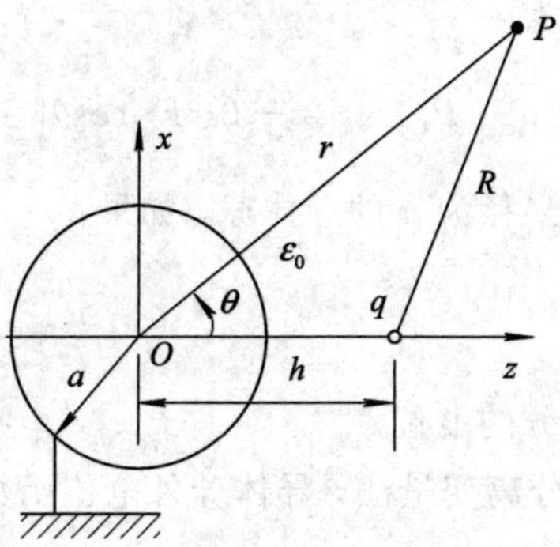

图 3-15 题 3.15 图

解 在点电荷的作用下，导体球表面产生了感应电荷，空间的电位由点电荷和感应电荷产生的电位叠加而成。根据叠加定理以及球坐标中的分离变量法，空间任意一点 P 处的电位可表达为

$$\phi_1(r,\theta)=0\quad\begin{pmatrix}r\leqslant a\\0\leqslant\theta\leqslant\pi\end{pmatrix}$$

$$\phi_2(r,\theta)=\frac{q}{4\pi\varepsilon_0 R}+\sum_{n=0}^{\infty}[A_n r^n+B_n r^{-(n+1)}]P_n((\cos\theta))\quad\begin{pmatrix}r\geqslant a\\0\leqslant\theta\leqslant\pi\end{pmatrix}$$

式中：$R=\sqrt{r^2+h^2-2rh\cos\theta}$，边界条件为

(1) 当 $r\to\infty$ 时，电位 $\phi_2\to0$；

(2) 在 $r=a$ 处有 $\phi_2\big|_{r=a}=0$。

由条件(1)得

$$A_n=0$$

根据：

$$\frac{q}{4\pi\varepsilon_0 R}=\frac{q}{4\pi\varepsilon_0}\sum_{n=0}^{\infty}h^{-(n+1)}r^nP_n(\cos\theta)\qquad\begin{pmatrix}r<h\\0\leqslant\theta<\pi\end{pmatrix}$$

再由条件(2)得

$$\frac{q}{4\pi\varepsilon_0}\sum_{n=0}^{\infty}h^{-(n+1)}a^nP_n(\cos\theta)+\sum_{n=0}^{\infty}B_na^{-(n+1)}P_n(\cos\theta)=0$$

得到

$$B_n=-\frac{q}{4\pi\varepsilon_0 a}\left(\frac{a^2}{h}\right)^{n+1}$$

最后球外的电位表达式为

$$\phi_2(r,\theta)=\frac{q}{4\pi\varepsilon_0 R}-\frac{q}{4\pi\varepsilon_0 a}\sum_{n=0}^{\infty}\left(\frac{a^2}{hr}\right)^{n+1}P_n(\cos\theta)\qquad\begin{pmatrix}r\geqslant a\\0\leqslant\theta\leqslant\pi\end{pmatrix}$$

在数学上可以证明，上式可写成

$$\phi_2(r,\theta)=\frac{q}{4\pi\varepsilon_0 R}-\frac{q}{4\pi\varepsilon_0 a}\cdot\frac{a^2/h}{R_1}=\frac{q}{4\pi\varepsilon_0 R}-\frac{(a/h)q}{4\pi\varepsilon_0 R_1}$$

式中：$R_1=\sqrt{r^2+(a^2/h)^2-2ra^2\cos\theta/h}$。这正是用镜像法求得的结果。

3.16　介电常数为 ε 的无限大介质中沿 x 轴方向加一均匀电场 $\boldsymbol{E}_0$，其中有一个半径为 a 且无限长的介质圆柱空腔，圆柱空腔轴线与 $\boldsymbol{E}_0$ 垂直，如图 3-16 所示。求空腔内、外的电位和电场分布。

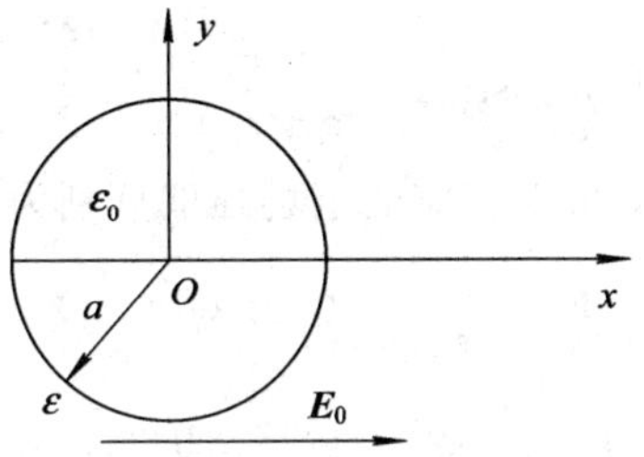

图 3-16　题 3.16 图

解　设圆柱空腔内、外的电位分别为 ϕ_1 和 ϕ_2，由分离变量法它们的通式可以表达为

$$\phi_1=C_1+C_2\ln\rho+\sum_{n=1}^{\infty}(A_n\sin n\varphi+B_n\cos n\varphi)(D_n\rho^n+F_n\rho^{-n})\qquad(\rho\leqslant a)$$

$$\phi_2=C_1'+C_2'\ln\rho+\sum_{n=1}^{\infty}(A_n'\sin n\varphi+B_n'\cos n\varphi)(D_n'\rho^n+F_n'\rho^{-n})\qquad(\rho\geqslant a)$$

其中的常数由边界条件给出，其边界条件为

(1) 在圆柱空腔轴线 $\rho=0$ 处，ϕ_1 应为有限值；

(2) 当 $\rho\to\infty$ 时，ϕ_2 应为 $-E_0\rho\cos\varphi$；

(3) 在 $\rho=a$ 的圆柱空腔面上，$\phi_1=\phi_2$ 和 $\varepsilon_0\dfrac{\partial\phi_1}{\partial\rho}=\varepsilon\dfrac{\partial\phi_2}{\partial\rho}$。

由条件(1)得 $C_2=0$，$F_n=0$，此时圆柱空腔内的电位表达式为

$$\phi_1=C_1+\sum_{n=1}^{\infty}(A_n\sin n\varphi+B_n\cos n\varphi)\rho^n$$

由条件(2)得 $C'_1=0$，$C'_2=0$，$A'_nD'_n=0$，$B'_1D'_1=-E_0$，$B'_nD'_n=0(n\neq 1)$，此时圆柱外的电位表达式为

$$\phi_2=-E_0\rho\cos\varphi+\sum_{n=1}^{\infty}(A'_n\sin n\varphi+B'_n\cos n\varphi)\rho^{-n}$$

由条件(3)得

$$C_1+\sum_{n=1}^{\infty}(A_n\sin n\varphi+B_n\cos n\varphi)a^n=-E_0a\cos\varphi+\sum_{n=1}^{\infty}(A'_n\sin n\varphi+B'_n\cos n\varphi)a^{-n}$$

$$\varepsilon_0\sum_{n=1}^{\infty}n(A_n\sin n\varphi+B_n\cos n\varphi)a^{n-1}=-\varepsilon E_0\cos\varphi-\varepsilon\sum_{n=1}^{\infty}n(A'_n\sin n\varphi+B'_n\cos n\varphi)a^{-n-1}$$

上式对任意角度 φ 都成立，比较以上两式中 $\sin\varphi$ 和 $\cos\varphi$ 的系数得

$$C_1=0,\ A_1a=A'_1a^{-1},\ B_1a=-E_0a+B'_1a^{-1}$$

$$\varepsilon_0A_1=-\varepsilon A'_1a^{-2},\ \varepsilon_0B_1=-\varepsilon E_0-\varepsilon B'_1a^{-2}$$

联立两组方程解得

$$B_1=-\frac{2\varepsilon}{\varepsilon+\varepsilon_0}E_0,\ B'_1=-\frac{\varepsilon-\varepsilon_0}{\varepsilon+\varepsilon_0}E_0a^2,\ A_1=A'_1=0,\ C_1=0$$

再比较其他正弦和余弦项的系数得

$$A_n=A'_n=B_n=B'_n=0\quad(n>1)$$

综合上述各系数，可得到圆柱内、外的电位为

$$\phi_1=-\frac{2\varepsilon}{\varepsilon+\varepsilon_0}E_0\rho\cos\varphi\quad(\rho\leqslant a)$$

$$\phi_2=-E_0\rho\cos\varphi\left[1+\frac{\varepsilon-\varepsilon_0}{\varepsilon+\varepsilon_0}\left(\frac{a}{\rho}\right)^2\right]\quad(\rho\geqslant a)$$

分别对上述电位函数求负梯度，可得相应的电场强度分别为

$$\boldsymbol{E}_1=\frac{2\varepsilon}{\varepsilon+\varepsilon_0}\boldsymbol{E}_0\quad(\rho\leqslant a)$$

$$\boldsymbol{E}_2=\left[\frac{\varepsilon_0-\varepsilon}{\varepsilon+\varepsilon_0}\left(\frac{a}{\rho}\right)^2+1\right]E_0\cos\varphi\boldsymbol{a}_\rho-\left[\frac{\varepsilon-\varepsilon_0}{\varepsilon+\varepsilon_0}\left(\frac{a}{\rho}\right)^2+1\right]E_0\sin\varphi\boldsymbol{a}_\varphi\quad(\rho\geqslant a)$$

3.17 一个二维的静电场，其内的电位分布为 $\phi(x,y)$，其边界条件如图 3-17 所示，求槽内的电位函数。若在 $y=0$、$0\leqslant x\leqslant a$ 边界上的电位为 50 V，槽内的电位分布将如何？试用有限差分法计算两种情况下槽内的电位，并画出电位分布图。

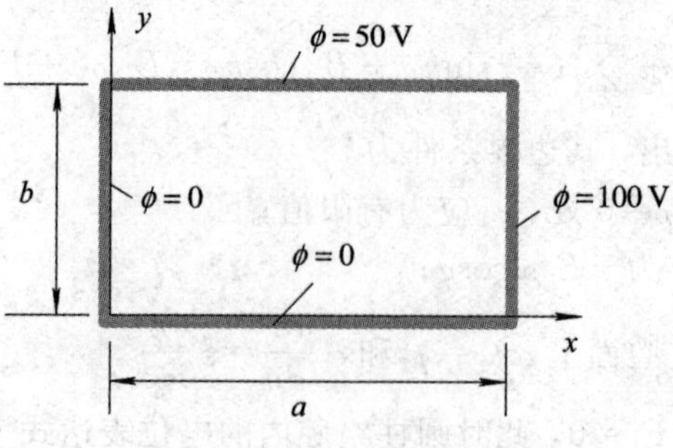

图 3-17 题 3.17 图

解　利用 MATHMATICA 编制的程序如下：

Manipulate[

Clear["V"];

fdplot[s, k, inb], {{s, 1.1, "松驰因子"}, 1, 2, Appearance→"Labeled"}, {{inb, 3, "最大迭代次数"}, {3, 5, 30, 50, 100}, ControlType→RadioButton}, {{k, 1, "边界条件"}, {1→"1", 2→"2"}}]

fdplot[s1_, k1_, inb1_] := Module[{P1, P2, arx, ary, line1, line2, line3, line4},

tol=.00001; imax=20; jmax=20; b=1.5; a=1.5*b;

V[0][i_, j_] := 0;

V[n_][i_, j_] := V[n][i, j]=((1-s1)V[n-1][i, j]+s1/4*(V[n-1][i+1, j]+V[n][i-1, j]+V[n-1][i, j+1]+V[n][i, j-1]));

V[n_][i_/; i≤imax, 0] := V[n][i, 0]=0;

V[n_][i_/; i≤imax, jmax] := V[n][i, jmax]=0;

V[n_][0, j_/; j≤jmax] := V[n][0, j]=0;

V[n_][imax, j_/; j≤jmax] := V[n][imax, j]=0;

If[k1$^{1}_{9}$1,

V[n_][i_/; i≤imax, jmax] := V[n][i, jmax]=50;

V[n_][imax, j_/; j≤jmax] := V[n][imax, j]=100];

If[k1$^{1}_{9}$2,

V[n_][i_/; i≤imax, jmax] := V[n][i, jmax]=50;

V[n_][imax, j_/; j≤jmax] := V[n][imax, j]=100;

V[n_][i_/; i≤imax, 0] := V[n][i, 0]=50];

For[m=1, m<inb1, m++, If[m>2&&Max[Table[Abs[V[m][i, j]- V[m-1][i, j]], {i, 1, imax-1}, {j, 1, jmax-1}]]βtol, Break[]]]];

data= Table[V[m][i, j], {j, 0, jmax}, {i, 0, imax}]; P1 = ListPlot3D[data, BoxRatios→{1, 1, 0.85}, PlotRange→{0, 100}, Axes→True, AxesLabel→{"x", "y", "V"}, DataRange→{{0, 1}, {0, 2}}];

arx=Graphics[{Arrowheads[Medium], Arrow[{{0, 0}, {2.5, 0}}], Text[Style["x", Large], {2.7, 0}]}, PlotRange→{{-1, 3}, {-1, 3}}];

ary=Graphics[{Arrowheads[Medium], Arrow[{{0, 0}, {0, 2.}}], Text[Style["y", Large], {0, 2.2}]}];

If[k1=1,

line1=Graphics[{Red, Thick, Line[{{0, b}, {a, b}}], Text[Style["V=50", Medium], {a/2, b+0.2}]}];

line2=Graphics[{Blue, Thick, Line[{{a, 0}, {a, b-0.1}}], Text[Style["V=100", Medium], {a+0.3, b/2}]}];

line3=Graphics[{Blue, Thick, Line[{{0, 0}, {a, 0}}], Text[Style["V=0", Medium], {a/2, -0.2}]}];

line4= Graphics [{Blue, Thick, Line [{{0, 0}, {0, b - 0.1}}], Text [Style ["V = 0", Medium], {-0.5, b/2}]}]];

```
If[k1=2,
line1=Graphics[{Blue, Thick, Line[{{0, b}, {a, b}}], Text[Style["V=50", Medium], {a/2, b+0.2}]}];
line2= Graphics [{ Blue, Thick, Line [{{ a, 0. 1 }, { a, b}}], Text [ Style [ " V = 100 ", Medium], {a+0.3, b/2}]}];
line3=Graphics [{ Red, Thick, Line[{{0, 0}, {a, 0}}], Text [ Style[ " V = 50 ", Medium], {a/2, -0.2}]}];
line4=Graphics[{Blue, Thick, Line[{{0, 0.1}, {0, b}}], Text[Style["V=0", Medium], {-0.5, b/2}]}]];
P2=Graphics[{Text[Style["误差=", Medium], {0.3, 0.5}], Text[Style[Max[Table[Abs[V[m][i, j]- V[m-1][i, j]], {i, 1, imax-1}, {j, 1, jmax-1}]], Medium], {1., 0.5}]}];
Grid[{{Show[arx, ary, line1, line2, line3, line4, P2, ImageSize→300], Show[P1, ImageSize→300]}}]
```

电位分布如图 3-18 所示。

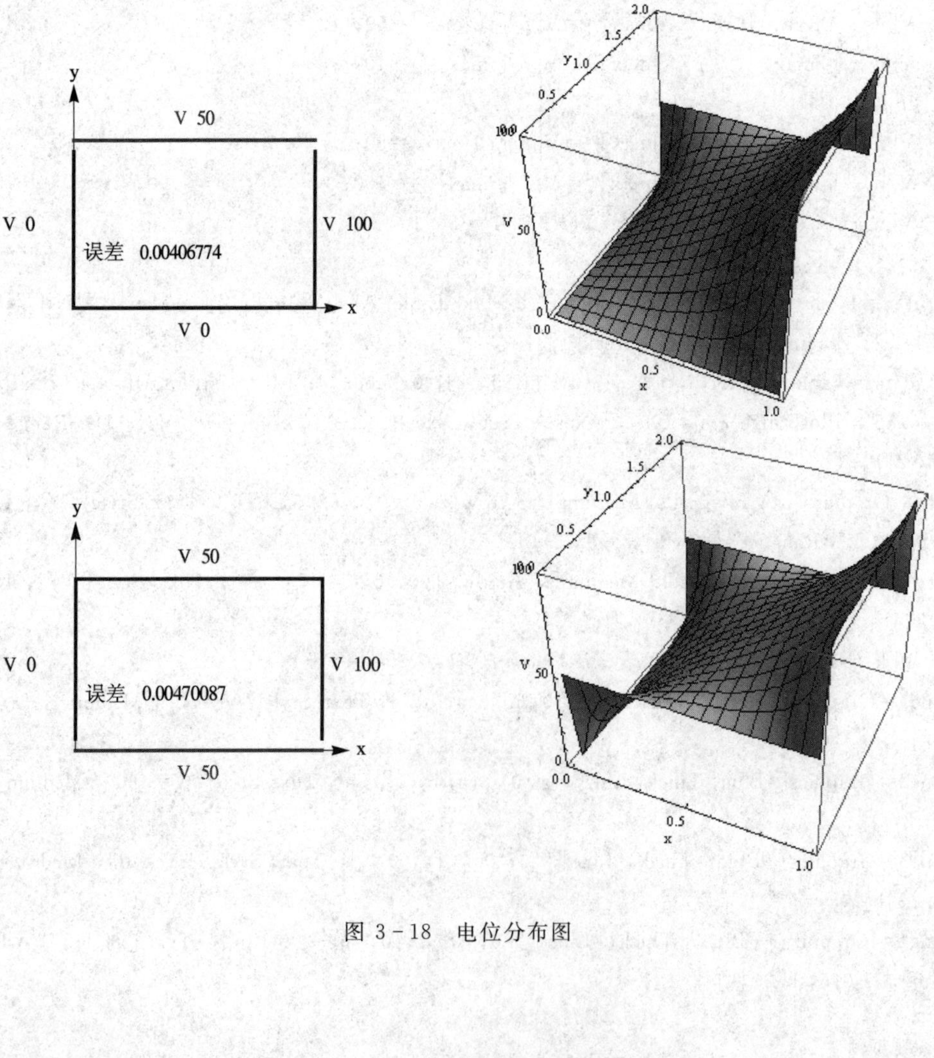

图 3-18 电位分布图

3.5 练　习　题

3.1　两无限大平行板电极，距离为 d，电位分别为 0 和 U_0，板间电荷密度为零。求极板间的电位分布和极板上的电荷密度。

（答案：$\phi=\frac{U_0}{d}x$，$\rho_S\big|_{上极板}=\frac{\varepsilon_0 U_0}{d}$）

3.2　设沿 $+x$ 和 $+y$ 轴方向两半无限大接地导体平面所构成的 90°角形区域中，一点电荷 q 位于点(3，4，0)处，求空间的电位分布和电场强度。

3.3　一个沿 z 轴很长且中空的金属管，其横截面为矩形，如图 3-19 所示。求管内的电位分布。

（答案：$\phi(x, y)=\sum\limits_{n=1, 3, 5, \cdots}^{\infty}\frac{4U_0}{n\pi\cosh\frac{n\pi}{b}a}\sin\frac{n\pi}{b}x\cosh\frac{n\pi}{b}y$）

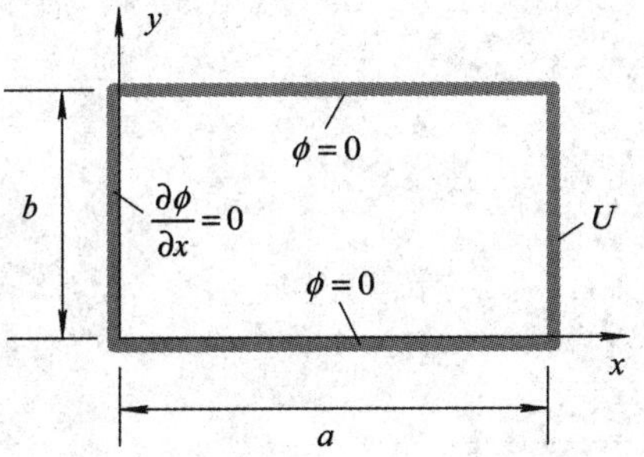

图 3-19　练习题 3.3 图

3.4　沿 $+y$ 轴方向无限长的导体槽，底面保持电位为 $U_0\sin\frac{\pi}{a}x$，其余两面的电位为零，如图 3-20 所示。求槽内的电位函数。

（答案：$\phi(x, y)=U_0\sin\left(\frac{\pi}{a}x\right)e^{-\frac{\pi}{a}y}$）

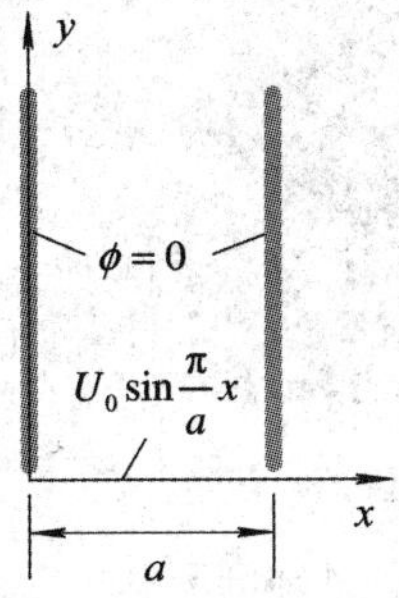

图 3-20　练习题 3.4 图

3.5 同轴线的内导体半径为 a，外导体半径为 b，电缆内充满击穿强度一定的均匀电介质。已知电介质的相对介电常数为5，内导体电位为 U，外导体电位为零，求内外导体间的电位表达式。

(答案：$\phi=\dfrac{U_0}{\ln\dfrac{b}{a}}\ln\dfrac{b}{\rho}$)

3.6 使用信息技术工具制作的演示模块

本章采用 Mathematica 软件编制了5个演示模块，下面给出其结果截图，原图见教材的配套光盘。

(1) 无限大导体边界的镜像见图3-21。

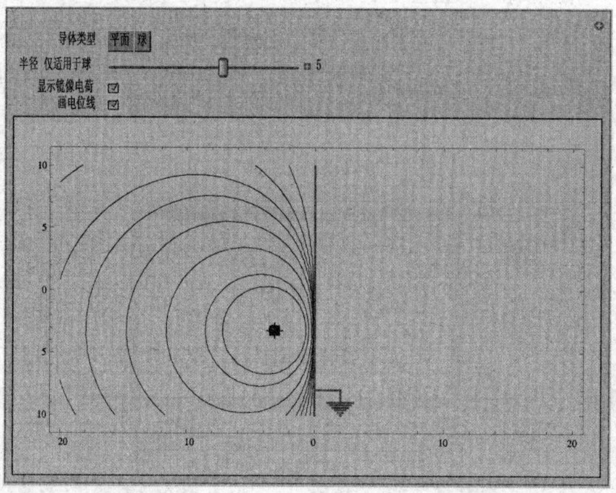

图3-21 无限大导体边界的镜像

(2) 外加电场中的接地导体球见图3-22。

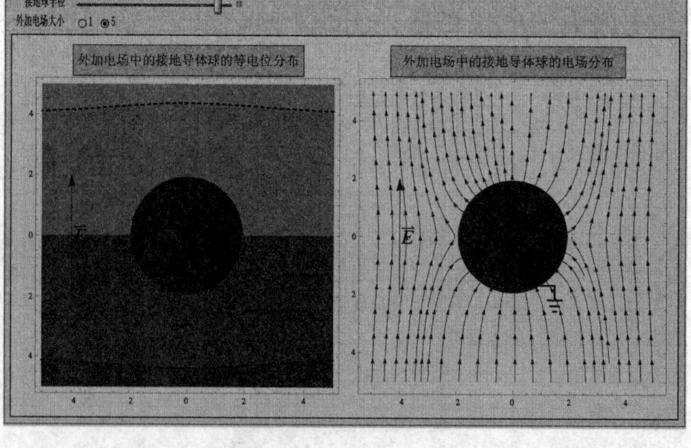

图3-22 外加电场中的接地导体球

(3) 接地导体球和非接地导体球的镜像电荷及场分布见图3-23。

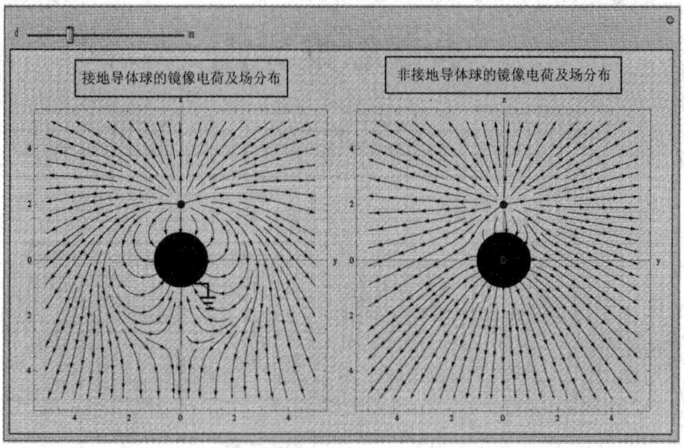

图 3-23　接地导体球和非接地导体球的镜像电荷及场分布

(4) 分离变量法见图 3-24。

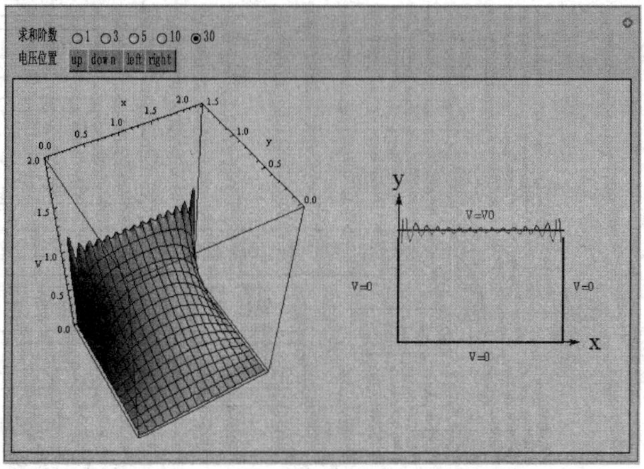

图 3-24　分离变量法

(5) 外加电场中介质柱的内外等电位分布及电场分布见图 3-25。

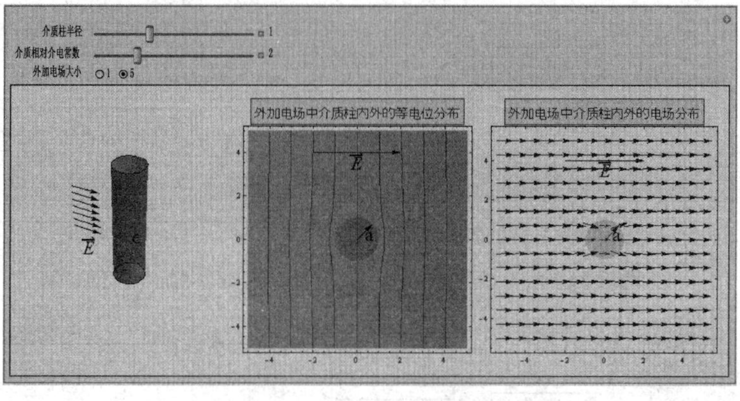

图 3-25　外加电场中介质柱的内外等电位分布及电场分布

本章思维导图

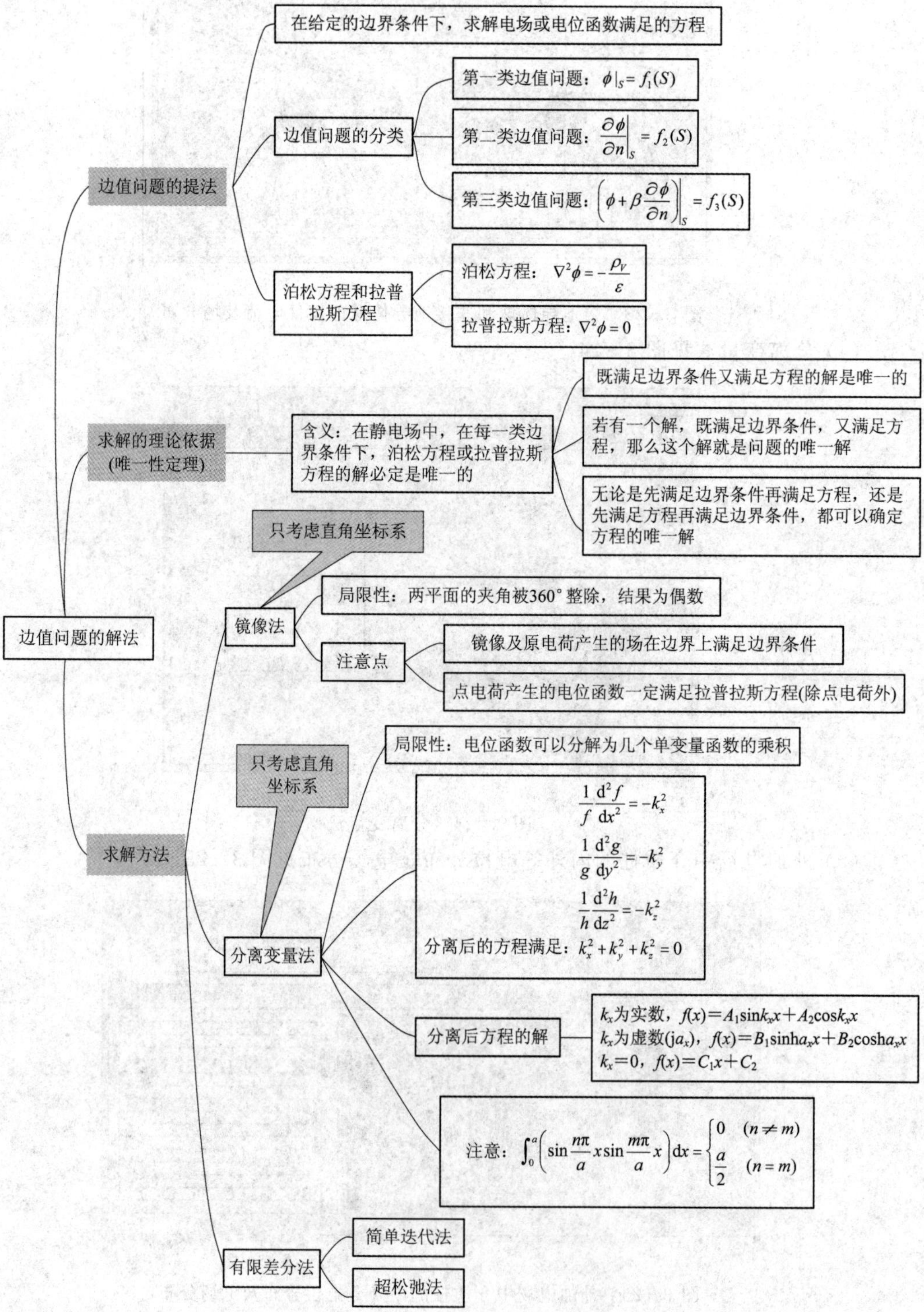
边值问题的解法
边值问题的提法
在给定的边界条件下，求解电场或电位函数满足的方程
边值问题的分类
第一类边值问题：$\phi|_S = f_1(S)$
第二类边值问题：$\left.\frac{\partial \phi}{\partial n}\right|_S = f_2(S)$
第三类边值问题：$\left.\left(\phi + \beta\frac{\partial \phi}{\partial n}\right)\right|_S = f_3(S)$
泊松方程和拉普拉斯方程
泊松方程：$\nabla^2\phi = -\frac{\rho_V}{\varepsilon}$
拉普拉斯方程：$\nabla^2\phi = 0$
求解的理论依据(唯一性定理)
含义：在静电场中，在每一类边界条件下，泊松方程或拉普拉斯方程的解必定是唯一的
既满足边界条件又满足方程的解是唯一的
若有一个解，既满足边界条件，又满足方程，那么这个解就是问题的唯一解
无论是先满足边界条件再满足方程，还是先满足方程再满足边界条件，都可以确定方程的唯一解
求解方法
镜像法
只考虑直角坐标系
局限性：两平面的夹角被360°整除，结果为偶数
注意点
镜像及原电荷产生的场在边界上满足边界条件
点电荷产生的电位函数一定满足拉普拉斯方程(除点电荷外)
分离变量法
只考虑直角坐标系
局限性：电位函数可以分解为几个单变量函数的乘积
$\frac{1}{f}\frac{d^2 f}{dx^2} = -k_x^2$
$\frac{1}{g}\frac{d^2 g}{dy^2} = -k_y^2$
$\frac{1}{h}\frac{d^2 h}{dz^2} = -k_z^2$
分离后的方程满足：$k_x^2 + k_y^2 + k_z^2 = 0$
分离后方程的解
k_x为实数，$f(x) = A_1\sin k_x x + A_2\cos k_x x$
k_x为虚数($\mathrm{j}a_x$)，$f(x) = B_1\sinh a_x x + B_2\cosh a_x x$
$k_x = 0$，$f(x) = C_1 x + C_2$
注意：$\int_0^a \left(\sin\frac{n\pi}{a}x\sin\frac{m\pi}{a}x\right)dx = \begin{cases} 0 & (n \neq m) \\ \frac{a}{2} & (n = m) \end{cases}$
有限差分法
简单迭代法
超松弛法

第 4 章　恒定电流的磁场

4.1　基本概念和公式

4.1.1　恒定磁场的基本方程

1. 恒定磁场的定义

由恒定电流产生的磁场称为恒定磁场。

2. 磁通密度(磁感应强度)的矢量积分式

设真空中有一导线载有恒定电流 I，它在场点(x, y, z)或 $\boldsymbol{r}$ 处产生的磁通密度(矢量)为

$$\boldsymbol{B}(\boldsymbol{r})=\frac{\mu_0}{4\pi}\oint_C \frac{I\mathrm{d}\boldsymbol{l}'\times \boldsymbol{a}_R}{R^2} \tag{4-1-1}$$

式(4-1-1)称为毕奥-萨伐尔定律。$\boldsymbol{B}$、$\mathrm{d}\boldsymbol{l}'$和 $\boldsymbol{a}_R$ 三者互相垂直，并遵循右手螺旋定则。

体电流分布 $\boldsymbol{J}(\boldsymbol{r}')$或面电流分布 $\boldsymbol{J}_S(\boldsymbol{r}')$所产生的磁通密度分别为

$$\boldsymbol{B}(\boldsymbol{r})=\frac{\mu_0}{4\pi}\int_V \frac{\boldsymbol{J}(\boldsymbol{r}')\times \boldsymbol{a}_R}{R^2}\,\mathrm{d}V' \tag{4-1-2}$$

$$\boldsymbol{B}(\boldsymbol{r})=\frac{\mu_0}{4\pi}\int_S \frac{\boldsymbol{J}_S(\boldsymbol{r}')\times \boldsymbol{a}_R}{R^2}\,\mathrm{d}S' \tag{4-1-3}$$

磁通密度 $\boldsymbol{B}$ 的单位为 T(特斯拉)或 $\mathrm{Wb/m^2}$(韦伯/平方米)，工程中常因这个单位太大而选用高斯(Gaussion)，1 高斯(G)$=10^{-4}$特斯拉(T)。

小贴士　已知电流分布求磁通密度矢量时，我们可以直接用上面的积分计算得到。这是由电流分布求磁通密度的第一种方法——直接积分法。注意与第 2 章介绍的方法对比学习。

3. 磁矢位

1) 磁矢位的表达式

真空中体电流分布 $\boldsymbol{J}(\boldsymbol{r}')$、面电流分布 $\boldsymbol{J}_S(\boldsymbol{r}')$和线电流所产生的磁矢位分别为

$$\boldsymbol{A}=\frac{\mu_0}{4\pi}\int_V \frac{\boldsymbol{J}(\boldsymbol{r}')}{R}\mathrm{d}V' \tag{4-1-4}$$

$$\boldsymbol{A}=\frac{\mu_0}{4\pi}\int_S \frac{\boldsymbol{J}_S(\boldsymbol{r}')}{R}\mathrm{d}S' \tag{4-1-5}$$

$$\boldsymbol{A}=\frac{\mu_0}{4\pi}\int_C \frac{I\,\mathrm{d}\boldsymbol{l}'}{R} \tag{4-1-6}$$

$\boldsymbol{A}$ 的单位为 Wb/m(韦伯/米)。上述磁矢位表达式的参考点均选在无穷远处。与静电场相

似，当源延伸到无穷远点时，必须重新选择参考点，以表达式简洁、有意义为准则。

2) 磁矢位与磁通密度的关系

任意散度为零的矢量可用另一个矢量的旋度来表示。磁通密度的散度恒等于零，所以有

$$\boldsymbol{B} = \nabla \times \boldsymbol{A} \tag{4-1-7}$$

但要唯一地确定矢量 $\boldsymbol{A}$，还必须定义 $\boldsymbol{A}$ 的散度。在恒定磁场中，我们定义 $\nabla \cdot \boldsymbol{A}=0$，并将此约束条件称为库仑规范。

小贴士　已知电流分布求磁场时，我们可以先求其磁矢位分布，再求其旋度，最后得到磁通密度。这是由电流分布求磁通密度的第二种方法——磁矢位函数法(与第2章的电位函数法相对应)。

4. 磁偶极子

一个半径为 a 的微小电流环称为磁偶极子。

磁偶极子的磁矢位为

$$\boldsymbol{A} = \frac{\mu_0 \boldsymbol{p}_{\mathrm{m}} \times \boldsymbol{a}_r}{4\pi r^2} \tag{4-1-8}$$

磁偶极子的磁通密度为

$$\boldsymbol{B} = \nabla \times \boldsymbol{A} = \frac{\mu_0 \boldsymbol{p}_{\mathrm{m}}}{4\pi r^3}(\boldsymbol{a}_r 2\cos\theta + \boldsymbol{a}_\theta \sin\theta) \tag{4-1-9}$$

式中：$\boldsymbol{p}_{\mathrm{m}}$ 为磁偶极子的磁偶极矩，表达式为 $\boldsymbol{p}_{\mathrm{m}} = I\boldsymbol{S}$，$\boldsymbol{S}$ 的大小等于小电流环的面积，其方向与电流方向满足右手螺旋定则。

小贴士　磁偶极子的场与电偶极子的场具有很好的对应关系。

5. 磁场强度

真空中，磁场强度与磁通密度的关系为

$$\boldsymbol{B} = \mu_0 \boldsymbol{H} \tag{4-1-10}$$

磁场强度的单位为 A/m(安培/米)，它表明磁场强度是与介质性质无关的物理量。式(4-1-10)也称为真空中的磁场本构关系。

6. 真空中恒定磁场的基本方程

恒定磁场是矢量场，同样可用其积分形式(通量、环量)或者微分形式(散度、旋度)来表征源与场的基本关系。

1) 恒定磁场的散度

恒定磁场的散度满足

$$\nabla \cdot \boldsymbol{B} = 0 \tag{4-1-11}$$

式(4-1-11)表明由恒定电流产生的场是无散场或连续的场。

恒定磁场的旋度满足

$$\nabla \times \boldsymbol{H} = \boldsymbol{J} \tag{4-1-12}$$

式(4-1-12)表明由恒定电流产生的磁场是有旋场。

式(4-1-11)和式(4-1-12)称为恒定磁场基本方程的微分形式。

2) 磁通连续性原理与安培环路定律

通过任意曲面 S 上的磁通量定义为

$$\Psi = \int_S \boldsymbol{B} \cdot \mathrm{d}\boldsymbol{S} \tag{4-1-13}$$

磁通量的单位为 Wb(韦伯)，若曲面 S 为闭合曲面，则有

$$\oint_S \boldsymbol{B} \cdot \mathrm{d}\boldsymbol{S} = 0 \tag{4-1-14}$$

式(4－1－14)称为磁通连续性原理，它表明穿过一个封闭曲面 S 的净磁通量等于零。换句话说，磁通线永远是连续的。

安培环路定律简称为安培定律，其表达式为

$$\oint_C \boldsymbol{H} \cdot \mathrm{d}\boldsymbol{l} = I \tag{4-1-15}$$

式(4－1－15)阐明磁场强度沿任一闭合路径的线积分等于与此闭合路径相交链的净电流，它可以是任意形状导体所载的电流。

式(4－1－14)和式(4－1－15)称为恒定磁场基本方程的积分形式。

小贴士　当某些电流分布具有对称性时，可以很方便地用上述公式计算磁场强度，然后用本构关系式求出磁通密度。这是由电流分布求磁通密度的第三种方法——安培定律法。

3) 恒定磁场的性质

恒定磁场是无散场或连续的场，恒定电流是产生恒定磁场的矢量源。

4.1.2　磁介质的磁化、介质的本构方程

1. 磁化的定义

如果介质的磁化强度，即单位体积的磁偶极矩 $\boldsymbol{M} \neq 0$，就表明该介质是已经磁化的。在线性、均匀、各向同性的介质中，磁化强度与磁场强度满足关系

$$\boldsymbol{M} = \chi_{\mathrm{m}} \boldsymbol{H} \tag{4-1-16}$$

式中：χ_{m} 称为介质的磁化率，是一个无量纲的常数，其大小取决于介质本身的性质。

2. 磁化介质产生的磁矢位

磁矢位 $\boldsymbol{A}$ 的表达式为

$$\boldsymbol{A} = \frac{\mu_0}{4\pi}\int_V \frac{\boldsymbol{J}_b}{R}\mathrm{d}V' + \frac{\mu_0}{4\pi}\oint_S \frac{\boldsymbol{J}_{Sb}}{R}\mathrm{d}S' \tag{4-1-17}$$

式中：$\boldsymbol{J}_b$ 和 $\boldsymbol{J}_{Sb}$ 为束缚电流，表达式分别为 $\boldsymbol{J}_b = \nabla \times \boldsymbol{M}$ 和 $\boldsymbol{J}_{Sb} = \boldsymbol{M} \times \boldsymbol{n}$。

3. 介质的本构方程

介质的本构方程如下：

$$\begin{cases} \boldsymbol{D} = \varepsilon \boldsymbol{E} \\ \boldsymbol{J} = \sigma \boldsymbol{E} \\ \boldsymbol{B} = \mu \boldsymbol{H} \end{cases} \tag{4-1-18}$$

4.1.3　恒定磁场的边界条件

设有介质 1 和介质 2，它们的磁导率分别为 μ_1 和 μ_2，其分界面的法线 $\boldsymbol{n}$ 从介质 2 指向介质 1，$\boldsymbol{t}$ 为分界面的切向。设分界面上存在的自由面电流密度为 $\boldsymbol{J}_S$，则有

$$\begin{cases} B_{1n} = B_{2n} \quad \text{或} \quad \boldsymbol{n} \cdot (\boldsymbol{B}_1 - \boldsymbol{B}_2) = 0 \\ H_{1t} - H_{2t} = J_S \text{ 或 } \boldsymbol{n} \times (\boldsymbol{H}_1 - \boldsymbol{H}_2) = \boldsymbol{J}_S \end{cases} \tag{4-1-19}$$

式(4-1-19)的第一式表示在分界面处磁通密度 $\boldsymbol{B}$ 的法向分量是连续的；其第二式表示在分界面处磁场强度 $\boldsymbol{H}$ 的切向分量一般是不连续的，除非分界面上的面电流密度 $J_S=0$。

讨论：如果分界面上的 $J_S=0$，则有

$$\frac{\tan\theta_1}{\tan\theta_2} = \frac{\mu_1}{\mu_2} \tag{4-1-20}$$

由式(4-1-20)可得如下结论：

(1) 如果 $\theta_2=0$，则 $\theta_1=0$。换句话说，磁场垂直穿过两种磁介质的分界面时，磁场的方向不发生改变，且数值相等。

(2) 如果 $\mu_2 \gg \mu_1$，且 $\theta_2 \neq 90°$，则 $\theta_1 \to 0$。这就是说，磁场由铁磁体物质穿出进入一个非磁性物质的区域时，磁场几乎垂直于铁磁体物质的表面。这与电场垂直于理想导体的表面类似。

4.1.4 自感和互感

1. 自感

若穿过回路的磁链 Ψ 是由回路本身的电流 I 产生的，则磁链 Ψ 与电流 I 的比值定义为自感，其表达式为

$$L = \frac{\Psi}{I} \tag{4-1-21}$$

式中：磁链的表达式为 $\Psi = \int_S \boldsymbol{B} \cdot \mathrm{d}\boldsymbol{S}$，$\boldsymbol{S}$ 的方向与电流 I 的方向满足右手螺旋定则。

自感或电感的单位为 H(亨)，它取决于回路的形状、尺寸、匝数和周围介质的磁导率。

小贴士 电容器的电容与两导体所带电荷的多少及两导体间的电压无关。类似地，回路的电感与回路中流过的电流多少无关。

2. 互感

若有两个彼此靠近的回路 C_1、C_2，电流分别为 I_1 和 I_2，如果回路 C_1 中电流 I_1 所产生的磁通密度为 $\boldsymbol{B}_1$，它与回路 C_2 相交链的磁链为 Ψ_{12}，则 Ψ_{12} 的表达式为

$$\Psi_{12} = \int_{S_2} \boldsymbol{B}_1 \cdot \mathrm{d}\boldsymbol{S}_2 \tag{4-1-22}$$

式中：$\boldsymbol{S}_2$ 的方向与电流 I_2 的方向满足右手螺旋定则。Ψ_{12} 与 I_1 的比值定义为互感，即

$$M_{12} = \frac{\Psi_{12}}{I_1} \tag{4-1-23}$$

如果回路 C_2 中的电流 I_2 所产生的磁通密度为 $\boldsymbol{B}_2$，它与回路 C_1 相交链的磁链为 Ψ_{21}，则 Ψ_{21} 的表达式为

$$\Psi_{21} = \int_{S_1} \boldsymbol{B}_2 \cdot \mathrm{d}\boldsymbol{S}_1 \tag{4-1-24}$$

则 Ψ_{21} 与 I_2 的比值定义为互感，即

$$M_{21} = \frac{\Psi_{21}}{I_2} \tag{4-1-25}$$

M_{12} 和 M_{21} 均称为回路 C_1 与 C_2 的互感，单位与自感相同，一般情况下均有 $M_{12}=M_{21}$。

小贴士　互感有正有负，这取决于两电流的方向。假设回路 C_1 中的电流 I_1 所产生的与回路 C_2 相交链的磁链为 Ψ_{12}，回路 C_2 中的电流 I_2 所产生的与回路 C_2 相交链的磁链为 Ψ_{22}，若 Ψ_{12} 与 Ψ_{22} 有相同的方向，则互感系数取正值；否则，互感系数取负值。当电流 I_1 或 I_2 改变方向时，互感也将改变符号。

4.2　重点与难点

4.2.1　本章重点和难点

（1）正确理解恒定磁场的概念和性质、恒定磁场的基本方程及边界条件，理解磁化的概念，这是本章的重点之一；

（2）掌握磁场强度与磁通密度的求解，能正确地利用安培环路定律分析恒定磁场问题，这是本章的重点之二；

（3）掌握自感和互感的定义，能正确地计算自感和互感问题，这是本章的重点之三；

（4）理解磁场强度和磁矢位函数的关系，掌握磁矢位函数的计算和利用磁通密度的矢量积分式计算磁通密度，这是本章的难点。

4.2.2　磁通密度和磁场强度的计算

已知电流或电流密度要求磁场强度和磁通密度，归纳起来主要有以下三种方法：

（1）应用磁通密度的矢量积分式(4-1-1)～式(4-1-3)。

（2）采用安培环路定律求解。利用安培环路定律得到磁场强度的解析表达式，只适用于磁场分布具有某种对称性的情况。在这种情况下，我们可以找到合适的安培环路，使磁场强度在这个环路(或环路的某段)上大小不变，或者使磁场强度的方向与环路的方向相垂直。

（3）先求磁矢位函数，再利用 $\boldsymbol{B}=\nabla\times\boldsymbol{A}$ 求得磁通密度。由于积分过于复杂，因此无法求出其精确解析表达式，这种方法只适用于一些简单且具有一定对称性的情况。

4.3　典型例题分析

【例 1】　磁导率为 μ 的均匀介质中，有一半径为 a 的载流线圈，电流强度为 I，将线圈沿直径折起来，使两个半圆相互垂直，如图 4-1 所示。求两个半圆圆心 O 处的磁通密度。

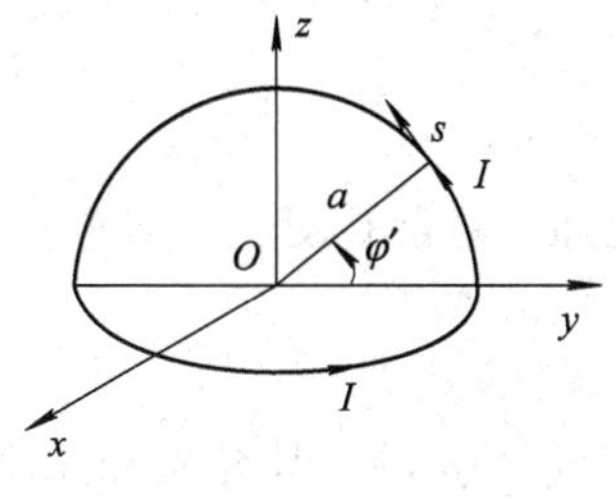

图 4-1　折叠的两半圆电流环

解　根据右手螺旋定则，yz 平面上的半个圆电流在圆心处产生的磁通密度为 $+x$ 轴方向，xy 平面上的半个圆电流在圆心处产生的磁通密度为 $+z$ 轴方向。空间任一点的磁通密度是各电流元在该点产生的磁通密度的矢量和。

先来计算 yz 平面上的半圆周电流产生的场。

选择电流元段 $I\mathrm{d}\boldsymbol{l}'=\boldsymbol{a}_\varphi' Ia\,\mathrm{d}\varphi'=(-\boldsymbol{a}_y\sin\varphi'+\boldsymbol{a}_z\cos\varphi')Ia\,\mathrm{d}\varphi'$ 位于 yz 平面的半圆周上，源点的位置矢量 $\boldsymbol{r}'=\boldsymbol{a}_y a\cos\varphi'+\boldsymbol{a}_z a\sin\varphi'$，场点到源点的距离矢量 $\boldsymbol{R}=-\boldsymbol{r}'$。该电流元在圆

心处产生的磁通密度为

$$\mathrm{d}\boldsymbol{B}=\frac{\mu}{4\pi}\frac{I\mathrm{d}\boldsymbol{l}'\times\boldsymbol{R}}{R^3}=\boldsymbol{a}_x\frac{\mu}{4\pi}\frac{Ia^2\,\mathrm{d}\varphi'}{a^3}$$

所以，yz 平面上的半圆周电流在圆心处产生的磁通密度为

$$\boldsymbol{B}=\boldsymbol{a}_x\frac{\mu I}{4\pi a}\int_0^{\pi}\mathrm{d}\varphi'=\boldsymbol{a}_x\frac{\mu I}{4a}$$

同理可得 xy 平面上的半个圆电流在圆心处产生的磁通密度为

$$\boldsymbol{B}=\boldsymbol{a}_z\frac{\mu I}{4a}$$

因此两个半圆圆心 O 处的磁通密度为

$$\boldsymbol{B}=(\boldsymbol{a}_x+\boldsymbol{a}_z)\frac{\mu I}{4a}$$

【例 2】 磁导率为 μ_0 的无限长圆柱导体中，沿长度方向均匀流动着的电流密度为 $\boldsymbol{J}=\boldsymbol{a}_zJ_0$，设圆柱半径为 a，柱外空间是磁导率为 μ 的介质，求圆柱内的磁场强度和圆柱外空间的磁通密度。

解 由于无限长电流产生的磁场具有轴对称性，也就是说，以圆柱导体的轴线上任一点为圆心、以圆柱外任一点到轴线的垂直距离为半径作一圆形环路，磁场强度的幅值在这个环路上是常数，因此磁场强度沿该环路积分时能提到积分号外。

设圆柱内有任一点 P，过点 P 作到圆柱的轴线的垂线，与轴线的交点为 O，以 O 点为圆心、以 OP 的长度 $\rho(\rho\leqslant a)$ 为半径作圆，磁场强度在这个圆上大小不变，方向沿圆周方向且与电流方向满足右手螺旋定则，由安培环路定律有

$$\oint_{C_1}\boldsymbol{H}_1\cdot\mathrm{d}\boldsymbol{l}=\int_{S_1}\boldsymbol{J}\cdot\mathrm{d}\boldsymbol{S}$$

即

$$H_1 2\pi\rho=J_0\pi\rho^2$$

圆柱内的任一点 P 处的磁场强度为

$$\boldsymbol{H}_1=\frac{J_0\rho}{2}\boldsymbol{a}_\varphi$$

过圆柱外任一点 Q 作到圆柱的轴线的垂线，与轴线的交点为 O，以点 O 为圆心、以 OQ 的长度 $\rho(\rho\geqslant a)$ 为半径作圆，磁场强度在这个圆上大小不变，方向沿圆周方向且与电流方向满足右手螺旋定则，由安培环路定律有

$$\oint_{C_2}\boldsymbol{H}_2\cdot\mathrm{d}\boldsymbol{l}=\int_{S_2}\boldsymbol{J}\cdot\mathrm{d}S$$

即

$$H_2 2\pi\rho=J_0\pi a^2$$

圆柱外任一点 Q 处的磁场强度为

$$\boldsymbol{H}_2=\frac{J_0a^2}{2\rho}\boldsymbol{a}_\varphi$$

在 $\rho=a$ 的两种介质分界面上，显然有 $H_1=H_2$，即满足磁场强度切向分量连续的边界条件。所以圆柱外任一点的磁通密度为

$$\boldsymbol{B}_2=\mu\boldsymbol{H}_2=\frac{\mu J_0a^2}{2\rho}\boldsymbol{a}_\varphi$$

【例 3】 自由空间中有两无限长细导线，二者的距离为 $2a$，导线内通有方向相反的电

流，求空间任一点处的磁矢位。

解　设两导线沿 z 轴方向放置，并沿 y 轴排列。由于导线沿 z 轴方向无限长，所以空间任一点处的磁矢位与坐标 z 无关。不失一般性，我们将场点选在 xy 平面上。设导线长度为 $2L$，在导线的中点处作 xy 平面并建立如图 4-2 所示的坐标。又因为磁矢位的方向与电流方向相同，这两根导线通有 z 方向的电流，所以它们所产生的磁矢位也只有 z 方向。

首先考虑左边的导线产生的磁矢位。

设源点的坐标为 $S(0, -a, z')$，场点的坐标为 $P(x, y)$，场点到源点的距离为

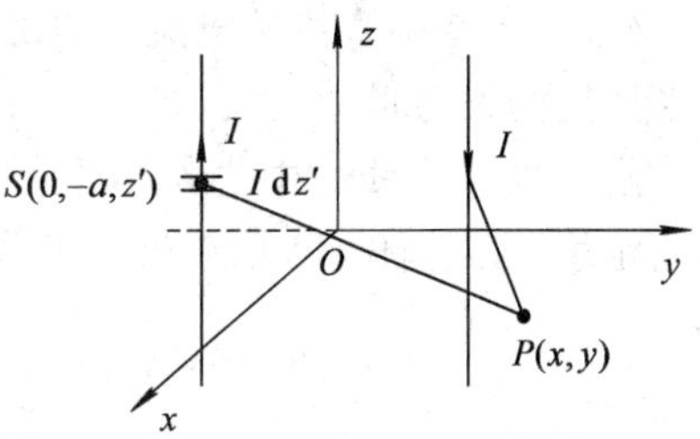

图 4-2　例 3 图

$$R = \sqrt{x^2 + (y+a)^2 + z'^2}$$

长度为 $2L$ 的导线在场点 P 处所产生的磁矢位为

$$\boldsymbol{A}_1 = \boldsymbol{a}_z \frac{\mu_0}{4\pi}\int_{-L}^{L} \frac{I\mathrm{d}z'}{R} = \boldsymbol{a}_z \frac{\mu_0 I}{2\pi} \ln \frac{L + \sqrt{x^2 + (y+a)^2 + L^2}}{\sqrt{x^2 + (y+a)^2}}$$

由于导线为无限长，即 $L \gg \sqrt{x^2 + (y+a)^2}$，因此上式可简化为

$$\boldsymbol{A}_1 = \boldsymbol{a}_z \frac{\mu_0}{4\pi}\int_{-L}^{L} \frac{I\mathrm{d}z'}{R} = \boldsymbol{a}_z \frac{\mu_0 I}{2\pi} \ln \frac{2L}{\sqrt{x^2 + (y+a)^2}}$$

同理，可以求得右边导线的磁矢位为

$$\boldsymbol{A}_2 = -\boldsymbol{a}_z \frac{\mu_0}{4\pi}\int_{-L}^{L} \frac{I\mathrm{d}z'}{R} = -\boldsymbol{a}_z \frac{\mu_0 I}{2\pi} \ln \frac{2L}{\sqrt{x^2 + (y-a)^2}}$$

所以，两根导线在空间任一点处的磁矢位为

$$\boldsymbol{A} = \boldsymbol{A}_1 + \boldsymbol{A}_2 = \boldsymbol{a}_z \frac{\mu_0 I}{2\pi} \ln \frac{\sqrt{x^2 + (y-a)^2}}{\sqrt{x^2 + (y+a)^2}}$$

说明：单根无限长导线的磁矢位中包含变量 L，这是因为没有选择参考零点。

4.4　部分习题参考答案

4.1　自由空间中有一半径为 a 的载流线圈，电流强度为 I，求其轴线上任一点处的磁通密度。

解　由题意可知，载流线圈如图 4-3 所示。设场点坐标为 $(0, 0, z)$，则整个载流线圈在场点所产生的磁通密度为

$$\boldsymbol{B} = \frac{\mu_0}{4\pi}\int \frac{I\mathrm{d}\boldsymbol{l}' \times \boldsymbol{R}}{R^3}$$

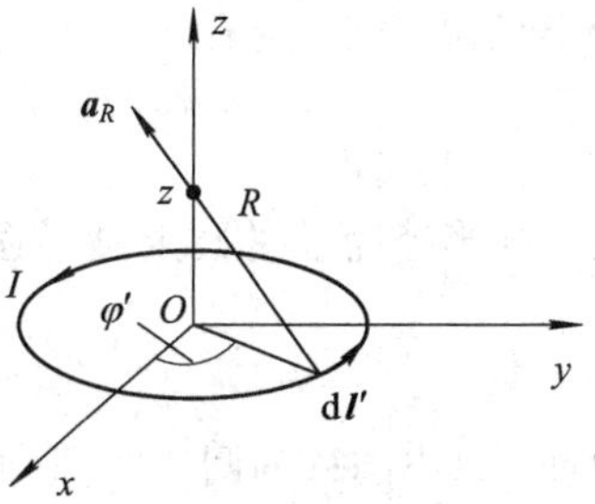

图 4-3　题 4.1 图

式中：

$$R = (a^2 + z^2)^{\frac{1}{2}}$$

$$\boldsymbol{R} = z\boldsymbol{a}_z - a\cos\varphi'\boldsymbol{a}_x - a\sin\varphi'\boldsymbol{a}_y$$

$$\mathrm{d}\boldsymbol{l}' = a\,\mathrm{d}\varphi'\boldsymbol{a}_{\varphi'} = a\,\mathrm{d}\varphi'(-\sin\varphi'\boldsymbol{a}_x + \cos\varphi'\boldsymbol{a}_y)$$

将上述三式代入磁通密度的表达式并积分得

$$\boldsymbol{B}=\boldsymbol{a}_z\frac{\mu_0 a^2 I}{2(\sqrt{a^2+z^2})^3}$$

4.2 真空中直线长电流 I 的磁场中有一等边三角形回路，如图 4-4 所示，求通过三角形回路的磁通量。

解 以直导线为中心作半径为 ρ 的圆，根据安培环路定律，圆上任一点的磁通密度为

$$\boldsymbol{B}=\boldsymbol{a}_\varphi\frac{\mu_0 I}{2\pi\rho}$$

穿过三角形平面的磁通量为

$$\Psi=\int_S \boldsymbol{B}\cdot\mathrm{d}\boldsymbol{S}$$

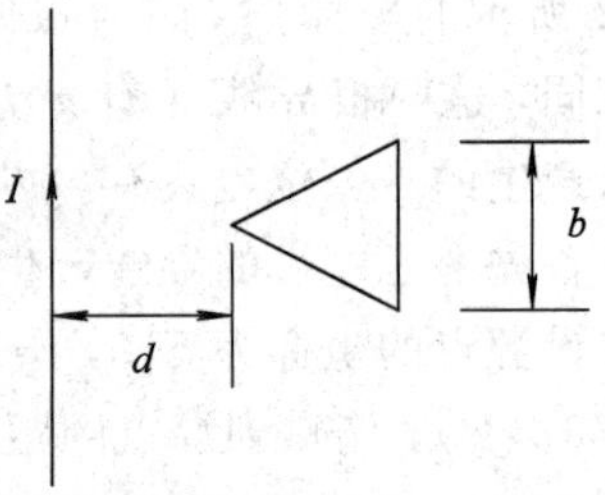

图 4-4 题 4.2 图

式中：$\boldsymbol{S}$ 为三角形回路的有向面积。

由于磁通密度 $\boldsymbol{B}$ 在三角形回路上的方向为垂直进入三角形平面(与有向曲面同向)，因此有

$$\Psi=\int_S B\mathrm{d}S=\frac{\mu_0 I}{2\pi}\int_d^{d+\frac{\sqrt{3}}{2}b}2(\rho-d)\tan30^\circ\,\mathrm{d}\rho$$
$$=\frac{\mu_0 I}{\pi}\left[\frac{b}{2}-\frac{d}{\sqrt{3}}\ln\left(1+\frac{\sqrt{3}b}{2d}\right)\right]$$

4.4 如果在半径为 a、电流为 I 的无限长圆柱导体内有一个不同轴的半径为 b 的圆柱空腔，两轴线间的距离为 c，且 $c+b<a$，如图 4-5 所示。求空腔内的磁通密度。

解 由题意知，在半径为 a 的大圆柱内，除空腔外其余处有沿 $+z$ 轴方向的电流，其电流密度为

$$\boldsymbol{J}=\frac{I}{\pi(a^2-b^2)}\boldsymbol{a}_z$$

设空腔(半径为 b 的小圆柱)内有分别沿 $+z$ 和 $-z$ 方向的电流，其电流密度均为 $\boldsymbol{J}$，则空腔内的磁场由电流密度相同、方向相反的半径为 a 的大圆柱内充满沿 $+z$ 轴方向的电流产生的场和半径为 b 的小圆柱内充满沿 $-z$ 方向的电流产生的场叠加而成。

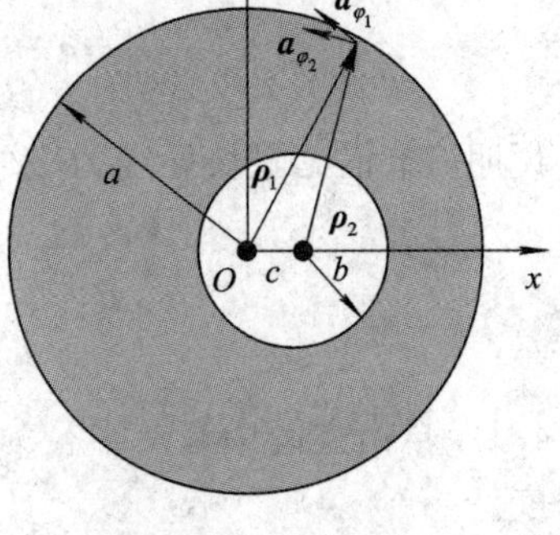

图 4-5 题 4.4 图

由安培环路定律，以大圆柱的圆心为圆心、以 ρ_1 为半径作一圆，则有

$$\oint_C \boldsymbol{H}_1\cdot\mathrm{d}\boldsymbol{l}=J\pi\rho_1^2$$

因此在半径为 ρ_1 的圆上磁场强度为

$$\boldsymbol{H}_1=\frac{I\rho_1}{2\pi(a^2-b^2)}\boldsymbol{a}_{\varphi_1}=\frac{I\boldsymbol{a}_z\times\boldsymbol{\rho}_1}{2\pi(a^2-b^2)}$$

同理，以小圆柱的圆心为圆心、以 ρ_2 为半径作一圆，在半径为 ρ_2 的圆上的磁场强度为

$$\boldsymbol{H}_2=\frac{I\rho_2}{2\pi(a^2-b^2)}\boldsymbol{a}_{\varphi_2}=-\frac{I\boldsymbol{a}_z\times\boldsymbol{\rho}_2}{2\pi(a^2-b^2)}$$

所以，空腔内的磁场强度为

$$\boldsymbol{H}=\boldsymbol{H}_1+\boldsymbol{H}_2=\frac{I\boldsymbol{a}_z\times(\boldsymbol{\rho}_1-\boldsymbol{\rho}_2)}{2\pi(a^2-b^2)}=\frac{Ic\boldsymbol{a}_y}{2\pi(a^2-b^2)}$$

4.5　在下面的矢量中，哪些可能是磁通密度 **B**？如果是，与它相应的电流密度 **J** 为多少？

(1) $\boldsymbol{F}=\boldsymbol{a}_\rho\rho$(圆柱坐标系)；

(2) $\boldsymbol{F}=-\boldsymbol{a}_x y+\boldsymbol{a}_y x$；

(3) $\boldsymbol{F}=-\boldsymbol{a}_\varphi r$(球坐标系)。

解　(1) 由于

$$\nabla\cdot\boldsymbol{F}=\frac{1}{\rho}\frac{\partial}{\partial\rho}(\rho F_\rho)=2\neq 0$$

因此此矢量场一定不是磁通密度。

(2) 由于

$$\nabla\cdot\boldsymbol{F}=\frac{\partial F_x}{\partial x}+\frac{\partial F_y}{\partial y}+\frac{\partial F_z}{\partial z}=0$$

因此此矢量场可能是磁通密度，与它相应的电流密度为

$$\boldsymbol{J}=\frac{1}{\mu_0}\nabla\times\boldsymbol{F}=\frac{2}{\mu_0}\boldsymbol{a}_z$$

(3) 由于

$$\nabla\cdot\boldsymbol{F}=\frac{1}{r\sin\theta}\frac{\partial F_\varphi}{\partial\varphi}=0$$

因此此矢量场可能是磁通密度，与它相应的电流密度为

$$\boldsymbol{J}=\frac{1}{\mu_0}\nabla\times\boldsymbol{F}=\frac{1}{\mu_0}(2\boldsymbol{a}_\theta-\boldsymbol{a}_r\cot\theta)$$

4.8　边长分别为 a 和 b、载有电流 I 的小矩形回路，如图 4-6 所示，求远处的一点 $P(x,\ y,\ z)$的磁矢位。

解　在电流环上选择源点(如图 4-6 所示)，它们的坐标分别为$(a,\ y',\ 0)$和$(0,\ y',\ 0)$，它们在场点 P 处产生的磁矢位为

$$\boldsymbol{A}_1=\boldsymbol{a}_y\frac{\mu_0}{4\pi}\int_c\left(\frac{1}{R_1}-\frac{1}{R_2}\right)I\mathrm{d}y'$$

式中：

$$R_1=\sqrt{(x-a)^2+(y-y')^2+z^2}$$

$$R_2=\sqrt{x^2+(y-y')^2+z^2}$$

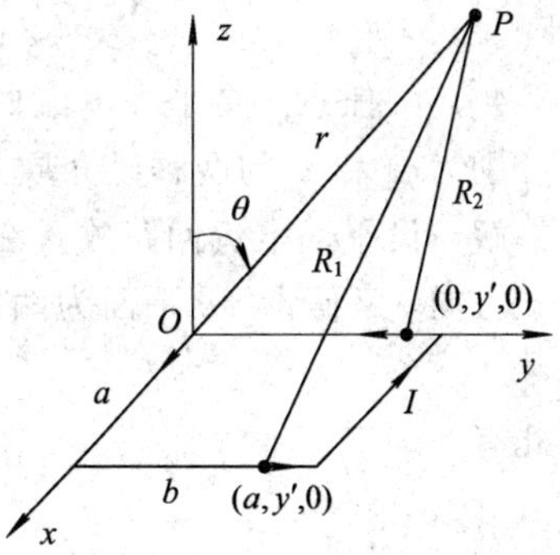

图 4-6　题 4.8 图

由于 $r\gg a$，因此

$$\frac{1}{R_1}\approx\frac{1}{r}\left(1+\frac{ax}{r^2}+\frac{yy'}{r^2}\right)$$

$$\frac{1}{R_2}\approx\frac{1}{r}\left(1+\frac{yy'}{r^2}\right)$$

即

$$\boldsymbol{A}_1 = \boldsymbol{a}_y \frac{\mu_0 ax}{4\pi r^3}\int_0^b I\mathrm{d}y' = \boldsymbol{a}_y \frac{\mu_0 abxI}{4\pi r^3}$$

同理，沿 x 方向的电流产生的磁矢位函数为

$$\boldsymbol{A}_2 = -\boldsymbol{a}_x \frac{\mu_0 by}{4\pi r^3}\int_0^a I\,\mathrm{d}x' = \boldsymbol{a}_x \frac{\mu_0 abyI}{4\pi r^3}$$

矩形电流环产生的磁矢位为

$$\boldsymbol{A} = \boldsymbol{A}_1 + \boldsymbol{A}_2 = \frac{\mu_0 abI}{4\pi r^3}(x\boldsymbol{a}_y - y\boldsymbol{a}_x) = \frac{\mu_0 abI\ \sin\theta}{4\pi r^2}\boldsymbol{a}_\varphi$$

令 $ab=S$，$\boldsymbol{p}_{\mathrm{m}}=IS\boldsymbol{a}_z$，则

$$\boldsymbol{A} = \frac{\mu_0 \boldsymbol{p}_{\mathrm{m}} \times \boldsymbol{a}_r}{4\pi r^2}$$

可见，当小环面积很小时，方形小环与圆形小环产生的场是一样的。

4.9 无限长直线电流 I 垂直于磁导率分别为 μ_1 和 μ_2 的两种磁介质的交界面，如图 4-7 所示，试求两种介质中的磁通密度 $\boldsymbol{B}_1$ 和 $\boldsymbol{B}_2$。

解 在上半空间以导线为中心、以 ρ 为半径作圆，由安培定律 $\oint_C \boldsymbol{H}_1 \cdot \mathrm{d}\boldsymbol{l} = I$ 得

$$\boldsymbol{H}_1 = \frac{I}{2\pi\rho}\boldsymbol{a}_\varphi$$

在下半空间以导线为中心、以 ρ 为半径作圆，同理可得

$$\boldsymbol{H}_2 = \frac{I}{2\pi\rho}\boldsymbol{a}_\varphi$$

根据边界条件 $H_{1t}=H_{2t}$，得

$$\boldsymbol{H}_1 = \boldsymbol{H}_2$$

因此两种介质中的磁通密度分别为

$$\boldsymbol{B}_1 = \frac{\mu_1 I}{2\pi\rho}\boldsymbol{a}_\varphi$$

$$\boldsymbol{B}_2 = \frac{\mu_2 I}{2\pi\rho}\boldsymbol{a}_\varphi$$

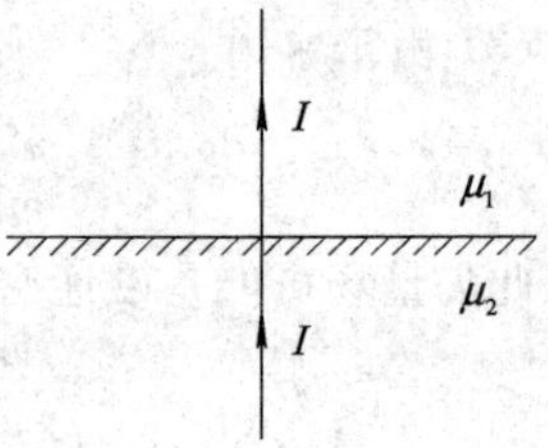

图 4-7 题 4.9 图

4.10 任意一个平面电流回路在真空中产生的磁场强度为 $\boldsymbol{H}_0$，若平面回路位于磁导率分别为 μ_1 和 μ_2 的两种磁介质的交界面上，试求两种介质内的磁场强度 $\boldsymbol{H}_1$ 和 $\boldsymbol{H}_2$。

解 设平面电流回路放置在 xy 平面上，它在真空中产生的磁场强度大小为 H_0，方向为 z 方向，又假设 xy 平面为两种介质的分界面，则由边界条件

$$B_1 = B_2 = \mu_0 H_0$$

因此有

$$H_1 = \frac{\mu_0}{\mu_1}H_0$$

$$H_2 = \frac{\mu_0}{\mu_2}H_0$$

4.11 一个薄铁圆盘的半径为 a，厚度为 $b(b\ll a)$，如图 4-8 所示，在平行于 z 轴方向均匀磁化，磁化强度为 $\boldsymbol{M}$。试求沿薄铁圆盘轴线上一点的磁场强度和磁通密度。

解 由于薄铁圆盘均匀磁化，且磁化方向沿 z 轴方向，因此 $\boldsymbol{M}=M\boldsymbol{a}_z$，其中 M 为常数。

由此可知，磁化体电流密度为零。铁盘上、下底面的磁化面电流密度为

$$\boldsymbol{J}_{Sb}=\boldsymbol{M}\times\boldsymbol{n}=\boldsymbol{M}\times\boldsymbol{a}_z=\boldsymbol{0}$$

铁盘周边边缘的磁化电流密度为

$$\boldsymbol{J}_{Sb}=\boldsymbol{M}\times\boldsymbol{n}=\boldsymbol{M}\times\boldsymbol{a}_\rho=M\boldsymbol{a}_\varphi$$

这样圆盘中的电流相当于 $I_b=Mb$ 的圆形电流，然后求此电流在轴线处产生的磁场。利用习题 4.1 的结果，得薄铁圆盘轴线上一点的磁通密度为

$$\boldsymbol{B}=\boldsymbol{a}_z\frac{\mu_0 a^2 Mb}{2\left(\sqrt{a^2+z^2}\right)^3}$$

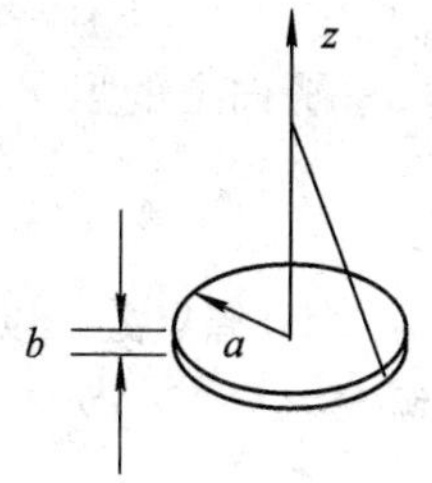

图 4-8　题 4.11 图

4.12　均匀磁化的无限大导磁介质的磁导率为 μ，磁通密度为 $\boldsymbol{B}$，若在该介质内有两个空腔，空腔 1 的形状为一薄盘，空腔 2 的形状像一长针，腔内都充有空气，如图 4-9 所示。试求两空腔中心处磁场强度大小的比值。

解　对于空腔 1，利用磁通密度法向分量连续的边界条件有

$$B_1=B=\mu H$$

所以空腔 1 中的磁场强度为

$$H_1=\frac{\mu}{\mu_0}H$$

对于空腔 2，利用磁场强度切向分量连续的边界条件有

$$H_2=H$$

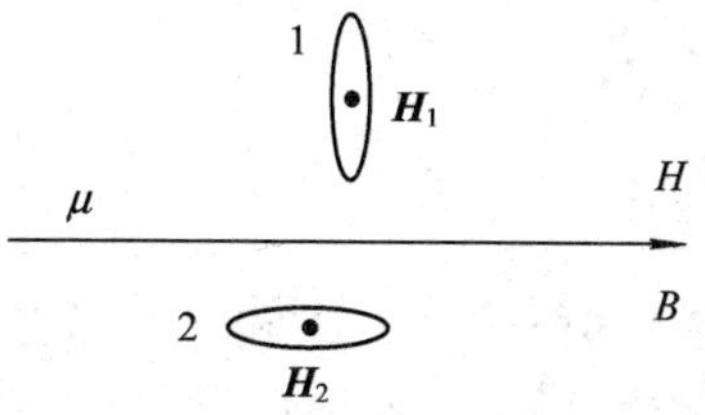

图 4-9　题 4.12 图

因此两空腔中心处磁场强度大小的比值为

$$\frac{H_1}{H_2}=\frac{\mu}{\mu_0}$$

4.14　一条扁平的直导带，宽为 $2a$，中心线与 z 轴重合，流过的电流为 I，如图 4-10 所示。证明：在第一象限内

$$B_x=-\frac{\mu_0 I}{4\pi a}\alpha$$

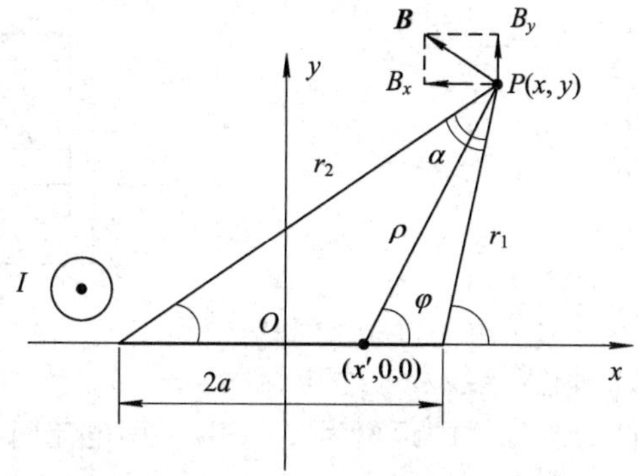

图 4-10　题 4.14 图

$$B_y = \frac{\mu_0 I}{4\pi a}\ln\frac{r_2}{r_1}$$

解 xz平面上的扁平直导带的总电流为I，其电流密度为

$$\boldsymbol{J} = \frac{I}{2a}\boldsymbol{a}_z$$

设在$(x', 0, 0)$源点处，以源点为中心，以ρ为半径作圆，由安培定律得无限长线电流$J\,\mathrm{d}x'$在场点$P(x, y)$处产生的磁通密度为

$$\mathrm{d}\boldsymbol{B} = \boldsymbol{a}_\varphi \frac{\mu_0}{2\pi\rho}\frac{I}{2a}\mathrm{d}x'$$

将其分解为x和y方向的两个分量并积分得

$$B_x = -\frac{\mu_0 I}{4\pi a}\int_{-a}^{a}\frac{\sin\varphi}{\rho}\,\mathrm{d}x'$$

$$B_y = \frac{\mu_0 I}{4\pi a}\int_{-a}^{a}\frac{\cos\varphi}{\rho}\,\mathrm{d}x'$$

由图 4-10 得

$$\rho = y\csc\varphi$$

$$x - x' = y\cot\varphi$$

即

$$\mathrm{d}x' = y\csc^2\varphi\,\mathrm{d}\varphi$$

将上述两式代入B_x和B_y的表达式得

$$B_x = -\frac{\mu_0 I}{4\pi a}\alpha$$

$$B_y = \frac{\mu_0 I}{4\pi a}\ln\frac{r_2}{r_1}$$

4.15 通有电流I_1的两平行长直导线，两轴线距离为d，两导线间有一载有电流I_2的矩形线圈，如图 4-11 所示。求两平行长直导线对线圈的互感。

解 两导线在距离左边导线x处产生的磁通密度为

$$B = \frac{\mu_0 I_1}{2\pi x} + \frac{\mu_0 I_1}{2\pi(d-x)} \quad (0 \leqslant x \leqslant d)$$

穿过载有电流I_2的矩形线圈的磁通量为

$$\Psi = \int_a^b \left[\frac{\mu_0 I_1}{2\pi x} + \frac{\mu_0 I_1}{2\pi(d-x)}\right]c\,\mathrm{d}x = \frac{\mu_0 c I_1}{2\pi}\ln\frac{b(d-a)}{(d-b)a}$$

因此，它们之间的互感为

$$M = \frac{\mu_0 c}{2\pi}\ln\frac{b(d-a)}{(d-b)a}$$

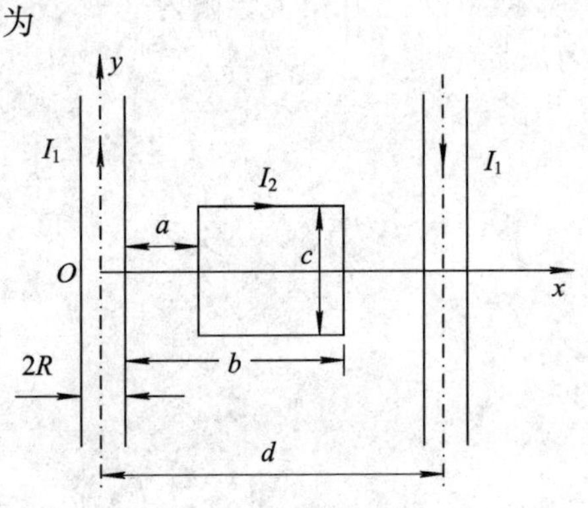

图 4-11 题 4.15 图

4.16 一个电流为I_1的长直导线和一个电流为I_2的圆环在同一平面上，圆心与导线的距离为d。证明：两电流间相互作用的安培力为

$$F = \mu_0 I_1 I_2\left(\sec\frac{\alpha}{2} - 1\right)$$

其中，α 是圆环在直线最接近圆环的点所张的角。

证明　由题意知，长直导线和圆环如图 4-12 所示。直线电流 I_1 在圆环处产生的磁通密度为

$$\boldsymbol{B}=-\frac{\mu_0 I_1}{2\pi x}\boldsymbol{a}_z$$

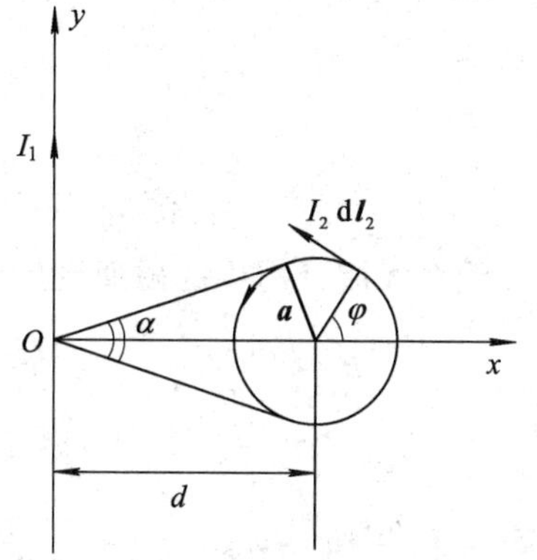

图 4-12　题 4.16 图

设圆环半径为 a，两电流的相互作用力为

$$\begin{aligned}\boldsymbol{F}&=\int I_2\,\mathrm{d}\boldsymbol{l}_2\times\boldsymbol{B}\\&=-\frac{\mu_0 I_1 I_2 a}{2\pi}\int_0^{2\pi}\frac{\boldsymbol{a}_x\cos\varphi+\boldsymbol{a}_y\sin\varphi}{x}\,\mathrm{d}\varphi\\&=-\frac{\mu_0 I_1 I_2 a}{2\pi}\int_0^{2\pi}\frac{\boldsymbol{a}_x\cos\varphi+\boldsymbol{a}_y\sin\varphi}{d+a\cos\varphi}\mathrm{d}\varphi\end{aligned}$$

由于 $d/a=\csc\frac{\alpha}{2}$，因此

$$\boldsymbol{F}=-\boldsymbol{a}_x\frac{\mu_0 I_1 I_2}{2\pi}\int_0^{2\pi}\frac{\cos\varphi}{\csc\frac{\alpha}{2}+\cos\varphi}\,\mathrm{d}\varphi=-\boldsymbol{a}_x\frac{\mu_0 I_1 I_2}{2\pi}F_1$$

利用留数在定积分上的应用，令 $z=\mathrm{e}^{\mathrm{i}\varphi}$，则

$$\cos\varphi=\frac{z^2+1}{2z},\qquad \mathrm{d}z=\mathrm{i}\mathrm{e}^{\mathrm{i}\varphi}\,\mathrm{d}\varphi$$

故

$$F_1=\oint_{|z|=1}\frac{z^2+1}{\left(z^2+2\csc\frac{\alpha}{2}+1\right)\mathrm{i}z}\,\mathrm{d}z=2\pi\left(1-\sec\frac{\alpha}{2}\right)$$

因此两电流的相互作用力为

$$F=\mu_0 I_1 I_2\left(\sec\frac{\alpha}{2}-1\right)$$

4.17　如图 4-13(a)所示的无限长直导线附近有一矩形回路，回路与导线不共面。证明：它们之间的互感为

$$M=-\frac{\mu_0 a}{2\pi}\ln\frac{R}{\left[2b(R^2-C^2)^{\frac{1}{2}}+b^2+R^2\right]^{\frac{1}{2}}}$$

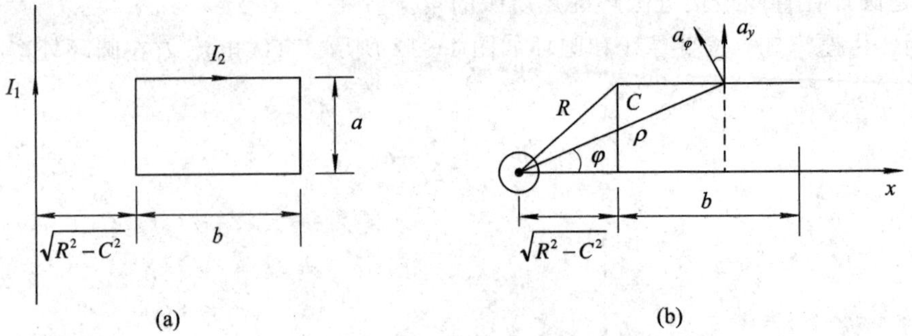

图 4-13　题 4.17 图

证明　由安培定律知，直导线在线圈处产生的磁通密度为

$$\boldsymbol{B}=\frac{\mu_0 I_1}{2\pi\rho}\boldsymbol{a}_\varphi$$

穿过线圈的磁通量为

$$\Psi=\int_S \boldsymbol{B}\cdot \mathrm{d}\boldsymbol{S}=\int \frac{\mu_0 I_1}{2\pi\rho}\boldsymbol{a}_\varphi\cdot \boldsymbol{a}_y a\,\mathrm{d}x=\frac{\mu_0 I_1 a}{2\pi}\int \frac{1}{\rho}\cos\varphi\,\mathrm{d}x$$

由于三角形关系 $\rho=C\csc\varphi$，$x=C\cot\varphi$，$\mathrm{d}x=-C\csc^2\varphi\,\mathrm{d}\varphi$，因此

$$\Psi=\frac{\mu_0 I_1 a}{2\pi}\int_{C/R}^{C_1}\frac{\cos\varphi}{\sin\varphi}\,\mathrm{d}\varphi$$

其中：

$$C_1=\frac{C}{\left(b^2+R^2+2b\sqrt{R^2-C^2}\right)^{1/2}}$$

所以有

$$M=-\frac{\mu_0 a}{2\pi}\ln\frac{R}{\left(b^2+R^2+2b\sqrt{R^2-C^2}\right)^{1/2}}$$

4.5　练　习　题

4.1　自由空间中有一半径为 a 的载流线圈，电流强度为 I，求圆心处的磁通密度。

(答案：$\dfrac{\mu_0 I}{2a}\boldsymbol{a}_z$)

4.2　真空中长直导线电流为 I 的磁场中有一边长为 b 的正方形回路，正方形回路的边与长直导线平行，且两者在同一平面内。正方形回路与导线的最近距离为 d，求通过正方形回路的磁通量。

(答案：$\dfrac{\mu_0 Ib}{2\pi}\ln\dfrac{d+b}{d}$)

4.3　若半径为 a、电流密度 $\boldsymbol{J}=\boldsymbol{a}_z J_0$ 的无限长圆柱导体置于空气中，已知导体的磁导率为 μ_0，求导体内、外的磁场强度 $\boldsymbol{H}$ 和磁通密度 $\boldsymbol{B}$。

(答案：柱内 $\boldsymbol{H}=\dfrac{J_0\rho}{2}\boldsymbol{a}_\varphi$，柱外 $\boldsymbol{H}=\dfrac{J_0 a^2}{2\rho}\boldsymbol{a}_\varphi$)

4.4 在下面的矢量中，哪些可能是磁通密度 $\boldsymbol{B}$？如果是，与它相应的电流密度 $\boldsymbol{J}$ 为多少？

(1) $\boldsymbol{F}=\boldsymbol{a}_\rho \rho^2+\boldsymbol{a}_\varphi \rho\cos\varphi$（圆柱坐标系）；

(2) $\boldsymbol{F}=-\boldsymbol{a}_x x+\boldsymbol{a}_y y$；

(3) $\boldsymbol{F}=-\boldsymbol{a}_\varphi r\sin\theta$（球坐标系）。

4.5 已知某电流在空间产生的磁矢位为

$$\boldsymbol{A}=\boldsymbol{a}_x xy+\boldsymbol{a}_y x\mathrm{e}^z+\boldsymbol{a}_z z^2$$

求磁通密度 $\boldsymbol{B}$。

4.6 设 $z=0$ 为两种磁介质的分界面，$z>0$ 的磁导率为 μ_1，$z<0$ 的磁导率为 μ_2，已知介质 1 中的磁场强度 $\boldsymbol{H}_1=\boldsymbol{a}_x 2+\boldsymbol{a}_y 4+\boldsymbol{a}_z$，试求两种介质中的磁通密度 $\boldsymbol{B}_1$ 和 $\boldsymbol{B}_2$。

（答案：$\boldsymbol{B}_2=2\mu_2\boldsymbol{a}_x+4\mu_2\boldsymbol{a}_y+\mu_1\boldsymbol{a}_z$）

4.7 已知钢在某种磁饱和情况下的磁导率为 $\mu_1=2000\mu_0$，当钢中的磁通密度 $B_1=0.3\times10^{-2}$ T，$\theta_1=70°$时，试求磁力线由钢进入自由空间一侧后磁通密度 $\boldsymbol{B}_2$ 的大小及 $\boldsymbol{B}_2$ 与法线的夹角 θ_2。

4.8 真空中长直导线电流 I 的磁场中有一边长为 b 的正方形回路，正方形回路的边与长直导线平行，且两者在同一平面内，正方形回路与导线的最近距离为 d，求它们之间的互感。

（答案：$M=\dfrac{\mu_0 b}{2\pi}\ln\dfrac{d+b}{d}$）

4.6 使用信息技术工具制作的演示模块

本章采用 Mathematica 软件编制了 8 个演示模块，下面给出其结果截图。

(1) 长直导线电流分布周围的磁场见图 4-14。

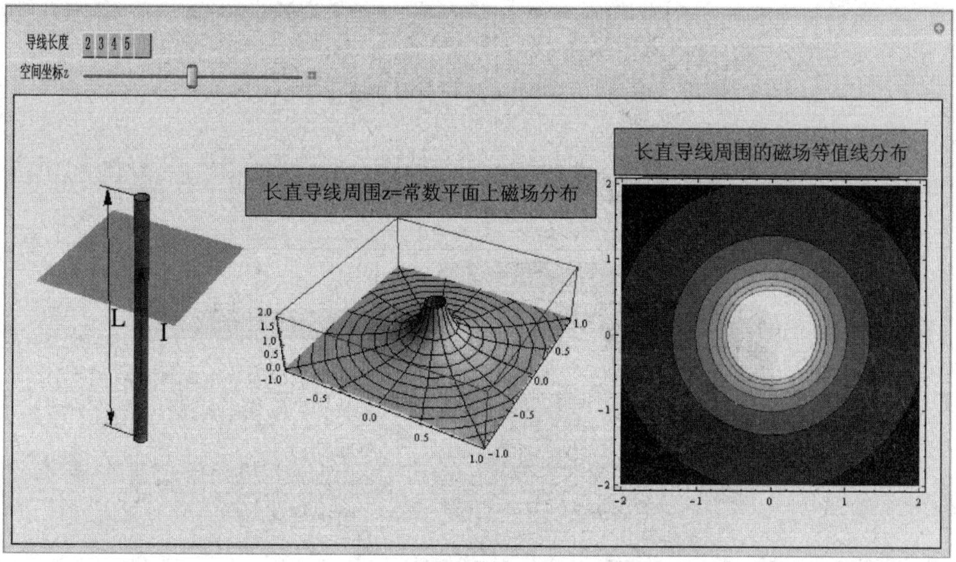

图 4-14 长直导线电流分布周围的磁场

(2) 平行双导线周围的磁场见图 4-15。

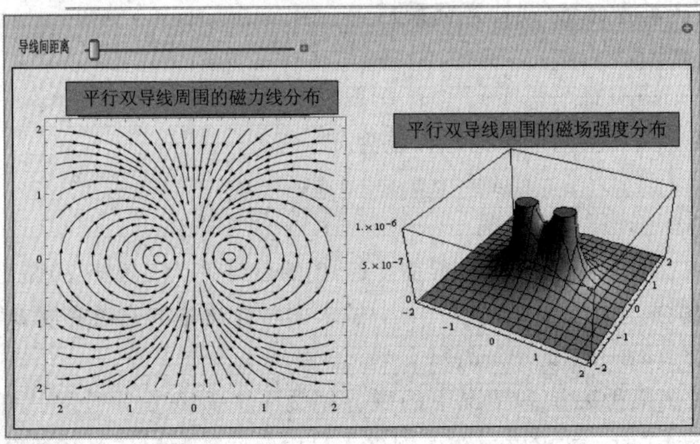

图 4-15　平行双导线周围的磁场

(3) 小电流环周围的磁场见图 4-16。

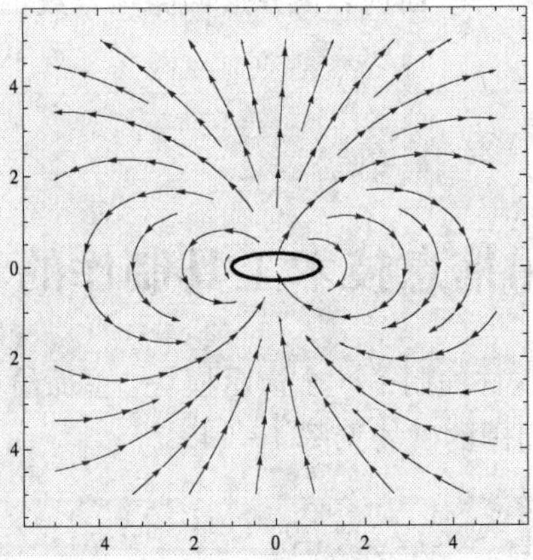

图 4-16　小电流环周围的磁场

(4) 同轴线内的磁场见图 4-17。

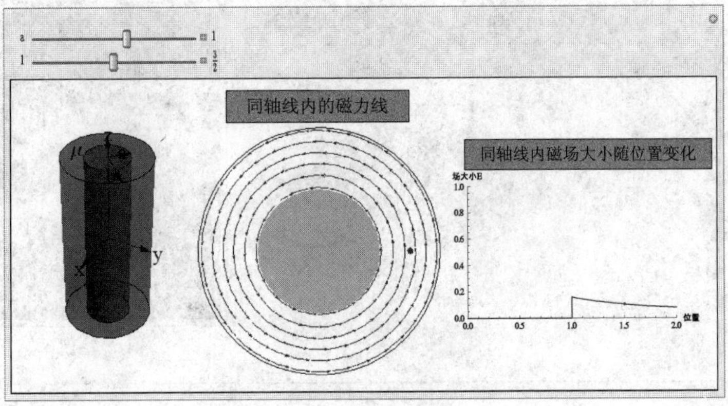

图 4-17　同轴线内的磁场

（5）平行双导线周围的磁场及单位场电感与线间距离的关系见图 4-18。

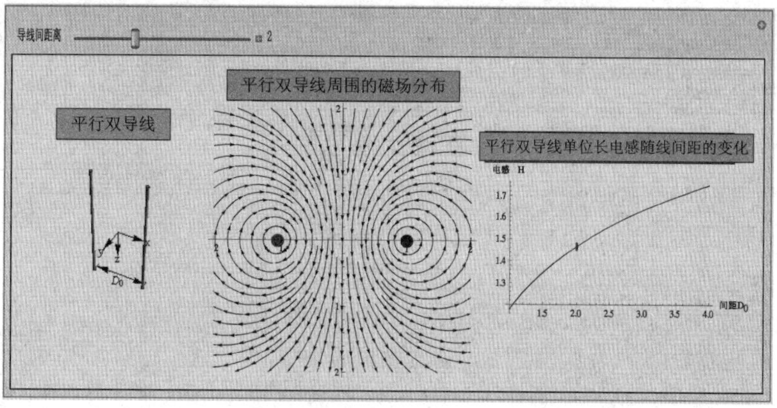

图 4-18　平行双导线周围的磁场及单位场电感与线间距离的关系

（6）位于不同磁导率分界面上无限长电流产生的磁感应强度分布和磁场强度分布见图 4-19。

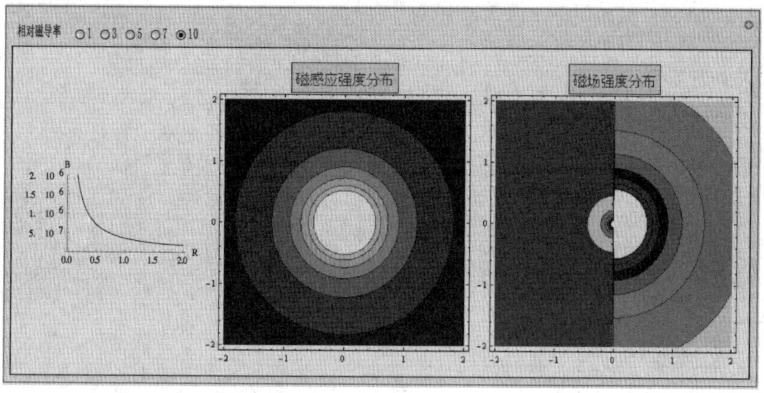

图 4-19　位于不同磁导率分界面上无限长电流产生的磁感应强度分布和磁场强度分布

（7）相交圆柱腔内的磁场分布（均匀）见图 4-20。

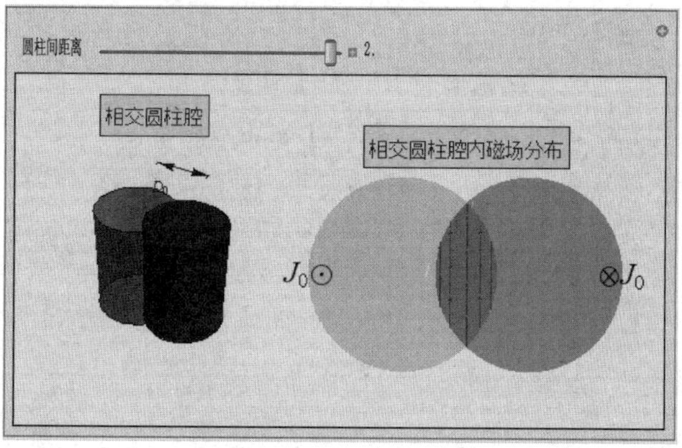

图 4-20　相交圆柱腔内的磁场分布

(8) 平行双导线与矩形电流线圈之间的互感见图 4－21。

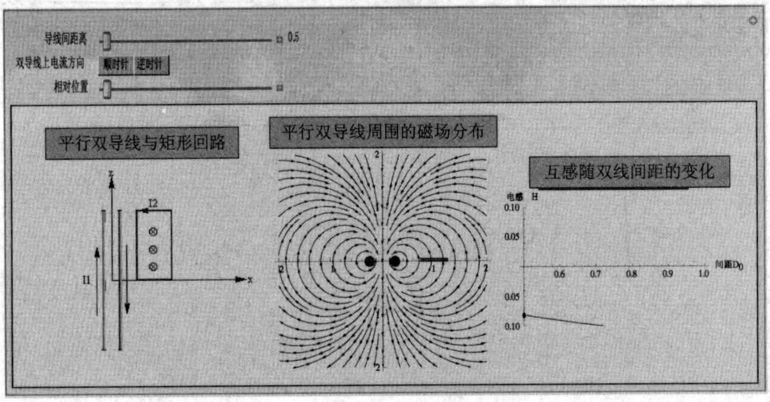

图 4－21　平行双导线与矩形电流线圈之间的互感

本章思维导图

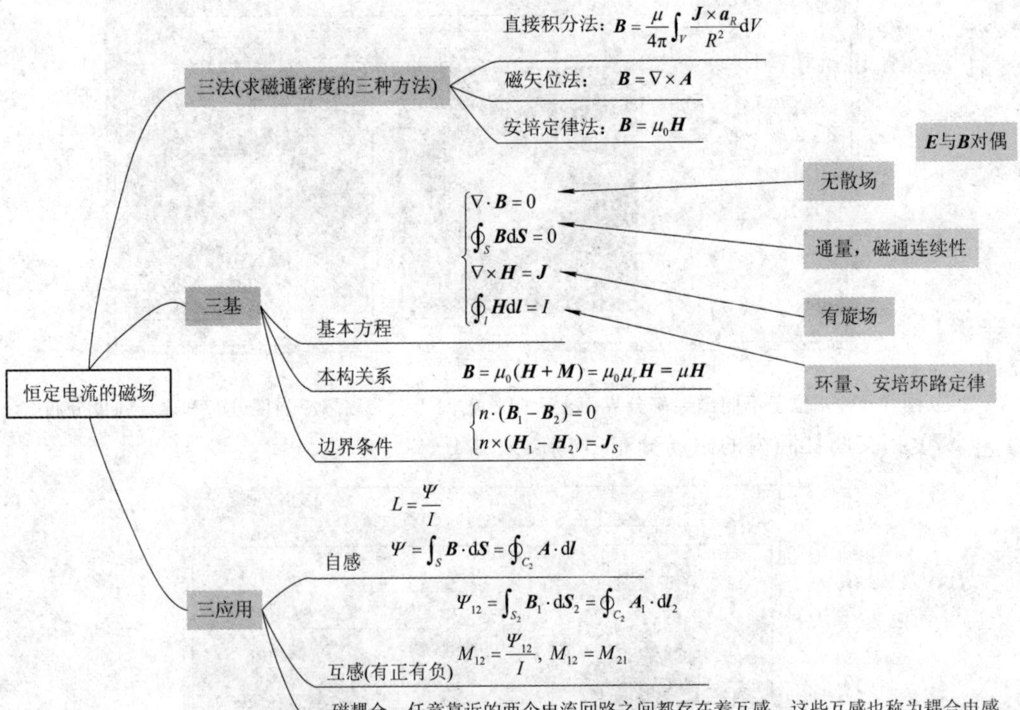

第 5 章　时变电磁场

5.1　基本概念和公式

随时间变化的电磁场称为时变电磁场。时变电磁场中随时间变化的电场可以产生磁场，随时间变化的磁场也可以产生电场，它们两者互为因果关系。电场和磁场不可分割地成为统一的电磁现象。随着电场和磁场的相互转化，电磁的能量也相互转化，并伴随着电、磁场在空间的传播而形成电磁能流，描述电磁场能量转换与守恒的定律称为坡印亭定理。

5.1.1　法拉第电磁感应定律

法拉第定律和楞次定律的结合就是法拉第电磁感应定律，其数学表达式为

$$\mathscr{E}=-\frac{\mathrm{d}\Psi}{\mathrm{d}t}=-\frac{\mathrm{d}}{\mathrm{d}t}\int_S \boldsymbol{B}\cdot\mathrm{d}\boldsymbol{S} \tag{5-1-1}$$

式中：$\mathscr{E}$ 为感应电动势，它与穿过曲面 S 和回路 C 交链的磁通 Ψ 的正向成右手螺旋关系。

而电场沿闭合路径的积分等于感应电动势，因此有

$$\oint_C \boldsymbol{E}\cdot\mathrm{d}\boldsymbol{l}=-\frac{\mathrm{d}}{\mathrm{d}t}\int_S \boldsymbol{B}\cdot\mathrm{d}\boldsymbol{S} \tag{5-1-2}$$

式(5-1-2)为电磁场表示的法拉第电磁感应定律的积分形式，它的微分形式为

$$\nabla\times\boldsymbol{E}=-\frac{\partial\boldsymbol{B}}{\partial t} \tag{5-1-3}$$

小贴士　式(5-1-3)的物理意义：时变场中电场不再是无旋场，且变化的磁场激发电场，这正是变压器和感应电动机的工作原理。

5.1.2　位移电流

1. 位移电流的表达式

设一个电容器与时变电源相连，外加电源电压随时间上升或下降，表征由电源送至每一极板上的电荷量 q 在变化。电容器中必然有电流存在。在电容器两极板间存在的电流称为位移电流，其量值等于传导电流，表达式为

$$\boldsymbol{J}_\mathrm{d}=\frac{\partial\boldsymbol{D}}{\partial t} \tag{5-1-4}$$

其单位为 $\mathrm{A/m^2}$。

小贴士　位移电流是 Maxwell 提出的科学假设，后被 Hertz 实验所证实，是变化的电场也能产生磁场的矢量源。

2. 全电流定律

全电流定律的表达式为

$$\oint_C \boldsymbol{H}\cdot \mathrm{d}\boldsymbol{l}=\int_S\left(\boldsymbol{J}+\frac{\partial \boldsymbol{D}}{\partial t}\right)\cdot \mathrm{d}\boldsymbol{S} \tag{5-1-5}$$

它表明了时变场中的磁场是由传导电流和位移电流共同产生的，位移电流产生磁效应代表了变化的电场能够产生磁场。其微分形式为

$$\nabla\times\boldsymbol{H}=\boldsymbol{J}+\frac{\partial \boldsymbol{D}}{\partial t} \tag{5-1-6}$$

5.1.3 麦克斯韦方程及边界条件

1. 麦克斯韦方程

将全电流定律、法拉第电磁感应定律、磁通连续性原理、高斯定律组合在一起就构成了麦克斯韦方程组，麦克斯韦方程组是经典电磁理论的核心，其数学表达式为

$$\begin{cases}\oint_C \boldsymbol{H}\cdot \mathrm{d}\boldsymbol{l}=\int_S\left(\boldsymbol{J}+\dfrac{\partial \boldsymbol{D}}{\partial t}\right)\cdot \mathrm{d}\boldsymbol{S}\\ \oint_C \boldsymbol{E}\cdot \mathrm{d}\boldsymbol{l}=-\int_S \dfrac{\partial \boldsymbol{B}}{\partial t}\cdot \mathrm{d}\boldsymbol{S}\\ \oint_S \boldsymbol{B}\cdot \mathrm{d}\boldsymbol{S}=0\\ \oint_S \boldsymbol{D}\cdot \mathrm{d}\boldsymbol{S}=q\end{cases} \tag{5-1-7}$$

麦克斯韦方程组的微分形式为

$$\begin{cases}\nabla\times\boldsymbol{H}=\boldsymbol{J}+\dfrac{\partial \boldsymbol{D}}{\partial t}\\ \nabla\times\boldsymbol{E}=-\dfrac{\partial \boldsymbol{B}}{\partial t}\\ \nabla\cdot\boldsymbol{B}=0\\ \nabla\cdot\boldsymbol{D}=\rho_V\end{cases} \tag{5-1-8}$$

从根本上讲，麦克斯韦方程组揭示的是场与源的关系，其积分形式表示在任一闭合曲线及其所围成的面积内或任一闭合曲面及其所包围的体积内场与场源的时空变化关系，其微分形式表示了某点的场与场源的关系。微分形式只适用于介质的物理性质不发生突变的点，换句话说，当介质的物理特性发生变化时，比如要分析两种不同介质分界面附近的电磁场时，就需要用积分形式的表达式，而积分形式与微分形式的麦克斯韦方程组所表示的场与场源的关系是一致的。

2. 物理意义

(1) 两个旋度方程是电场与磁场相互作用的方程，这两个方程表明：电流与变化的电场产生磁场，而变化的磁场又产生电场。$\boldsymbol{J}$、$\partial\boldsymbol{D}/\partial t$ 是磁场的旋涡源，$-\partial\boldsymbol{B}/\partial t$ 是电场的旋涡源。

(2) 时变电场既有旋度又有散度，因此电力线可以是闭合的，也可以是不闭合的。而时变磁场则无散有旋，因此磁力线总是闭合的。闭合的电力线与磁力线相交链，不闭合的

电力线从正电荷出发，终止于负电荷。而闭合的磁力线要么与电流相交链，要么与电力线相交链。

(3) 在没有电荷也没有电流的无源区域中，时变电场和时变磁场都是有旋无散的，电力线和磁力线相互交链，自行闭合，即变化的电场产生变化的磁场，变化的磁场也会激起变化的电场。正是由于电场与磁场之间的相互激发、相互转化，形成了电磁波动，使电磁能量以有限的速度(光速)向远处传播出去，即电磁波。

小贴士 麦克斯韦方程组不仅揭示了电磁场的运动规律，而且揭示了电磁场可以独立于电荷与电流之外而单独存在，从理论上预言了电磁波的存在，并指出光波是一种电磁波。

3. 时变电磁场的边界条件

1) 一般边界条件

设介质 1 和 2 的参数分别为 ε_1、μ_1、σ_1 和 ε_2、μ_2、σ_2，分界面的法线方向 $\boldsymbol{n}$ 由介质 2 指向介质 1(见图 5-1)，$\boldsymbol{t}$ 为分界面的切线方向，介质中的场分量分别为 $\boldsymbol{E}_1$、$\boldsymbol{D}_1$、$\boldsymbol{H}_1$、$\boldsymbol{B}_1$ 和 $\boldsymbol{E}_2$、$\boldsymbol{D}_2$、$\boldsymbol{H}_2$、$\boldsymbol{B}_2$，ρ_S 和 $\boldsymbol{J}_S$ 分别为分界面上的自由面电荷密度和自由面电流密度，则边界条件为

标量形式	矢量形式	
$E_{1t}=E_{2t}$	$\boldsymbol{n}\times(\boldsymbol{E}_1-\boldsymbol{E}_2)=0$	(5-1-9)
$H_{1t}-H_{2t}=J_S$	$\boldsymbol{n}\times(\boldsymbol{H}_1-\boldsymbol{H}_2)=\boldsymbol{J}_S$	(5-1-10)
$B_{1n}=B_{2n}$	$\boldsymbol{n}\cdot(\boldsymbol{B}_1-\boldsymbol{B}_2)=0$	(5-1-11)
$D_{1n}-D_{2n}=\rho_S$	$\boldsymbol{n}\cdot(\boldsymbol{D}_1-\boldsymbol{D}_2)=\rho_S$	(5-1-12)

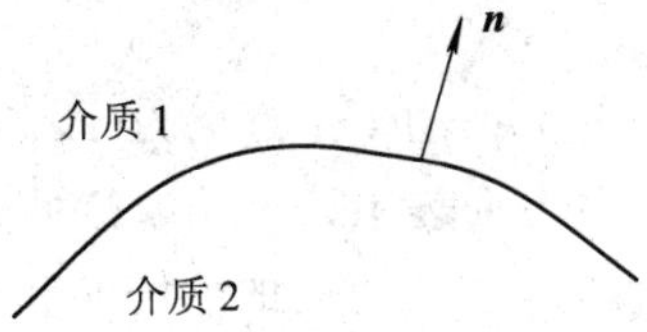

图 5-1 不同介质的交界面

2) 两种介质均为理想介质

若两种介质均为理想介质，则边界面上不存在面电荷和面电流，则边界条件为

$$\boldsymbol{n}\times(\boldsymbol{E}_1-\boldsymbol{E}_2)=0 \tag{5-1-13}$$

$$\boldsymbol{n}\times(\boldsymbol{H}_1-\boldsymbol{H}_2)=0 \tag{5-1-14}$$

$$\boldsymbol{n}\cdot(\boldsymbol{B}_1-\boldsymbol{B}_2)=0 \tag{5-1-15}$$

$$\boldsymbol{n}\cdot(\boldsymbol{D}_1-\boldsymbol{D}_2)=0 \tag{5-1-16}$$

当分析电磁波在两种不同理想介质分界面上的反射与折射时，就要用到这个边界条件。

3) 介质 2 为理想导体

理想导体表面的边界条件为

$$\boldsymbol{n}\times\boldsymbol{E}_1=0,\ \boldsymbol{n}\times\boldsymbol{H}_1=\boldsymbol{J}_S,\ \boldsymbol{n}\cdot\boldsymbol{D}_1=\rho_S,\ \boldsymbol{n}\cdot\boldsymbol{B}_1=0 \tag{5-1-17}$$

小贴士 对于时变场中的理想导体，电场总是与理想导体相垂直，而磁场总是与理想

导体相切。导体内部既没有电场也没有磁场。

5.1.4 坡印亭定理与坡印亭矢量

1. 坡印亭定理

在时变电磁场中，电磁场以波的方式运动时，伴随着能量的流动。电磁场的能量转换和守恒定律称为坡印亭定理。

1) 坡印亭定理的表达式

设封闭曲面 S 包围的体积为 V 的空间中既没有电荷也没有电流，区域内的电场强度和磁场强度分别为 $\boldsymbol{E}$ 和 $\boldsymbol{H}$，V 内充满线性、各向同性的介质，介质参数为 μ、ε 和 σ，则电场在此导电介质中引起的传导电流为 $\boldsymbol{J}=\sigma\boldsymbol{E}$，坡印亭定理的表达式为

$$-\oint_S(\boldsymbol{E}\times\boldsymbol{H})\cdot\mathrm{d}\boldsymbol{S}=\int_V\left[\boldsymbol{H}\cdot\frac{\partial\boldsymbol{B}}{\partial t}+\boldsymbol{E}\cdot\frac{\partial\boldsymbol{D}}{\partial t}+\boldsymbol{J}\cdot\boldsymbol{E}\right]\mathrm{d}V \qquad (5-1-18)$$

对于非色散介质，坡印亭定理可以写成如下形式：

$$-\frac{\partial}{\partial t}\int_V w\,\mathrm{d}V=\int_V\boldsymbol{J}\cdot\boldsymbol{E}\,\mathrm{d}V+\oint_S(\boldsymbol{E}\times\boldsymbol{H})\cdot\mathrm{d}\boldsymbol{S} \qquad (5-1-19)$$

2) 物理意义

坡印亭定理表明：单位时间体积 V 内电磁总能量的减少量等于体积 V 内能量的耗损与单位时间内从体积 V 内向外流失的能量之和。

小贴士　坡印亭定理是能量守恒定律在电磁场中的具体体现，反映了流入给定区域内电磁波能量与区域内电磁场储能和耗能的一般关系。

2. 坡印亭矢量

坡印亭矢量的表达式为

$$\boldsymbol{S}(\boldsymbol{r},t)=\boldsymbol{E}(\boldsymbol{r},t)\times\boldsymbol{H}(\boldsymbol{r},t) \qquad (5-1-20)$$

其单位为 $\mathrm{W/m^2}$(瓦/平方米)。它的方向表示该点功率流的方向，也称为能流密度矢量。

注意：坡印亭矢量即能流的方向与考察点处的电场 $\boldsymbol{E}$ 和磁场 $\boldsymbol{H}$ 相垂直，且 $\boldsymbol{E}$、$\boldsymbol{H}$、$\boldsymbol{S}$ 三者成右手螺旋关系；它的数值表示单位时间内穿过与能量流动方向垂直的单位面积的能量。

3. 讨论

(1) 如果闭合面 S 为理想导电壁，则有

$$\frac{\partial}{\partial t}W+\int_V\boldsymbol{J}\cdot\boldsymbol{E}\,\mathrm{d}V=0 \qquad (5-1-21)$$

式(5-1-21)表明：体积 V 内传导电流所消耗的功率是由电、磁场能量提供的。如果从等效电路的角度，这种情况可以等效为一个有耗的二阶电路即 RLC 串联电路。

(2) 如果体积 V 内的介质是不导电的，即 $\sigma=0$，则有

$$W=\mathrm{const} \qquad (5-1-22)$$

式(5-1-22)表明：在体积 V 内只存在电场能量与磁场能量的相互转换，总电磁能量保持不变，这正是理想空腔中固有振荡的情况。如果从等效电路的角度，这种情况可以等效为一个无耗的二阶电路，即 LC 振荡电路。

(3) 在恒定电流的空间中，也就是在恒定磁场和恒定电场的区域中，由于电场和磁场都不随时间变化，坡印亭定理为

$$-\oint_S (\boldsymbol{E}\times\boldsymbol{H})\cdot \mathrm{d}\boldsymbol{S} = \int_V \boldsymbol{J}\cdot\boldsymbol{E}\,\mathrm{d}V \tag{5-1-23}$$

式(5-1-23)表明：在无源区域中，单位时间内通过闭合曲面流入体积V内的能量等于体积V内的焦耳损耗。如果从等效电路的角度，恒定电流的空间中有耗介质可以等效为一个电阻。

小贴士　用等效电路的概念来理解电磁问题，将电路知识与电磁理论结合起来，十分必要，学习时务必细细体会。

4. 时变电磁场的唯一性定理

在一有限的区域V中，如果$t=0$时的电场强度和磁场强度的初始值处处是已知的，并且在$t\geqslant 0$时边界面上电场强度的切向分量或磁场强度的切向分量也是已知的，那么在$t>0$时，区域V中的电磁场就唯一确定了，这称为时变电磁场的唯一性定理。

5.1.5　时谐电磁场

1. 时谐电磁场的定义

如果时变电磁场随时间作正弦规律变化，则这种场称为时谐电磁场。时谐电磁场可以用相量分析法进行分析。

小贴士　在进行电路分析时，对于时谐信号的电路分析可以采用相量分析法，对于时谐电磁场同样可以采用相量分析法。(注意对照学习。)

2. 时谐电磁场的相量表示法

在直角坐标系中，任意时谐电场强度$\boldsymbol{E}$可表示为

$$\boldsymbol{E}(x, y, z, t) = \mathrm{Re}[\dot{\boldsymbol{E}}_{\mathrm{m}}(x, y, z)\mathrm{e}^{\mathrm{j}\omega t}] \tag{5-1-24}$$

式中：$\dot{\boldsymbol{E}}_{\mathrm{m}} = \boldsymbol{a}_x\dot{E}_{x\mathrm{m}} + \boldsymbol{a}_y\dot{E}_{y\mathrm{m}} + \boldsymbol{a}_z\dot{E}_{z\mathrm{m}}$称为电场强度的复振幅矢量，它与时间$t$无关，只是空间坐标的函数；$\mathrm{e}^{\mathrm{j}\omega t}$称为时间因子，它反映了电场强度随时间变化的规律。

对于其他场分量，也可以写成相量形式

$$\begin{cases} \boldsymbol{D} = \mathrm{Re}[\dot{\boldsymbol{D}}_{\mathrm{m}}\mathrm{e}^{\mathrm{j}\omega t}] \\ \boldsymbol{H} = \mathrm{Re}[\dot{\boldsymbol{H}}_{\mathrm{m}}\mathrm{e}^{\mathrm{j}\omega t}] \\ \boldsymbol{B} = \mathrm{Re}[\dot{\boldsymbol{B}}_{\mathrm{m}}\mathrm{e}^{\mathrm{j}\omega t}] \\ \boldsymbol{J} = \mathrm{Re}[\dot{\boldsymbol{J}}_{\mathrm{m}}\mathrm{e}^{\mathrm{j}\omega t}] \\ \rho_V = \mathrm{Re}[\dot{\rho}_{V\mathrm{m}}\mathrm{e}^{\mathrm{j}\omega t}] \end{cases} \tag{5-1-25}$$

由上面的分析可知：只要已知各场量的复振幅矢量，将其乘以时间因子$\mathrm{e}^{\mathrm{j}\omega t}$，再取实部就可得到场量的瞬时值表达式。因此，以后一般只研究场量的复振幅矢量。

3. 麦克斯韦方程的相量形式

麦克斯韦方程的相量形式为

$$\begin{cases} \nabla\times\boldsymbol{H} = \boldsymbol{J} + \mathrm{j}\omega\boldsymbol{D} \\ \nabla\times\boldsymbol{E} = -\mathrm{j}\omega\boldsymbol{B} \\ \nabla\cdot\boldsymbol{B} = 0 \\ \nabla\cdot\boldsymbol{D} = \rho_V \end{cases} \tag{5-1-26}$$

式(5-1-26)也称为频域表达式。对于时谐电磁场分析，我们采用麦克斯韦的相量形

式，使得分析简单化。

小贴士　对于时谐电磁场，引入复矢量可以将电磁场的约束关系从四维(时间+空间)降为三维，从而大大简化了分析过程。

4. 平均坡印亭矢量

复坡印亭矢量的表达式为

$$\boldsymbol{S}=\frac{1}{2}\boldsymbol{E}\times\boldsymbol{H}^{*} \tag{5-1-27}$$

实际就是复功率流密度，其实部与有功功率有关，虚部与无功功率有关。

时谐电磁场的坡印亭矢量在一个周期内的平均值称为平均坡印亭矢量，即

$$\boldsymbol{S}_{\mathrm{av}}=\frac{1}{T}\int_0^T\boldsymbol{S}(\boldsymbol{r},t)\mathrm{d}t=\frac{1}{T}\int_0^T[\boldsymbol{E}(\boldsymbol{r},t)\times\boldsymbol{H}(\boldsymbol{r},t)]\mathrm{d}t \tag{5-1-28a}$$

如果用复矢量来表示，则其表达式为

$$\boldsymbol{S}_{\mathrm{av}}=\frac{1}{2}\mathrm{Re}(\boldsymbol{E}\times\boldsymbol{H}^{*}) \tag{5-1-28b}$$

注意：式(5-1-28b)中的电场强度和磁场强度是复振幅而不是有效值。

小贴士　由式(5-1-28a)和式(5-1-28b)均能计算得到平均坡印亭矢量，但有时用式(5-1-28b)计算更方便一些。

5.1.6 波动方程

1. 一般波动方程

设介质的介电常数为 ε，磁导率为 μ，电导率为 σ，对于线性、均匀和各向同性介质，时变电磁场应该满足的方程为

$$\nabla^2\boldsymbol{E}=\mu\sigma\frac{\partial\boldsymbol{E}}{\partial t}+\mu\varepsilon\frac{\partial^2\boldsymbol{E}}{\partial t^2} \tag{5-1-29}$$

$$\nabla^2\boldsymbol{H}=\mu\sigma\frac{\partial\boldsymbol{H}}{\partial t}+\mu\varepsilon\frac{\partial^2\boldsymbol{H}}{\partial t^2} \tag{5-1-30}$$

在无源均匀导电介质中电磁场的行为由这些方程来决定。在二阶微分方程中，一阶项的存在表明电磁场在导电介质中传播时电磁能量是衰减的。因此导电介质也称为有耗介质，或者说电磁波在导电介质中传播时一边传播一边衰减，经过一定的距离后电磁波的能量将全部被介质消耗掉，也就是说此时电磁波不存在了。

2. 亥姆霍兹方程

当介质为理想电介质即介质的导电率 $\sigma=0$ 时，对于时谐电磁场，上述波动方程变为

$$\begin{aligned}\nabla^2\boldsymbol{E}+k^2\boldsymbol{E}=0\\ \nabla^2\boldsymbol{H}+k^2\boldsymbol{H}=0\end{aligned} \tag{5-1-31}$$

式中：$k=\omega\sqrt{\mu\varepsilon}$。

式(5-1-31)表明：电磁波在理想电介质中传播时，电磁能量保持不变，因此理想电介质称为无耗介质。

小贴士　介质可以分为无耗介质和有耗介质，电磁波在无耗介质中传播时电磁能量不损耗，而在有耗介质中传播时电磁波边传输边损耗，传播一段距离后电磁波将消失。

5.2 重点与难点

5.2.1 本章重点和难点

(1) 时变电磁场与时谐电磁场的概念、性质和特点是本章的重点之一；

(2) 电磁场的能量转换与守恒定律——坡印亭定理，坡印亭矢量的定义及其物理意义，并能应用它们分析电磁能量的传输情况是本章的重点之二，也是本章的难点；

(3) 时谐场的表达方法——相量表示法，相量表达式与时间表达式的相互转换，是本章的重点之三；

(4) 麦克斯韦方程组的微分、积分形式及其物理意义，时变电磁场的边界条件及其应用是本章的又一重点，也是本章的难点；

(5) 电磁波在各种介质中的波动行为即波动方程的物理意义。

5.2.2 麦克斯韦方程组及其边界条件

麦克斯韦方程组是宏观电磁现象的数学表述，是电磁理论的核心，是分析和求解电磁问题的基础。它包含了随时间变化的磁场会产生电场，随时间变化的电场会产生磁场的重要概念。

1. 位移电流的概念

在时变电磁场中，为了克服$\nabla\times\boldsymbol{H}=\boldsymbol{J}$与$\nabla\cdot\boldsymbol{J}+\frac{\partial\rho_V}{\partial t}=0$之间的矛盾，麦克斯韦提出了位移电流这一重要假设，建立了方程

$$\nabla\times\boldsymbol{H}=\boldsymbol{J}+\frac{\partial\boldsymbol{D}}{\partial t}$$

由上式可知，位移电流$\frac{\partial\boldsymbol{D}}{\partial t}$与传导电流$\boldsymbol{J}$有相同的量纲，是另外一种电流密度，它是由于电场随时间变化而产生的。位移电流与传导电流一样具有磁效应，但当信号频率较低时，可以忽略位移电流的磁效应。

图 5-2 所示是电容充电时电源端的传导电流到电容内部变成位移电流，从而满足电流连续的特性。

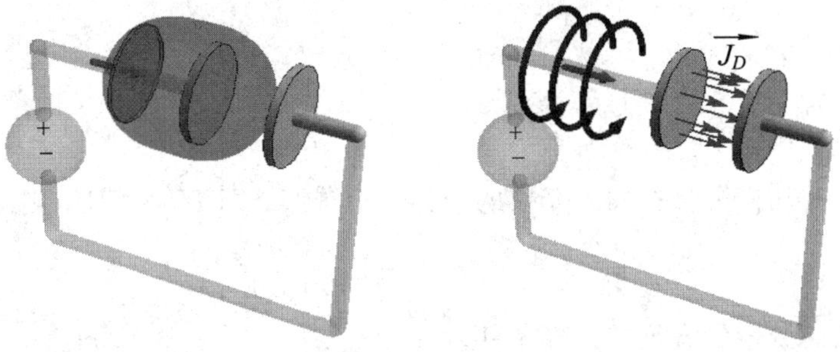

(a) 电容内没有传导电流　　(b) 电容内存在位移电流

图 5-2 位移电流的引入

2. 麦克斯韦方程组的不同形式

麦克斯韦方程组式(5-1-7)和式(5-1-8)是适用于任意介质的方程。在实际应用中，有静态、动态等不同的状态，不同的状态有相应的方程简化形式。

静态场是电磁场的一种特殊形式。在静态场中，各场量与时间无关，麦克斯韦方程组中的所有场量对时间的偏导数为零，因此有

静电场： $\nabla\times\boldsymbol{E}=\boldsymbol{0}$ $\nabla\cdot\boldsymbol{D}=\rho_V$

恒定电场： $\nabla\times\boldsymbol{E}=\boldsymbol{0}$ $\nabla\cdot\boldsymbol{J}=0$

恒定磁场： $\nabla\times\boldsymbol{H}=\boldsymbol{J}$ $\nabla\cdot\boldsymbol{B}=0$

此时，电场与磁场之间不存在相互作用，它们分别满足彼此独立的方程。例如，直流输电线路，在导线周围的介质中存在着库仑电场和恒定磁场，在导线的内部存在着恒定电场和恒定磁场，也就是说，库仑电场、恒定电场、恒定磁场共存于同一空间，但三种场彼此独立，因此可以分别计算和分析。

时谐电磁场是电磁场的一种特殊形式。在时谐电磁场中，电磁场随时间作正弦规律变化，因此麦克斯韦方程组可以用复数形式来表示，这样就使一个四维空间的时域场问题转化为三维空间的频域场问题，使分析问题得到简化。

当位移电流远小于传导电流时，可以忽略位移电流，在麦克斯韦方程组式(5-1-8)中的第一个方程可以变为$\nabla\times\boldsymbol{H}\approx\boldsymbol{J}$，其他方程不变。由于磁场与恒定磁场满足的微分方程相同，因此磁场强度 $\boldsymbol{H}$ 可以用恒定磁场中的求解方法计算，而电场仍用时变场中的求解方法计算。

3. 边界条件

在时变电磁场中，不同介质分界面上的边界条件包括 4 个关系式，但它们之间并不是相互独立的，搞清楚这个问题对正确使用边界条件是非常重要的。时变电磁场中当满足两个切向分量的边界条件时，必定满足法向分量的边界条件。

设介质的分界面如图 5-3 所示。磁场分量可以分解为切向分量和法向分量之和，即

$$\boldsymbol{H}_1 = H_{1t}\boldsymbol{a}_t + H_{1n}\boldsymbol{a}_n$$

$$\boldsymbol{H}_2 = H_{2t}\boldsymbol{a}_t + H_{2n}\boldsymbol{a}_n$$

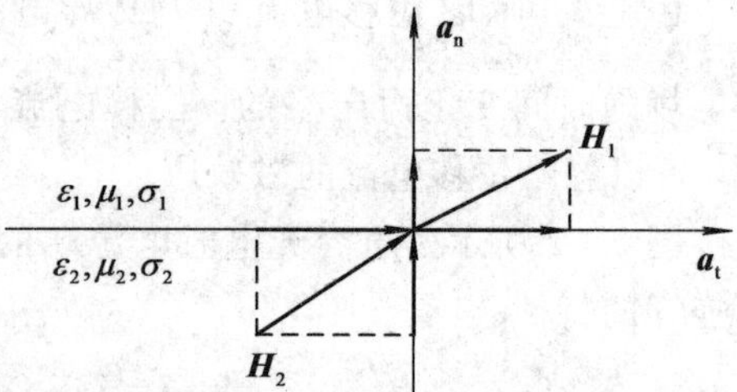

图 5-3 场量的切向分量和法向分量

由麦克斯韦第一方程有

$$\nabla\times\boldsymbol{H} = \boldsymbol{J} + \frac{\partial \boldsymbol{D}}{\partial t}$$

展开后并根据 $\boldsymbol{J}=\sigma\boldsymbol{E}$ 得

$$\frac{\partial H_t}{\partial \tau} = \sigma E_n + \frac{\partial D_n}{\partial t} \qquad (5-2-1)$$

若磁场强度的切向分量在两种介质的分界面上连续，即 $H_{1t}=H_{2t}$，则必然有

$$\sigma_1 E_{1n} + \frac{\partial D_{1n}}{\partial t} = \sigma_2 E_{2n} + \frac{\partial D_{2n}}{\partial t}$$

这就是电场的法向分量所满足的边界条件。

将上式变换一下得

$$D_{1n} - D_{2n} = \int(\sigma_2 E_{2n} - \sigma_1 E_{1n})\mathrm{d}t = \int(J_{2n} - J_{1n})\mathrm{d}t = \frac{\mathrm{d}q}{\mathrm{d}S} = \frac{\rho_S\,\mathrm{d}S}{\mathrm{d}S} = \rho_S$$

即

$$D_{1n}-D_{2n}=\rho_S$$

同理，由麦克斯韦方程组的第二个方程可得到

$$\frac{\partial E_t}{\partial \tau}=-\frac{\partial B_n}{\partial t} \tag{5-2-2}$$

若电场强度的切向分量在分界面处连续即 $E_{1t}=E_{2t}$，由式(5-2-2)可得

$$B_{1n}=B_{2n}$$

可见，时变场中当满足两个切向分量的边界条件时，必定满足法向分量的边界条件。这个结论不仅适用于分界面是平面的情况，同时也适用于一般曲面分界面的情况。

由此时变场分析中的边界条件简化为

$$\boldsymbol{a}_n\times(\boldsymbol{E}_1-\boldsymbol{E}_2)=\boldsymbol{0} \tag{5-2-3}$$

$$\boldsymbol{a}_n\times(\boldsymbol{H}_1-\boldsymbol{H}_2)=\boldsymbol{J}_S \tag{5-2-4}$$

注意：在应用分界面的边界条件 $\boldsymbol{a}_n\times(\boldsymbol{H}_1-\boldsymbol{H}_2)=\boldsymbol{J}_S$时，特别要注意磁场的切向分量与电流密度之间是相互交链的关系。它们都同时位于分界面的切平面上，但又相互正交。如果 H_t与电流密度之间相互平行，则将有 $\boldsymbol{a}_n\times(\boldsymbol{H}_1-\boldsymbol{H}_2)=0$，即磁场强度的切向分量在分界面处是连续的，可见磁场切向分量一定与电流密度相交链。

两种常用情况下的边界条件讨论如下：

(1) 两种介质均为理想介质。若两种介质均为理想介质，则边界面上不存在面电荷和面电流，则边界条件为

$$\boldsymbol{a}_n\times(\boldsymbol{E}_1-\boldsymbol{E}_2)=0 \text{ 和 } \boldsymbol{a}_n\times(\boldsymbol{H}_1-\boldsymbol{H}_2)=0 \tag{5-2-5}$$

在分析电磁波在理想介质分界面上的反射与折射时，就要应用这个边界条件。

(2) 介质 2 为理想导体。理想导体表面的边界条件为

$$\boldsymbol{a}_n\times\boldsymbol{E}_1=0 \text{ 和 } \boldsymbol{a}_n\times\boldsymbol{H}_1=\boldsymbol{J}_S \tag{5-2-6}$$

当分析电磁波在理想导体表面上的反射问题、波导和谐振腔中的电磁场时都要用到这个边界条件。

5.2.3 坡印亭矢量

在正弦电磁场中，描述电磁功率流密度的矢量有三种形式：瞬时坡印亭矢量 $\boldsymbol{S}(\boldsymbol{r},t)=\boldsymbol{E}(\boldsymbol{r},t)\times\boldsymbol{H}(\boldsymbol{r},t)$、复坡印亭矢量 $\boldsymbol{S}=\frac{1}{2}\boldsymbol{E}\times\boldsymbol{H}^*$ 和平均坡印亭矢量 $\boldsymbol{S}_{av}=\mathrm{Re}(\boldsymbol{S})$，它们三者之间的关系是怎样的呢？

对于正弦电磁场，计算一个周期内的时间平均值更有实际意义。将瞬时坡印亭矢量在一个周期内求平均值即得到平均坡印亭矢量，即

$$\boldsymbol{S}_{av}=\frac{1}{T}\int_{t_0}^{T+t_0}\boldsymbol{S}(\boldsymbol{r},t)\mathrm{d}t=\frac{1}{T}\int_{t_0}^{T+t_0}\boldsymbol{E}(\boldsymbol{r},t)\times\boldsymbol{H}(\boldsymbol{r},t)\mathrm{d}t$$

当各场量用复数表示时，上式可转换为

$$\begin{aligned}\boldsymbol{S}_{av}&=\frac{1}{T}\int_{t_0}^{T+t_0}\boldsymbol{E}(\boldsymbol{r},t)\times\boldsymbol{H}(\boldsymbol{r},t)\mathrm{d}t=\frac{1}{T}\int_{t_0}^{T+t_0}\{\mathrm{Re}[\boldsymbol{E}(\boldsymbol{r},t)\mathrm{e}^{\mathrm{j}\omega t}]\times\mathrm{Re}[\boldsymbol{H}(\boldsymbol{r},t)\mathrm{e}^{\mathrm{j}\omega t}]\}\mathrm{d}t\\&=\mathrm{Re}\left[\frac{1}{2}\boldsymbol{E}(\boldsymbol{r})\times\boldsymbol{H}^*(\boldsymbol{r})\right]=\mathrm{Re}[\boldsymbol{S}(\boldsymbol{r})]\end{aligned}$$

由此定义复坡印亭矢量为

$$\boldsymbol{S}=\frac{1}{2}\boldsymbol{E}\times\boldsymbol{H}^*$$

可见，复坡印亭矢量与平均坡印亭矢量相互关联，而与瞬时坡印亭矢量没有直接关系，将复坡印亭矢量取实部得到平均坡印亭矢量的表达式。

5.3 典型例题分析

【例 1】 设 $z=0$ 为两种介质分界面，$z>0$ 为介质 1，其磁导率为 μ_1；$z<0$ 为介质 2，其磁导率为 μ_2。已知介质 1 中的磁场强度(单位为 A/m)为

$$\boldsymbol{H}_1=\boldsymbol{a}_x+3\boldsymbol{a}_y+2\boldsymbol{a}_z$$

分界面上有电流密度 $\boldsymbol{J}_S=3\boldsymbol{a}_y$(单位为 A/m)，试求介质 2 中的磁场强度。

解 设介质 2 中的磁场强度为

$$\boldsymbol{H}_2=\boldsymbol{a}_xH_{2x}+\boldsymbol{a}_yH_{2y}+\boldsymbol{a}_zH_{2z}$$

由磁通密度法向分量连续的边界条件得

$$B_{2z}=B_{1z}=\mu_1H_{1z}=2\mu_1$$

因此有

$$H_{2z}=\frac{B_{2z}}{\mu_2}=\frac{2\mu_1}{\mu_2}$$

分界面的法线方向为 $\boldsymbol{a}_z$，根据磁场强度切向分量的边界条件

$$\boldsymbol{a}_z\times(\boldsymbol{H}_1-\boldsymbol{H}_2)=3\boldsymbol{a}_y$$

可得

$$H_{1x}-H_{2x}=3 \text{ 和 } H_{1y}-H_{2y}=0$$

因此介质 2 中的磁场强度为

$$\boldsymbol{H}_2=\boldsymbol{a}_xH_{2x}+\boldsymbol{a}_yH_{2y}+\boldsymbol{a}_zH_{2z}=-2\boldsymbol{a}_x+3\boldsymbol{a}_y+\boldsymbol{a}_z\frac{2\mu_1}{\mu_2}$$

【例 2】 在自由空间中，已知电场强度的表达式为

$$\boldsymbol{E}=3\cos\left(\omega t-kz+\frac{\pi}{4}\right)\boldsymbol{a}_x+4\cos(\omega t-kz)\boldsymbol{a}_y$$

试求瞬时坡印亭矢量、复坡印亭矢量和平均坡印亭矢量。

解 根据坡印亭矢量的表达式，要求坡印亭矢量首先应该求得磁场强度。由麦克斯韦第二方程可以从电场求出磁场，具体步骤如下：

电场强度的复数表达式为

$$\boldsymbol{E}=3\mathrm{e}^{-\mathrm{j}kz}\mathrm{e}^{\mathrm{j}\frac{\pi}{4}}\boldsymbol{a}_x+4\mathrm{e}^{-\mathrm{j}kz}\boldsymbol{a}_y$$

由麦克斯韦第二方程

$$\nabla\times\boldsymbol{E}=-\mathrm{j}\omega\mu_0\boldsymbol{H}$$

得到磁场强度的复数表达式为

$$\boldsymbol{H}=-\boldsymbol{a}_x\frac{4k}{\omega\mu_0}\mathrm{e}^{-\mathrm{j}kz}+\boldsymbol{a}_y\frac{3k}{\omega\mu_0}\mathrm{e}^{-\mathrm{j}kz}\mathrm{e}^{\mathrm{j}\frac{\pi}{4}}$$

其磁场强度的瞬时表达式为

$$\boldsymbol{H}=-\boldsymbol{a}_x\frac{4k}{\omega\mu_0}\cos(\omega t-kz)+\boldsymbol{a}_y\frac{3k}{\omega\mu_0}\cos\left(\omega t-kz+\frac{\pi}{4}\right)$$

瞬时坡印亭矢量为

$$\begin{aligned}\boldsymbol{S}(\boldsymbol{r},t)&=\boldsymbol{E}(\boldsymbol{r},t)\times\boldsymbol{H}(\boldsymbol{r},t)\\&=\boldsymbol{a}_z\left[\frac{9k}{\omega\mu_0}\cos^2(\omega t-kz)+\frac{16k}{\omega\mu_0}\cos^2\left(\omega t-kz+\frac{\pi}{4}\right)\right]\end{aligned}$$

复坡印亭矢量为

$$\begin{aligned}\boldsymbol{S}&=\frac{1}{2}\boldsymbol{E}\times\boldsymbol{H}^*\\&=\frac{1}{2}(3\mathrm{e}^{-\mathrm{j}kz}\mathrm{e}^{\mathrm{j}\frac{\pi}{4}}\boldsymbol{a}_x+4\mathrm{e}^{-\mathrm{j}kz}\boldsymbol{a}_y)\times\left(-\boldsymbol{a}_x\frac{4k}{\omega\mu_0}\mathrm{e}^{-\mathrm{j}kz}+\boldsymbol{a}_y\frac{3k}{\omega\mu_0}\mathrm{e}^{-\mathrm{j}kz}\mathrm{e}^{\mathrm{j}\frac{\pi}{4}}\right)^*\\&=\boldsymbol{a}_z\left(\frac{9k}{2\omega\mu_0}+\frac{16k}{2\omega\mu_0}\right)\\&=\boldsymbol{a}_z\frac{25k}{2\omega\mu_0}\end{aligned}$$

将上式取其实部得平均坡印亭矢量为

$$\boldsymbol{S}_{\mathrm{av}}=\mathrm{Re}[\boldsymbol{S}(\boldsymbol{r})]=\boldsymbol{a}_z\frac{25k}{2\omega\mu_0}$$

或者将瞬时坡印亭矢量在一个周期内取平均值得

$$\boldsymbol{S}_{\mathrm{av}}=\frac{1}{T}\int_{t_0}^{T+t_0}\boldsymbol{E}(\boldsymbol{r},t)\times\boldsymbol{H}(\boldsymbol{r},t)\mathrm{d}t=\boldsymbol{a}_z\frac{25k}{2\omega\mu_0}$$

一般情况下，如果只求平均坡印亭矢量，采用相量法比较简便，也就是先将电场强度与磁场强度的时间表达式转换成复数表达式，求其复坡印亭矢量，然后取其实部即可求得平均坡印亭矢量。这样做的好处是将积分运算变成了代数运算。

【例 3】 同轴电缆长度沿 z 轴方向放置。设内、外导体半径分别为 $a=1$ mm，$b=4$ mm。忽略电缆损耗，内外导体之间为空气，已知电缆内的电场强度(单位为 V/m)为

$$\boldsymbol{E}=\frac{100}{\rho}\cos(10^8t-\beta z)\boldsymbol{a}_\rho$$

试求：

(1) 相位常数 β；

(2) 磁场强度的表达式；

(3) 内导体表面的电流密度；

(4) 电缆内单位长度的总位移电流。

解 (1) 将电场的时域表达式转变为相量形式：

$$\boldsymbol{E}=\boldsymbol{a}_\rho\frac{100}{\rho}\mathrm{e}^{-\mathrm{j}\beta z}$$

由麦克斯韦第二方程

$$\begin{vmatrix}\dfrac{\boldsymbol{a}_\rho}{\rho} & \boldsymbol{a}_\varphi & \dfrac{\boldsymbol{a}_z}{\rho}\\ \dfrac{\partial}{\partial\rho} & \dfrac{\partial}{\partial\varphi} & \dfrac{\partial}{\partial z}\\ E_\rho & 0 & 0\end{vmatrix}=-\mathrm{j}\omega\mu_0\boldsymbol{H}$$

得磁场强度的表达式为

$$\boldsymbol{H}=\boldsymbol{a}_{\varphi}\frac{100\beta}{\rho\omega\mu_0}\mathrm{e}^{-\mathrm{j}\beta z}$$

同轴电缆内无源，即同轴电缆内传导电流为零。将电磁场的表达式代入麦克斯韦第一方程 $\nabla\times\boldsymbol{H}=\mathrm{j}\omega\varepsilon_0\boldsymbol{E}$ 得

$$\beta=\omega\sqrt{\mu_0\varepsilon_0}=\frac{10^8}{3\times10^8}=\frac{1}{3}$$

(2) 磁场强度的时间表达式为

$$\boldsymbol{H}(z,\ t)=\mathrm{Re}\left(\boldsymbol{a}_{\varphi}\frac{100\beta}{\rho\omega\mu_0}\mathrm{e}^{-\mathrm{j}\beta z}\mathrm{e}^{-\mathrm{j}\omega t}\right)=\boldsymbol{a}_{\varphi}\frac{5}{6\pi\rho}\cos\left(10^8t-\frac{z}{3}\right)$$

(3) 根据边界条件有

$$\boldsymbol{J}_S\big|_{\rho=a}=\boldsymbol{n}\times\boldsymbol{H}\big|_{\rho=a}=\boldsymbol{a}_{\rho}\times\boldsymbol{a}_{\varphi}\frac{5}{6\pi a}\cos\left(10^8t-\frac{z}{3}\right)$$

内导体表面的电流密度为

$$\boldsymbol{J}_S=\boldsymbol{a}_z\frac{5}{6\pi}\cos\left(10^8t-\frac{z}{3}\right)$$

(4) 同轴电缆内位移电流密度为

$$\boldsymbol{J}_d=\frac{\partial\boldsymbol{D}}{\partial t}=\varepsilon_0\frac{\partial\boldsymbol{E}}{\partial t}=-\boldsymbol{a}_{\rho}\varepsilon_0 10^8\frac{100}{\rho}\sin\left(10^8t-\frac{z}{3}\right)$$

单位长度的总位移电流为

$$\begin{aligned}I_d&=\int\boldsymbol{J}_d\cdot\mathrm{d}\boldsymbol{S}=-\int_0^1\int_0^{2\pi}\varepsilon_0\frac{10^{10}}{\rho}\sin\left(10^8t-\frac{z}{3}\right)\rho\,\mathrm{d}\varphi\,\mathrm{d}z\\&=\frac{10}{3}\left[\left(1-\cos\frac{1}{3}\right)\cos10^8t-\sin\frac{1}{3}\sin10^8t\right]\end{aligned}$$

5.4 部分习题参考答案

5.1 设有一个断开的矩形线圈与一根长直导线位于同一平面内，如图 5-4(a)所示。假设：

(1) 长直导线中通过的电流为 $i=I\cos\omega t$，线圈不动；

(2) 长直导线中通过的电流为不随时间变化的直流电流 $i=I$，线圈以角速度 ω 旋转；

(3) 长直导线中通过的电流为 $i=I\cos\omega t$，线圈以角速度 ω 旋转。

在上述三种情况下，分别求线圈中的感应电动势。

解 (1) 建立如图 5-4 所示的坐标系，以长直导线为中心、以 x 为半径作一圆，由安培定律得线圈处的磁通密度：

$$\boldsymbol{B}=-\frac{\mu_0 I\cos\omega t}{2\pi x}\boldsymbol{a}_z$$

穿过线圈的磁通量为

$$\begin{aligned}\Psi&=\int\boldsymbol{B}\cdot\mathrm{d}\boldsymbol{S}=\int_{d-a/2}^{d+a/2}\frac{\mu_0 I\cos\omega t}{2\pi x}\cdot b\,\mathrm{d}x\\&=\frac{\mu_0 Ib\cos\omega t}{2\pi}\ln\frac{2d+a}{2d-a}\end{aligned}$$

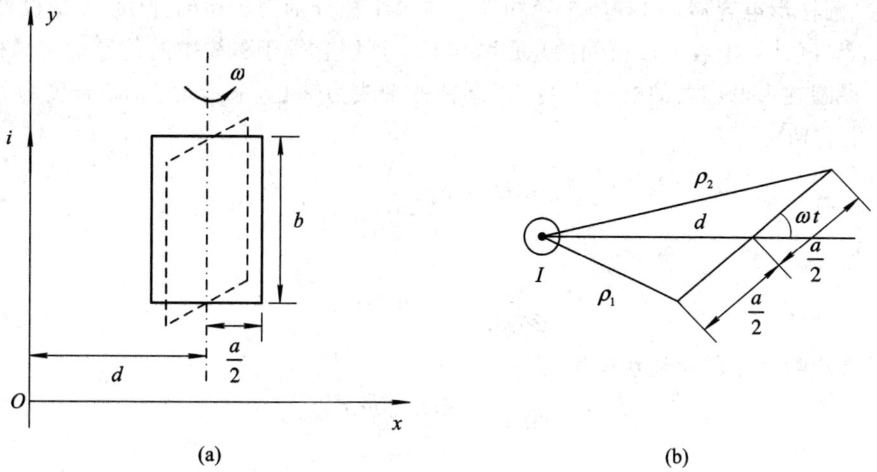

图 5-4　题 5.1 图

线圈中的感应电动势为

$$\mathscr{E}=-\frac{\mathrm{d}\Psi}{\mathrm{d}t}=\omega\frac{\mu_0 Ib\ \sin\omega t}{2\pi}\ln\frac{2d+a}{2d-a}$$

（2）以长直导线为中心，以 ρ 为半径作一圆，由安培定律得线圈处的磁通密度：

$$\boldsymbol{B}=\frac{\mu_0 I}{2\pi\rho}\boldsymbol{a}_\varphi$$

穿过线圈的磁通量为

$$\Psi=\int\boldsymbol{B}\cdot\mathrm{d}\boldsymbol{S}=\int_{\rho_1}^{\rho_2}\frac{\mu_0 I}{2\pi\rho}\cdot b\mathrm{d}\rho=\frac{\mu_0 Ib}{2\pi}\ln\frac{\rho_2}{\rho_1}$$

式中：

$$\rho_1=\left(d^2+\frac{a^2}{4}-ad\ \cos\omega t\right)^{\frac{1}{2}}$$

$$\rho_2=\left(d^2+\frac{a^2}{4}+ad\ \cos\omega t\right)^{\frac{1}{2}}$$

线圈中的感应电动势为

$$\mathscr{E}=-\frac{\mathrm{d}\Psi}{\mathrm{d}t}=\frac{\mu_0 Ibad\omega\ \sin\omega t}{2\pi}\frac{d^2+\frac{a^2}{4}}{\left(d^2+\frac{a^2}{4}\right)^2-(ad\ \cos\omega t)^2}$$

（3）若长直导线中通过的电流为 $i=I\cos\omega t$，且线圈以角速度 ω 旋转，则穿过线圈的磁通量为

$$\Psi=\frac{\mu_0 Ib\ \cos\omega t}{2\pi}\ln\frac{\rho_2}{\rho_1}$$

此时线圈中的感应电动势为

$$\mathscr{E}=-\frac{\mathrm{d}\Psi}{\mathrm{d}t}=\frac{\mu_0 Ib\omega\ \sin\omega t}{2\pi}\left[\frac{1}{2}\ln\frac{d^2+\frac{a^2}{4}+ad\ \cos\omega t}{d^2+\frac{a^2}{4}-ad\ \cos\omega t}+\frac{ad\left(d^2+\frac{a^2}{4}\right)}{\left(d^2+\frac{a^2}{4}\right)^2-(ad\ \cos\omega t)^2}\right]$$

5.2 圆柱形电容器，内导体半径和外导体内半径分别为 a 和 b，长度为 l。设外加电压为 $U_0\sin\omega t$，试计算电容器极板间的总位移电流，证明它等于引线中的传导电流。

解 设圆柱形电容器的电荷为 Q，以圆柱的轴线为轴心，做半径为 ρ、长度为 l 的圆柱高斯面，由高斯定理得

$$\boldsymbol{D}=\boldsymbol{a}_\rho\frac{Q}{2\pi\rho l}$$

根据

$$\int_a^b\frac{Q}{2\pi\varepsilon\rho l}\,\mathrm{d}\rho=U_0\sin\omega t$$

因而圆柱形电容器中的电通量密度为

$$\boldsymbol{D}=\boldsymbol{a}_\rho\frac{\varepsilon U_0\sin\omega t}{\rho\ln\dfrac{b}{a}}$$

电容器极板间的总位移电流为

$$I=\int\frac{\partial\boldsymbol{D}}{\partial t}\cdot\mathrm{d}\boldsymbol{S}=\frac{2\pi\varepsilon U_0 l}{\ln\dfrac{b}{a}}\cos\omega t$$

由于圆柱形电容器的电容为

$$C=\frac{2\pi\varepsilon l}{\ln\dfrac{b}{a}}$$

因此引线中的传导电流为

$$i=C\frac{\mathrm{d}u}{\mathrm{d}t}=\frac{2\pi\varepsilon U_0 l}{\ln\dfrac{b}{a}}\cos\omega t$$

问题得证。可见，线上的传导电流在电容器内以位移电流的形式向前传输。

5.3 设 $y=0$ 为两种磁介质的分界面，$y<0$ 为介质 1，其磁导率为 μ_1；$y>0$ 为介质 2，其磁导率为 μ_2，如图 5-5 所示。分界面上有以线电流密度 $\boldsymbol{J}_S=2\boldsymbol{a}_x$ 分布的面电流，已知介质 1 中的磁场强度为

$$\boldsymbol{H}_1=\boldsymbol{a}_x+2\boldsymbol{a}_y+3\boldsymbol{a}_z$$

求介质 2 中的磁场强度 $\boldsymbol{H}_2$。

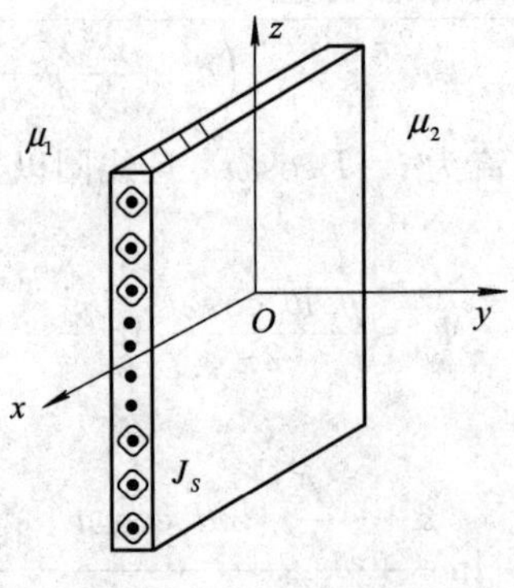

图 5-5 题 5.3 图

解　由题意知分界面的法线方向为 $\boldsymbol{n}=-\boldsymbol{a}_y$，根据边界条件：

$$\boldsymbol{n}\times(\boldsymbol{H}_1-\boldsymbol{H}_2)=\boldsymbol{J}_S$$

即

$$-\boldsymbol{a}_y\times[(1-H_{2x})\boldsymbol{a}_x+(2-H_{2y})\boldsymbol{a}_y+(3-H_{2z})\boldsymbol{a}_z]=2\boldsymbol{a}_x$$

$$(1-H_{2x})\boldsymbol{a}_z-(3-H_{2z})\boldsymbol{a}_x=2\boldsymbol{a}_x$$

因而得

$$H_{2x}=1,\ H_{2z}=5$$

根据磁通密度的法向分量连续的边界条件得

$$H_{2y}=2\frac{\mu_1}{\mu_2}$$

所以，介质 2 中的磁场强度为

$$\boldsymbol{H}_2=\boldsymbol{a}_x+2\frac{\mu_1}{\mu_2}\boldsymbol{a}_y+5\boldsymbol{a}_z$$

5.4　一平板电容器的极板为圆盘状，其半径为 a，极板间的距离为 $d(d\ll a)$，如图 5-6 所示。

(1) 假设极板上的电荷均匀分布，且 $\rho_S=\pm\rho_m\cos\omega t$，忽略边缘效应，求极板间的电场和磁场；

(2) 证明这样的场不满足电磁场基本方程。

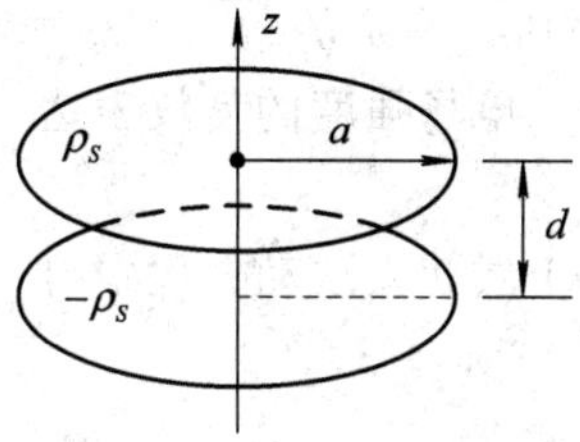

图 5-6　题 5.4 图

解　(1) 由边界条件得两极板间的电通密度为

$$D=\rho_S$$

电场强度矢量为

$$\boldsymbol{E}=-\frac{\rho_m\cos\omega t}{\varepsilon_0}\boldsymbol{a}_z$$

电容器极板间的位移电流为

$$\boldsymbol{J}_d=\frac{\partial\boldsymbol{D}}{\partial t}=\boldsymbol{a}_z\frac{\omega\rho_m}{\varepsilon_0}\sin\omega t$$

由安培定律得

$$\oint_C\boldsymbol{H}\cdot\mathrm{d}\boldsymbol{l}=\pi\rho^2\boldsymbol{J}_d$$

$$\boldsymbol{H}=\boldsymbol{a}_\varphi\frac{\omega\rho_m}{2\varepsilon_0}\rho\sin\omega t$$

(2) 证明：

由

$$\nabla\times\boldsymbol{E}=\begin{vmatrix}\boldsymbol{a}_x & \boldsymbol{a}_y & \boldsymbol{a}_z\\ \dfrac{\partial}{\partial x} & \dfrac{\partial}{\partial y} & \dfrac{\partial}{\partial z}\\ 0 & 0 & \dfrac{\omega\rho_m}{\varepsilon_0}\sin\omega t\end{vmatrix}=0$$

和

$$\frac{\partial B}{\partial t}=\mu_0\frac{\partial H}{\partial t}=\mu_0\frac{\omega^2\rho_m}{2\varepsilon_0}\rho\cos\omega t$$

显然，$\nabla\times\boldsymbol{E}\neq-\dfrac{\partial\boldsymbol{B}}{\partial t}$，因此它不满足电磁场基本方程，也说明这种电荷分布是无法实现的。

5.5 计算下列介质中的传导电流密度与位移电流密度在频率 $f_1=1$ kHz 和 $f_2=1$ MHz 时的比值。

(1) 铜：$\sigma=5.8\times10^7$ S/m，$\varepsilon_r=1$；

(2) 蒸馏水：$\sigma=2\times10^{-4}$ S/m，$\varepsilon_r=80$；

(3) 聚苯乙烯：$\sigma=10^{-16}$ S/m，$\varepsilon_r=2.53$。

答：(1) $\dfrac{J_c}{J_d}=\dfrac{\sigma}{\omega\varepsilon}=1.04\times10^{15}$，$1.04\times10^{12}$；(2) 45，$4.5\times10^{-2}$；(3) 7.11×10^{-10}。

5.6 已知在空气中，电场强度矢量为

$$\boldsymbol{E}=\boldsymbol{a}_y 0.1\sin(10\pi x)\cos(6\pi\times10^9 t-\beta z)$$

试求磁场强度 $\boldsymbol{H}$ 和相位常数 β。

解 电场强度应满足波动方程

$$\nabla^2 E_y+k^2E_y=0$$

式中：$k=\omega\sqrt{\mu_0\varepsilon_0}$。

电场强度的复数表达式为

$$E_y=0.1\sin(10\pi x)e^{-j\beta z}$$

将上式代入波动方程中得

$$-(10\pi)^2-\beta^2+k^2=0$$

因此

$$\beta=10\sqrt{3}\pi=54.4\ \text{rad/m}$$

由麦克斯韦第二方程

$$\nabla\times\boldsymbol{E}=-j\omega\mu_0\boldsymbol{H}$$

得磁场强度的复数表达式为

$$\boldsymbol{H}=\boldsymbol{a}_x\frac{-0.1\beta}{\omega\mu_0}\sin(10\pi x)e^{-j\beta z}+j\boldsymbol{a}_z\frac{\pi}{\omega\mu_0}\cos(10\pi x)e^{-j\beta z}$$

磁场强度的瞬时表达式为

$$\boldsymbol{H}=\boldsymbol{a}_x\frac{-0.1\beta}{\omega\mu_0}\sin(10\pi x)\cos(\omega t-\beta z)+\boldsymbol{a}_z\frac{\pi}{\omega\mu_0}\cos(10\pi x)\cos\left(\omega t-\beta z+\frac{\pi}{2}\right)$$

5.7 自由空间中，已知电场强度 $\boldsymbol{E}$ 的表达式为

$$\boldsymbol{E}=\boldsymbol{a}_x4\cos(\omega t-\beta z)+\boldsymbol{a}_y3\cos(\omega t-\beta z)$$

试求：

(1) 磁场强度的复数表达式；

(2) 坡印亭矢量的瞬时表达式；

(3) 平均坡印亭矢量。

解 由题意知该电磁波是均匀平面波，其电场强度的相量表达式为

$$\boldsymbol{E}=\boldsymbol{a}_x4e^{-j\beta z}+\boldsymbol{a}_y3e^{-j\beta z}$$

由 Maxwell 方程中 $\nabla\times\boldsymbol{E}=-j\omega\mu_0\boldsymbol{H}$，得磁场强度的复数表达式为

$$\boldsymbol{H}=\frac{1}{-j\omega\mu_0}\nabla\times\boldsymbol{E}=\frac{1}{-j\omega\mu_0}\begin{vmatrix}\boldsymbol{a}_x & \boldsymbol{a}_y & \boldsymbol{a}_z\\ \dfrac{\partial}{\partial x} & \dfrac{\partial}{\partial y} & \dfrac{\partial}{\partial z}\\ 4e^{-j\beta z} & 3e^{-j\beta z} & 0\end{vmatrix}=\boldsymbol{a}_y\frac{4\beta}{\omega\mu_0}e^{-j\beta z}-\boldsymbol{a}_x\frac{3\beta}{\omega\mu_0}e^{-j\beta z}$$

磁场强度瞬时表达式为

$$H = \frac{\beta}{\omega\mu_0}[a_y 4\cos(\omega t-\beta z) - a_x 3\cos(\omega t-\beta z)]$$

坡印亭矢量为

$$S = E\times H = a_z\frac{25\beta}{\omega\mu_0}\cos^2(\omega t-\beta z)$$

平均坡印亭矢量为

$$S_{av} = \frac{1}{T}\int_{t_1}^{t_1+T} S\,dt = a_z\frac{25\beta}{2\omega\mu_0}$$

5.8　在由 $x=0$ 和 $x=a$ 两个无限大理想导电壁构成的区域内存在一个如下的电场(如图 5-7 所示)：

$$E = a_y E_0\sin(k_x x)\cos(\omega t-\beta z)$$

试求：

(1) 此区域中的磁场强度 H；

(2) 这个电磁场应满足的边界条件及 k_x 的值；

(3) 求两导体表面的电流密度。

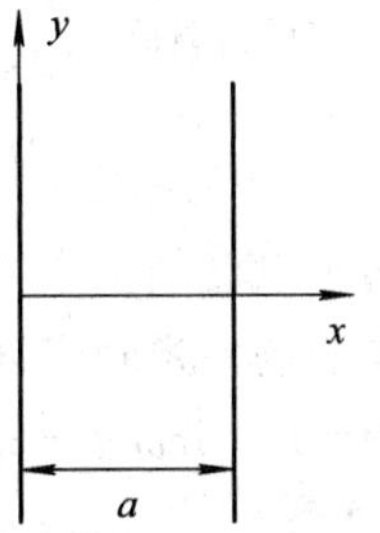

图 5-7　题 5.8 图

解　(1) 由麦克斯韦方程组的第二个方程得磁场强度为

$$H = -a_z\frac{k_x E_0}{\omega\mu_0}\cos(k_x x)\sin(\omega t-\beta z) - a_x\frac{\beta E_0}{\omega\mu_0}\sin(k_x x)\cos(\omega t-\beta z)$$

(2) 理想导体的表面电场的切向分量等于零，磁场的法向分量等于零，由此得

$$k_x = \frac{\pi}{a}$$

(3) 导体表面的电流密度为

$$J_S\big|_{x=0} = a_x\times H\big|_{x=0} = a_y\frac{k_x E_0}{\omega\mu_0}\sin(\omega t-\beta z)$$

$$J_S\big|_{x=a} = -a_x\times H\big|_{x=a} = a_y\frac{k_x E_0}{\omega\mu_0}\sin(\omega t-\beta z)$$

5.9　将下列复数形式的场矢量变换成瞬时表达式，或作相反的变换。

(1) $E=a_x 4e^{-j\beta z}+a_y 3je^{-j\beta z}$；

(2) $E=a_x 4\sin\left(\frac{\pi}{a}x\right)\sin(\omega t-\beta z)+a_z\cos\left(\frac{\pi}{a}x\right)\cos(\omega t-\beta z)$；

(3) $E=a_x\cos(\omega t-\beta z)+a_y 2\sin(\omega t-\beta z)$；

(4) $E=a_y 3j\cos(k_x\cos\theta)e^{-jkz\sin\theta}$；

(5) $E=a_y 2\sin(\omega t-\beta z+\theta)$。

解　(1)　$E=a_x 4\cos(\omega t-\beta z)-a_y 3\sin(\omega t-\beta z)$

(2)　$E=-a_x 4\sin\left(\frac{\pi}{a}x\right)je^{-j\beta z}+a_z\cos\left(\frac{\pi}{a}x\right)e^{-j\beta z}$

(3)　$E=a_x e^{-j\beta z}-a_y 2je^{-j\beta z}$

(4)　$E=-a_y 3\cos(k_x\cos\theta)\sin(\omega t-kz\sin\theta)$

(5)　$E=-a_y 2je^{-j(\beta z-\theta)}$

5.10 证明自由空间仅随时间变化的场，如 $\boldsymbol{B}=\boldsymbol{B}_{\mathrm{m}}\sin\omega t$，不满足麦克斯韦方程组。若将时间变量 t 换成 $t-\beta z$，则它可以满足电磁场基本方程组。

证明 当 $\boldsymbol{B}=\boldsymbol{B}_{\mathrm{m}}\sin\omega t$ 时，由

$$\nabla\times\boldsymbol{H}=\boldsymbol{J}+\frac{\partial\boldsymbol{D}}{\partial t},\quad \boldsymbol{B}=\mu_0\boldsymbol{H}$$

得

$$\nabla\times\boldsymbol{H}=\nabla\times\frac{\boldsymbol{B}}{\mu_0}=\boldsymbol{0}=\frac{\partial\boldsymbol{D}}{\partial t}\qquad(\boldsymbol{J}=\boldsymbol{0})$$

于是，$\boldsymbol{D}=\boldsymbol{D}_0$ 为常矢量。另一方面，有

$$\boldsymbol{D}=\varepsilon_0\boldsymbol{E},\quad \nabla\times\boldsymbol{E}=\nabla\times\frac{\boldsymbol{D}}{\varepsilon_0}=\boldsymbol{0}\neq-\frac{\partial\boldsymbol{B}}{\partial t}$$

所以不满足电磁场基本方程。对于 $\boldsymbol{E}=\boldsymbol{E}_{\mathrm{m}}\sin\omega t$ 也有同样的结果，即在自由空间中随时间变化的电磁场一定随空间变化。

当 $\boldsymbol{B}=\boldsymbol{B}_{\mathrm{m}}\sin\omega(t-z/c)$ 时，为方便计算，假设 $\boldsymbol{B}_{\mathrm{m}}=\boldsymbol{a}_xB_{\mathrm{m}}$，并令 $\beta=\omega/c$ 有

$$\nabla\times\boldsymbol{H}=\nabla\times\frac{\boldsymbol{B}}{\mu_0}=-\boldsymbol{a}_y\frac{\beta}{\mu_0}B_{\mathrm{m}}\cos(\omega t-\beta z)=\varepsilon_0\frac{\partial\boldsymbol{E}}{\partial t}$$

积分得

$$\boldsymbol{E}=-\boldsymbol{a}_y\frac{\beta}{\mu_0\varepsilon_0}B_{\mathrm{m}}\sin(\omega t-\beta z)$$

所以有

$$\nabla\times\boldsymbol{E}=-\boldsymbol{a}_z\omega B_{\mathrm{m}}\cos(\omega t-\beta z)=-\frac{\partial\boldsymbol{B}}{\partial t}$$

此时的 $\boldsymbol{E}$ 和 $\boldsymbol{B}$ 满足电磁场的基本方程。

5.11 设真空中同时存在两个频率的正弦场，其电场强度表达式分别为 $\boldsymbol{E}_1=\boldsymbol{a}_xE_{10}\mathrm{e}^{-\mathrm{j}k_1z}$ 和 $\boldsymbol{E}_2=\boldsymbol{a}_yE_{20}\mathrm{e}^{-\mathrm{j}k_2z}$。试证明总的平均能流密度矢量等于两个正弦电磁场各自的平均能流密度矢量之和。

证明 由 $\boldsymbol{E}_1=\boldsymbol{a}_xE_{10}\mathrm{e}^{-\mathrm{j}k_1z}$ 可得

$$\boldsymbol{H}_1=\frac{1}{-\mathrm{j}\omega\mu_0}\nabla\times\boldsymbol{E}_1=\frac{1}{-\mathrm{j}\omega\mu_0}\begin{vmatrix}\boldsymbol{a}_x & \boldsymbol{a}_y & \boldsymbol{a}_z\\ \dfrac{\partial}{\partial x} & \dfrac{\partial}{\partial y} & \dfrac{\partial}{\partial z}\\ E_{10}\mathrm{e}^{-\mathrm{j}\beta z} & 0 & 0\end{vmatrix}=\boldsymbol{a}_y\frac{k_1}{\omega\mu_0}E_{10}\mathrm{e}^{-\mathrm{j}\beta z}$$

$$\boldsymbol{S}_{\mathrm{av1}}=\frac{1}{2}\mathrm{Re}(\boldsymbol{E}_1\times\boldsymbol{H}_1^*)=\boldsymbol{a}_z\frac{k_1}{\omega\mu_0}\mid E_{10}\mid^2$$

同理得

$$\boldsymbol{H}_2=\boldsymbol{a}_y\frac{k_2}{\omega\mu_0}E_{20}\mathrm{e}^{-\mathrm{j}\beta z}$$

$$\boldsymbol{S}_{\mathrm{av2}}=\frac{1}{2}\mathrm{Re}(\boldsymbol{E}_2\times\boldsymbol{H}_2^*)=\boldsymbol{a}_z\frac{k_2}{\omega\mu_0}\mid E_{20}\mid^2$$

而总的电场强度为

$$\boldsymbol{E}=\boldsymbol{E}_1+\boldsymbol{E}_2=\boldsymbol{a}_xE_{10}\mathrm{e}^{-\mathrm{j}k_1z}+\boldsymbol{a}_yE_{20}\mathrm{e}^{-\mathrm{j}k_2z}$$

总的磁场强度为

$$\boldsymbol{H} = \boldsymbol{H}_1 + \boldsymbol{H}_2 = \boldsymbol{a}_y \frac{k_1}{\omega\mu_0} E_{10} \mathrm{e}^{-\mathrm{j}\beta z} + \boldsymbol{a}_y \frac{k_2}{\omega\mu_0} E_{20} \mathrm{e}^{-\mathrm{j}\beta z}$$

总电磁场的平均能流密度矢量为

$$\boldsymbol{S}_{\mathrm{av}} = \frac{1}{2}\mathrm{Re}(\boldsymbol{E} \times \boldsymbol{H}^*) = \boldsymbol{a}_z \frac{k_1}{\omega\mu_0} |E_{10}|^2 + \boldsymbol{a}_z \frac{k_2}{\omega\mu_0} |E_{20}|^2$$

所以有

$$\boldsymbol{S}_{\mathrm{av}} = \boldsymbol{S}_{\mathrm{av1}} + \boldsymbol{S}_{\mathrm{av2}}$$

证毕。

5.12　对于线性、均匀和各向同性导电介质，设介质的介电常数为 ε、磁导率为 μ、电导率为 σ，试证明无源区域中时谐电磁场所满足的波动方程为

$$\nabla^2 \boldsymbol{E} = \mathrm{j}\omega\mu\sigma\boldsymbol{E} - k^2\boldsymbol{E}$$

$$\nabla^2 \boldsymbol{H} = \mathrm{j}\omega\mu\sigma\boldsymbol{H} - k^2\boldsymbol{H}$$

式中，$k^2 = \omega^2\mu\varepsilon$。

证明　由 Maxwell 方程及本构关系

$$\nabla \times \boldsymbol{E} = -\frac{\partial \boldsymbol{B}}{\partial t}, \quad \boldsymbol{D} = \varepsilon_0 \boldsymbol{E}$$

$$\nabla \times \boldsymbol{H} = \boldsymbol{J} + \frac{\partial \boldsymbol{D}}{\partial t}, \quad \boldsymbol{B} = \mu_0 \boldsymbol{H}$$

$$\boldsymbol{J} = \sigma\boldsymbol{E}$$

对第一式两边做旋度得

$$\nabla \times \nabla \times \boldsymbol{E} = -\nabla \times \frac{\partial \boldsymbol{B}}{\partial t} = -\mu \frac{\partial}{\partial t}(\nabla \times \boldsymbol{H}) = -\mu \frac{\partial}{\partial t}\left(\boldsymbol{J} + \frac{\partial \boldsymbol{D}}{\partial t}\right)$$

$$= -\mu\varepsilon \frac{\partial^2 \boldsymbol{E}}{\partial t^2} - \mu\sigma \frac{\partial \boldsymbol{E}}{\partial t}$$

再由矢量恒等式

$$\nabla \times \nabla \times \boldsymbol{E} = \nabla(\nabla \cdot \boldsymbol{E}) - \nabla^2 \boldsymbol{E}$$

以及

$$\nabla \cdot \boldsymbol{D} = 0 \Rightarrow \nabla \cdot \boldsymbol{E} = 0$$

得到

$$\nabla^2 \boldsymbol{E} = \mu\varepsilon \frac{\partial^2 \boldsymbol{E}}{\partial t^2} + \mu\sigma \frac{\partial \boldsymbol{E}}{\partial t}$$

对于时谐场，将 $\frac{\partial}{\partial t} \to \mathrm{j}\omega$，$\frac{\partial^2}{\partial t^2} \to -\omega^2$，于是有

$$\nabla^2 \boldsymbol{E} = -\omega^2\mu\varepsilon\boldsymbol{E} + \mathrm{j}\omega\mu\sigma\boldsymbol{E} = \mathrm{j}\omega\mu\sigma\boldsymbol{E} - k^2\boldsymbol{E}$$

同理可得

$$\nabla^2 \boldsymbol{H} = -\omega^2\mu\varepsilon\boldsymbol{H} + \mathrm{j}\omega\mu\sigma\boldsymbol{H} = \mathrm{j}\omega\mu\sigma\boldsymbol{H} - k^2\boldsymbol{H}$$

得证。

5.13　证明真空中随时间变化的电荷电流分布 ρ_V 和 $\boldsymbol{J}$ 所激发的场满足如下的波动方程：

$$\nabla^2 \boldsymbol{E} - \frac{1}{c^2}\frac{\partial^2 \boldsymbol{E}}{\partial t^2} = \mu_0 \frac{\partial \boldsymbol{J}}{\partial t} + \frac{1}{\varepsilon_0}\nabla \rho_V$$

$$\nabla^2 \boldsymbol{B} - \frac{1}{c^2}\frac{\partial^2 \boldsymbol{B}}{\partial t^2} = -\mu_0 \nabla \times \boldsymbol{J}$$

式中，c 为光速。

证明　由 Maxwell 方程及本构关系

$$\nabla \times \boldsymbol{E} = -\frac{\partial \boldsymbol{B}}{\partial t}, \qquad \boldsymbol{D} = \varepsilon_0 \boldsymbol{E}$$

$$\nabla \times \boldsymbol{H} = \boldsymbol{J} + \frac{\partial \boldsymbol{D}}{\partial t}, \qquad \boldsymbol{B} = \mu_0 \boldsymbol{H}$$

$$\boldsymbol{J} = \sigma \boldsymbol{E}$$

对第一式两边做旋度得

$$\nabla \times \nabla \times \boldsymbol{E} = -\nabla \times \frac{\partial \boldsymbol{B}}{\partial t} = -\mu_0 \frac{\partial}{\partial t}(\nabla \times \boldsymbol{H}) = -\mu_0 \frac{\partial}{\partial t}\left(\boldsymbol{J} + \frac{\partial \boldsymbol{D}}{\partial t}\right)$$

$$= -\mu_0 \varepsilon_0 \frac{\partial^2 \boldsymbol{E}}{\partial t^2} - \mu_0 \frac{\partial \boldsymbol{J}}{\partial t}$$

再由矢量恒等式

$$\nabla \times \nabla \times \boldsymbol{E} = \nabla(\nabla \cdot \boldsymbol{E}) - \nabla^2 \boldsymbol{E}$$

以及

$$\nabla \cdot \boldsymbol{D} = \rho_V \Rightarrow \nabla \cdot \boldsymbol{E} = \frac{\rho_V}{\varepsilon_0}$$

于是得

$$\nabla^2 \boldsymbol{E} - \frac{1}{c^2}\frac{\partial^2 \boldsymbol{E}}{\partial t^2} = \mu_0 \frac{\partial \boldsymbol{J}}{\partial t} + \frac{1}{\varepsilon_0}\nabla \rho_V$$

同理可得

$$\nabla^2 \boldsymbol{B} - \frac{1}{c^2}\frac{\partial^2 \boldsymbol{B}}{\partial t^2} = -\mu_0 \nabla \times \boldsymbol{J}$$

证毕。

5.14　已知半径为 a、导电率为 σ 的无限长直圆柱导线沿轴向通以均匀分布的恒定电流 I，如图 5-8 所示。设导线表面上均匀分布着面电荷密度 ρ_S。

(1) 求导线表面外侧的能流密度矢量；

(2) 证明单位时间内由导线表面进入其内部的电磁能量恰好等于导线内的焦耳损耗。

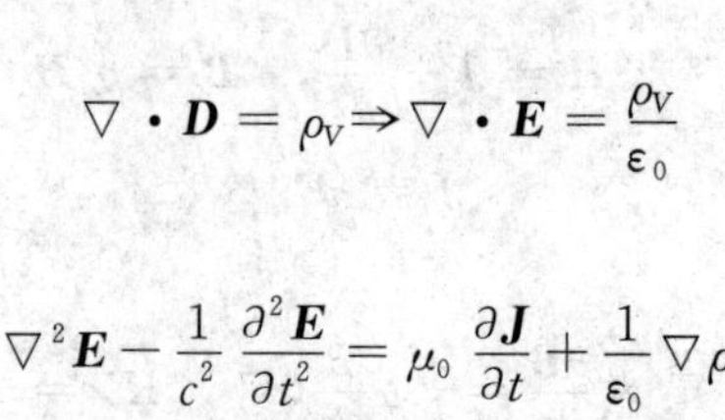

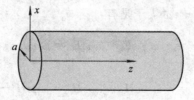

图 5-8　题 5.14 图

解　(1) 由圆柱型分布的表面电荷在外侧产生的电场为

$$\boldsymbol{E}_1 = \boldsymbol{a}_\rho \frac{Q}{2\pi\varepsilon_0 \rho} = \boldsymbol{a}_\rho \frac{2\pi a \rho_S}{2\pi\varepsilon_0 \rho} = \boldsymbol{a}_\rho \frac{a\rho_S}{\varepsilon_0 \rho}$$

另一方面，导电圆柱内的电流密度为$\boldsymbol{J}=\boldsymbol{a}_z\dfrac{I}{\pi a^2}$，所以圆柱内的电场强度为

$$\boldsymbol{E}_2=\frac{\boldsymbol{J}}{\sigma}=\boldsymbol{a}_z\frac{I}{\pi\sigma a^2}$$

根据边界条件，在分界面处电场切向分量连续，所以，圆柱外侧表面处的电场为

$$\boldsymbol{E}_2'=\boldsymbol{E}_2=\boldsymbol{a}_z\frac{I}{\pi\sigma a^2}$$

圆柱外侧表面处总的电场为

$$\boldsymbol{E}=\boldsymbol{E}_1\big|_{\rho=a}+\boldsymbol{E}_2'=\boldsymbol{a}_\rho\frac{\rho_S}{\varepsilon_0}+\boldsymbol{a}_z\frac{I}{\pi\sigma a^2}$$

由恒定电流在外侧产生的磁场为

$$\boldsymbol{H}=\boldsymbol{a}_\varphi\frac{I}{2\pi\rho}$$

导线外侧表面的电磁能流密度矢量为

$$\boldsymbol{S}\big|_{\rho=a}=\boldsymbol{E}\times\boldsymbol{H}\big|_{\rho=a}=\boldsymbol{a}_z\frac{I\rho_S}{2\pi\varepsilon_0 a}-\boldsymbol{a}_\rho\frac{I^2}{2\pi^2\sigma a^3}$$

(2) 单位时间内由导线表面进入其内部的电磁能量为

$$\begin{aligned}P&=\int_S\boldsymbol{S}\cdot(-\boldsymbol{a}_\rho)\mathrm{d}S=\int_0^1\left(\boldsymbol{a}_z\frac{I\rho_S}{2\pi\varepsilon_0 a}-\boldsymbol{a}_\rho\frac{I^2}{2\pi^2\sigma a^3}\right)\cdot(-\boldsymbol{a}_\rho)2\pi a\mathrm{d}z\\&=\frac{I^2}{\pi a^2\sigma}=I^2R\end{aligned}$$

式中：R为导电圆柱的单位长电阻，I^2R即为导线内的焦耳损耗。

得证。

5.15 设电场强度和磁场强度分别为

$$\boldsymbol{E}=\boldsymbol{E}_0\cos(\omega t+\phi_\mathrm{e})\quad 和\quad \boldsymbol{H}=\boldsymbol{H}_0\cos(\omega t+\phi_\mathrm{m})$$

求其平均坡印亭矢量。

解 此题可以用两种方法求，一种是积分平均法，另一种是复矢量叉乘法。

(1) 积分平均法。

按平均坡印亭矢量的定义有

$$\boldsymbol{S}_\mathrm{av}=\frac{1}{T}\int_{t_1}^{t_1+T}\boldsymbol{E}\times\boldsymbol{H}\,\mathrm{d}t=\frac{\boldsymbol{E}_0\times\boldsymbol{H}_0}{T}\int_{t_1}^{t_1+T}\cos(\omega t+\varphi_\mathrm{e})\cos(\omega t+\varphi_\mathrm{m})\mathrm{d}t$$

利用三角函数的积化和差公式得

$$\boldsymbol{S}_\mathrm{av}=\frac{\boldsymbol{E}_0\times\boldsymbol{H}_0}{2T}\int_{t_1}^{t_1+T}[\cos(\varphi_\mathrm{e}-\varphi_\mathrm{m})+\cos(2\omega t+\varphi_\mathrm{e}+\varphi_\mathrm{m})]\mathrm{d}t$$

最后可得平均坡印亭矢量为

$$\boldsymbol{S}_\mathrm{av}=\frac{1}{2}\boldsymbol{E}_0\times\boldsymbol{H}_0\cos(\varphi_\mathrm{e}-\varphi_\mathrm{m})$$

(2) 复矢量叉乘法。

将电场、磁场写成复矢量形式：

$$E = E_0 e^{j\varphi_e}$$

$$H = H_0 e^{j\varphi_m}$$

所以平均坡印亭矢量为

$$S_{av} = \frac{1}{2}\text{Re}(E \times H^*) = \frac{1}{2}E_0 \times H_0 \cos(\varphi_e - \varphi_m)$$

可见两种方法结果一致。

5.5 练 习 题

5.1 设 $y=0$ 为两种磁介质的分界面，$y<0$ 为介质 1，其磁导率为 $\mu_1=3\mu_0$；$y>0$ 为介质 2，设介质 2 为空气。分界面上有以线电流密度 $J_S=2a_x$ 分布的面电流，已知介质 1 中的磁场强度为

$$H_1 = a_x + 2a_y + 3a_z$$

求介质 2 中的磁场强度 H_2。

(答案：$H_2=a_x+6a_y+5a_z$)

5.2 计算下列介质中的传导电流密度与位移电流密度在频率 $f_1=1$ MHz 和 $f_2=1$ GHz 时的比值。

(1) 铜：$\sigma=5.8\times10^7$ S/m，$\varepsilon=\varepsilon_0$；(答案：$1.044\times10^{12}$，$1.044\times10^9$)

(2) 聚苯乙烯：$\sigma=10^{-16}$ S/m，$\varepsilon_r=2.53$。(答案：7.11×10^{-13}，7.11×10^{-16})

5.3 已知在空气中，电场强度矢量为

$$E = a_y 0.1\sin(\pi x)\cos(\pi\times10^9 t - \beta z)$$

试求磁场强度 H 和相位常数 β。

(答案：$\beta=\frac{\sqrt{91}}{3}\pi$)

5.4 自由空间中，已知电场强度 E 的表达式为

$$E = a_x 4\cos(\omega t - \beta z) + a_y 3\cos\left(\omega t - \beta z - \frac{\pi}{4}\right)$$

求磁场强度的相量表达式和平均坡印亭矢量。

(答案：$S_{av}=a_z\frac{25\beta}{2\omega\mu_0}$)

5.5 将下列复数形式的场矢量变换成瞬时表达式，或作相反的变换。

(1) $E=a_x 4e^{-j\beta z}-a_y 3je^{-j\beta z}$；

(2) $E=a_y 4\cos(\omega t-\beta z+\phi)$；

(3) $E=a_x\cos(\omega t-\beta z)-a_y 2\sin\left(\omega t-\beta z-\frac{\pi}{3}\right)$。

(答案：(1) $E=a_x 4\cos(\omega t-\beta z)+a_y 3\sin(\omega t-\beta z)$；(2) $E=a_y 4e^{-j\beta z}e^{j\varphi}$；(3) $E=a_x e^{-j\beta z}+a_y 2e^{-j\beta z}e^{j\pi/6}$)

本章思维导图

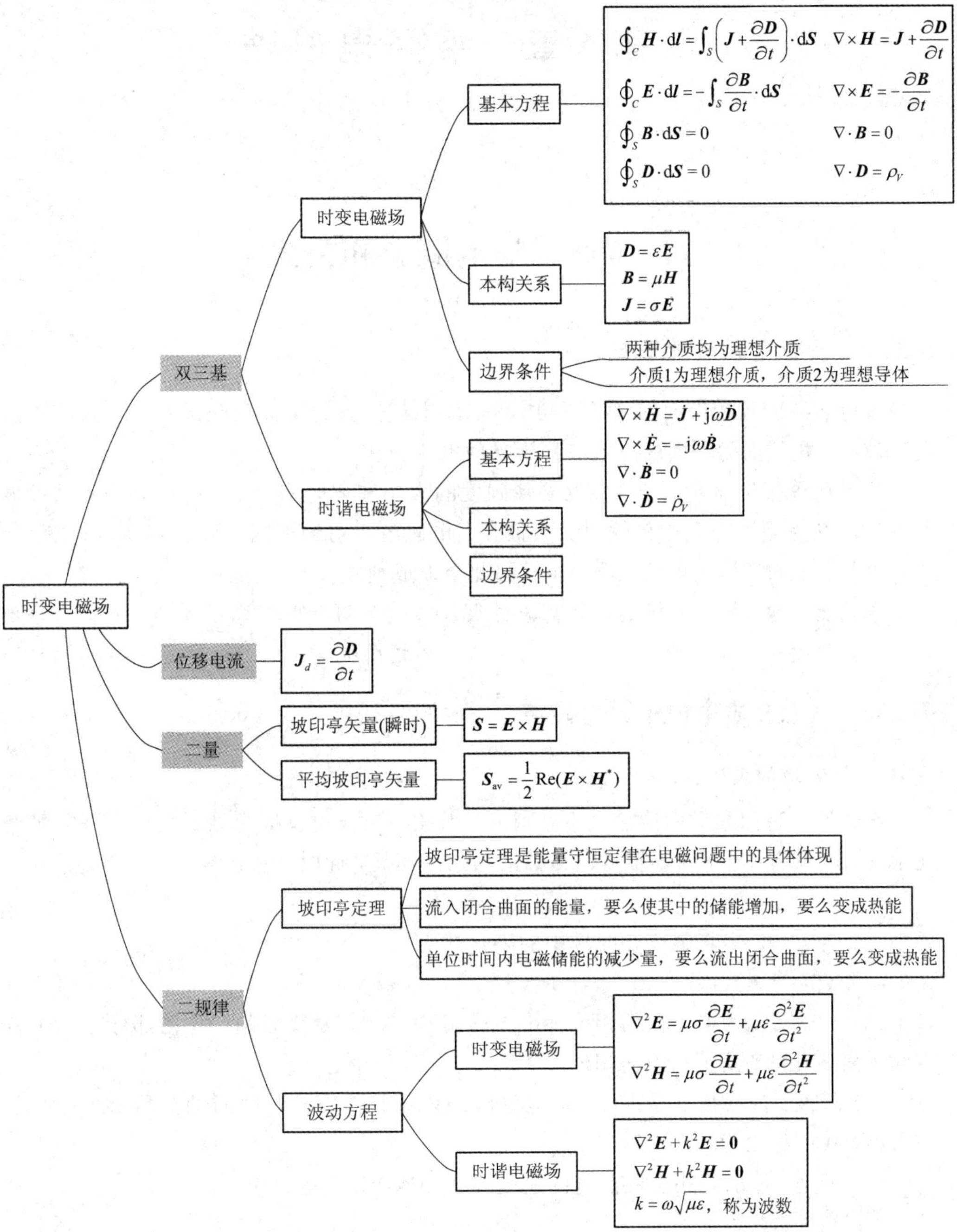
时变电磁场
双三基
时变电磁场
基本方程
$\oint_C \boldsymbol{H}\cdot d\boldsymbol{l}=\int_S\left(\boldsymbol{J}+\frac{\partial \boldsymbol{D}}{\partial t}\right)\cdot d\boldsymbol{S}$　$\nabla\times\boldsymbol{H}=\boldsymbol{J}+\frac{\partial \boldsymbol{D}}{\partial t}$
$\oint_C \boldsymbol{E}\cdot d\boldsymbol{l}=-\int_S\frac{\partial \boldsymbol{B}}{\partial t}\cdot d\boldsymbol{S}$　$\nabla\times\boldsymbol{E}=-\frac{\partial \boldsymbol{B}}{\partial t}$
$\oint_S \boldsymbol{B}\cdot d\boldsymbol{S}=0$　$\nabla\cdot\boldsymbol{B}=0$
$\oint_S \boldsymbol{D}\cdot d\boldsymbol{S}=0$　$\nabla\cdot\boldsymbol{D}=\rho_V$
本构关系
$\boldsymbol{D}=\varepsilon\boldsymbol{E}$
$\boldsymbol{B}=\mu\boldsymbol{H}$
$\boldsymbol{J}=\sigma\boldsymbol{E}$
边界条件
两种介质均为理想介质
介质1为理想介质，介质2为理想导体
时谐电磁场
基本方程
$\nabla\times\dot{\boldsymbol{H}}=\dot{\boldsymbol{J}}+j\omega\dot{\boldsymbol{D}}$
$\nabla\times\dot{\boldsymbol{E}}=-j\omega\dot{\boldsymbol{B}}$
$\nabla\cdot\dot{\boldsymbol{B}}=0$
$\nabla\cdot\dot{\boldsymbol{D}}=\dot{\rho}_V$
本构关系
边界条件
位移电流
$\boldsymbol{J}_d=\frac{\partial \boldsymbol{D}}{\partial t}$
二量
坡印亭矢量(瞬时)
$\boldsymbol{S}=\boldsymbol{E}\times\boldsymbol{H}$
平均坡印亭矢量
$\boldsymbol{S}_{av}=\frac{1}{2}\mathrm{Re}(\boldsymbol{E}\times\boldsymbol{H}^*)$
二规律
坡印亭定理
坡印亭定理是能量守恒定律在电磁问题中的具体体现
流入闭合曲面的能量，要么使其中的储能增加，要么变成热能
单位时间内电磁储能的减少量，要么流出闭合曲面，要么变成热能
波动方程
时变电磁场
$\nabla^2\boldsymbol{E}=\mu\sigma\frac{\partial \boldsymbol{E}}{\partial t}+\mu\varepsilon\frac{\partial^2 \boldsymbol{E}}{\partial t^2}$
$\nabla^2\boldsymbol{H}=\mu\sigma\frac{\partial \boldsymbol{H}}{\partial t}+\mu\varepsilon\frac{\partial^2 \boldsymbol{H}}{\partial t^2}$
时谐电磁场
$\nabla^2\boldsymbol{E}+k^2\boldsymbol{E}=\boldsymbol{0}$
$\nabla^2\boldsymbol{H}+k^2\boldsymbol{H}=\boldsymbol{0}$
$k=\omega\sqrt{\mu\varepsilon}$，称为波数

第6章 平面电磁波

6.1 基本概念和公式

6.1.1 平面电磁波的概念

按电磁波的等相位面的形状不同，可以将电磁波分为平面电磁波、柱面电磁波和球面电磁波。等相位面为平面的电磁波称为平面电磁波。

如果在等相位面内电场强度与磁场强度的大小和方向均不变，则称为均匀平面波。平面电磁波在无限大介质中传输时为行波，当电磁波入射到不同介质分界面时将发生反射、透射。由于不同介质反射的大小不同，因此会形成纯驻波或行驻波。

小贴士　事实上，电磁波到达离波源很远的地方均可以看成平面波，如在海边看，海浪是一排排过来几乎平行的一样，在一定范围内幅度也不变。

6.1.2 理想介质中的平面电磁波

1. 电磁场的表达式

电磁波在理想介质中传输是不衰减的，因此理想介质也称为无耗介质。如果理想介质无限大，则只有一个沿 $+z$ 轴方向传播的均匀平面波。此时，电场矢量可一般地表示为

$$\boldsymbol{E}=\boldsymbol{a}_x E_0 \mathrm{e}^{-jkz} \tag{6-1-1}$$

式中：E_0 为常数。电场强度在时域中的表达式为

$$E_x(z, t)=|E_0| \cos(\omega t-kz+\varphi_0) \tag{6-1-2}$$

式中：$\omega t-kz+\varphi_0$ 为电磁波的相位(phase)。其中，ωt 表示随时间变化的部分；$-kz$ 表示随空间距离变化的部分；φ_0 为初相位。

(1) 行波。观察某一等相位面，电磁波的该等相位面随着时间的推移沿 $+z$ 轴方向向前移动，我们称之为行波。

(2) 相速。波的等相位面前进的速度称为相速。其表达式为

$$v_{\mathrm{p}}=\frac{\mathrm{d}z}{\mathrm{d}t}=\frac{\omega}{k}=\frac{1}{\sqrt{\mu\varepsilon}} \tag{6-1-3}$$

显然，相速仅取决于介质的相对介电常数和磁导率，与信号频率无关。如果相速与频率无关，则此时的介质称为非色散(nondispersive)介质。均匀、线性的各向同性理想电介质一定是非色散介质。

小贴士　电磁波在自由空间的传播相速 $v_p=3\times10^8$ m/s $=c$(真空中的光速)。因此，电磁波在自由空间中传播的速度等于光速。

相速还可以表示为

$$v_p=\frac{c}{n} \tag{6-1-4}$$

式中：

$$n=\sqrt{\mu_r\varepsilon_r} \tag{6-1-5}$$

n 称为介质的折射率(index of refraction)。

(3) 波长。任意给定时刻相位相差为 2π 的两平面间的距离 λ 称为波长，其表达式为

$$\lambda=\frac{2\pi}{k} \tag{6-1-6}$$

(4) 相位常数。电磁波单位距离上的相位变化称为相位常数 k。

(5) 波阻抗。横向电场与横向磁场的比值称为波阻抗，其表达式为

$$\eta=\frac{E_x}{H_y}=\sqrt{\frac{\mu}{\varepsilon}} \tag{6-1-7}$$

由于 η 的量纲是欧姆，因此，波阻抗 η 也称为本征阻抗。

在自由空间(或真空)中，$\eta_0=\sqrt{\frac{\mu_0}{\varepsilon_0}}=120\pi=377\ \Omega$。

(6) 磁场强度。沿 $+z$ 轴方向传播的均匀平面波，若已知电场表达式，则磁场强度可由下式求得

$$\boldsymbol{H}=\frac{1}{\eta}\boldsymbol{a}_z\times\boldsymbol{E} \tag{6-1-8}$$

(7) 平均坡印亭矢量。已知电场和磁场的复数表达，则任意点的平均功率流密度为

$$\boldsymbol{S}_{av}=\frac{1}{2}\mathrm{Re}(\boldsymbol{E}\times\boldsymbol{H}^*) \tag{6-1-9}$$

在无耗介质中，坡印亭矢量为实数，等于平均坡印亭矢量。

(8) 沿任意方向传播的平面波表达式。若均匀平面波沿任意单位矢量 $\boldsymbol{a}$ 的方向传播，则空间任一点 $\boldsymbol{r}=\boldsymbol{a}_x x+\boldsymbol{a}_y y+\boldsymbol{a}_z z$ 处的电场矢量可表示为

$$\boldsymbol{E}=\boldsymbol{E}_0\mathrm{e}^{-\mathrm{j}k\boldsymbol{a}\cdot\boldsymbol{r}} \tag{6-1-10}$$

相应的磁场矢量为

$$\boldsymbol{H}=\frac{1}{\eta}\boldsymbol{a}\times\boldsymbol{E}=\frac{1}{\eta}\boldsymbol{a}\times\boldsymbol{E}_0\mathrm{e}^{-\mathrm{j}k\boldsymbol{a}\cdot\boldsymbol{r}} \tag{6-1-11}$$

并且有

$$\begin{cases}\boldsymbol{E}\cdot\boldsymbol{a}=0\\ \boldsymbol{H}\cdot\boldsymbol{a}=0\end{cases} \tag{6-1-12}$$

小贴士　电磁波的传播方向称为纵向，与传播方向垂直的平面称为横向平面。若电磁波的电场和磁场均没有纵向分量，只有横向分量，则称为横电磁波，或者称为 TEM 波。均匀平面电磁波就是 TEM 波。

2. 结论

电磁波在无限大的理想介质中传播，有以下几个结论：

(1) 均匀平面电磁波在理想介质中以恒定的速度无衰减地向前传播，称为无衰减行波；在自由空间中其行进的速度等于光速。

(2) 电场与磁场的振幅之比为一常数 η，故只要求得电场就可由式(6-1-8)或式(6-1-11)求得磁场；电场和磁场不仅有相同的波形，而且在空间同一点具有相同的相位。

(3) 电磁波在理想介质中传播的速度仅取决于介质参数本身，而与其他因素无关。因此，理想介质一定是无色散介质。

(4) 电磁波的电场 $\boldsymbol{E}$ 和磁场 $\boldsymbol{H}$ 都与传播方向垂直，即沿传播方向的电场和磁场分量等于零，因此又称为横电磁波(TEM 波)；$\boldsymbol{E}$、$\boldsymbol{H}$ 与坡印亭矢量 $\boldsymbol{S}$ 三者互相垂直，且满足右手螺旋定则。

6.1.3 导电介质中的均匀平面波

1. 复介电常数

在导电介质中，通常用复介电常数来表达介质的性质，其表达式为

$$\tilde{\varepsilon}=\varepsilon\left(1-\mathrm{j}\frac{\sigma}{\omega\varepsilon}\right) \tag{6-1-13}$$

式中：实部代表位移电流的贡献，它不引起功率损耗；虚部代表传导电流的贡献，将引起能量的损耗。

对于同一介质而言，若位移电流远大于传导电流，则我们称此介质为绝缘体(理想电介质)；若位移电流远小于传导电流，则我们称此介质为导体；若位移电流与传导电流大小接近，则我们称此介质为半导体。比如，低频或直流信号在海水中传播，海水可看作导体，而光信号在海水中传播，海水可视为绝缘体。

小贴士 一种介质是导体、半导体还是绝缘体不是固定的，不仅取决于介质参数本身，还与它所传播的信号频率有关。

导电介质的复介电常数 $\tilde{\varepsilon}$ 可表示为

$$\tilde{\varepsilon}=\varepsilon\left(1-\mathrm{j}\frac{\sigma}{\omega\varepsilon}\right)=|\tilde{\varepsilon}|\,\mathrm{e}^{-\mathrm{j}\delta} \tag{6-1-14}$$

式中：辐角 δ 由下式给定

$$\tan\delta=\frac{\sigma}{\omega\varepsilon} \tag{6-1-15}$$

$\tan\delta$ 称为损耗角正切，它反映了引起能量损耗的传导电流的相对大小，工程上常用损耗角正切来表示材料的损耗特性。在微波频率下，一般将 $\tan\delta$ 不大于 0.001 的介质称为绝缘体。

小贴士 在使用高频材料时一定要关注损耗角正切，它反映了基材固有的损耗特性。一般来说，高频时需要选用损耗角正切小的基材来设计电路，以降低板材自身的损耗。

2. 导电介质中的均匀平面波

导电介质中的介电常数用复介电常数来表达，因此相位常数、波阻抗等也变为复数。

(1) 复相位常数(传播常数)为

$$\tilde{k}=\omega\sqrt{\mu\tilde{\varepsilon}}=\beta-\mathrm{j}\alpha\quad(\alpha>0,\ \beta>0) \tag{6-1-16}$$

式中：

$$\alpha = \omega\sqrt{\mu\varepsilon}\left\{\frac{1}{2}\left[\sqrt{1+\left(\frac{\sigma}{\omega\varepsilon}\right)^2}-1\right]\right\}^{\frac{1}{2}} \tag{6-1-17}$$

$$\beta = \omega\sqrt{\mu\varepsilon}\left\{\frac{1}{2}\left[\sqrt{1+\left(\frac{\sigma}{\omega\varepsilon}\right)^2}+1\right]\right\}^{\frac{1}{2}} \tag{6-1-18}$$

（2）复波阻抗为

$$\tilde{\eta} = \sqrt{\frac{\mu}{\tilde{\varepsilon}}} = |\tilde{\eta}|\mathrm{e}^{\mathrm{j}\theta_0} \tag{6-1-19}$$

（3）电磁场表达式为

$$E_x = E_0\mathrm{e}^{-\alpha z}\mathrm{e}^{-\mathrm{j}\beta z} \tag{6-1-20}$$

$$H_y = \frac{1}{|\tilde{\eta}|}E_0\mathrm{e}^{-\alpha z}\mathrm{e}^{-\mathrm{j}\beta z}\mathrm{e}^{-\mathrm{j}\theta_0} \tag{6-1-21}$$

$$\boldsymbol{S}_{\mathrm{av}} = \frac{1}{2}\mathrm{Re}(\boldsymbol{E}\times\boldsymbol{H}^*) = \boldsymbol{a}_z\frac{|E_0|^2}{2|\tilde{\eta}|}\mathrm{e}^{-2\alpha z}\cos\theta_0 \tag{6-1-22}$$

3. 结论

电磁波在无限大导电介质中传播，有以下几个结论：

（1）在无限大导电介质中的波是一个衰减的行波，简称衰减行波。衰减是由传导电流引起的。电场和磁场的振幅随距离按指数规律 $\mathrm{e}^{-\alpha z}$ 衰减，衰减的快慢取决于 α。α 称为衰减常数，它表示场强在单位距离上的衰减，单位是 Np/m（奈贝/米），它与 dB/m 可以相互转换。

（2）$\tilde{k}=\beta-\mathrm{j}\alpha$ 中的衰减常数 α 表示在传播过程中衰减的快慢，而 β 表示在传播过程中相位的变化，因此 β 称为相位常数。α 和 β 两者从不同的侧面反映了场在传播过程中的变化，所以，我们称 $\tilde{k}$ 为传播常数。

（3）均匀平面波在导电介质中传播时，电场与磁场不同相，彼此间存在一个相位差 θ_0。

（4）在无限大导电介质中的均匀平面电磁波仍然是 TEM 波，即 $\boldsymbol{E}$、$\boldsymbol{H}$ 和 $\boldsymbol{S}$ 三者仍相互垂直并满足右手螺旋定则，这一特性与无限大无耗介质中的电磁波相同。

（5）在导电介质中，电磁波的相速不再是常数，它不仅取决于介质参数，还与信号的频率有关。我们把电磁波的相速随着频率变化而变化的现象称为色散。因此，导电介质为色散介质。

（6）由于 α、β 都随着频率的变化而变化，因此当信号在导电介质中传播时，不同频率的波有不同的衰减和相移。对于模拟信号来说，带宽为 $\Delta\omega$ 的信号在前进过程中其波形将一直变化，当信号到达目的地时波形发生了畸变，这将会引起信号的失真；而对于数字信号来说，由于频率越高，衰减越大，到达接收点的数字信号脉冲越宽，因此要降低误码，就要降低信号的传输速率，这必然影响数字通信的带宽和容量。

（7）若 $\frac{\sigma}{\omega\varepsilon}\ll 1$，则介质为弱导电介质，也称为低损耗介质，此时衰减常数和相位常数分别为

$$\alpha \approx \frac{\sigma}{2}\sqrt{\frac{\mu}{\varepsilon}} \tag{6-1-23}$$

$$\beta \approx \omega\sqrt{\mu\varepsilon} \tag{6-1-24}$$

因此，弱导电介质的相速与频率无关。也就是说，弱导电介质也可以看成非色散介质。

小贴士　事实上，绝大多数介质均为有损耗色散的介质，电磁波在其中的传播一般是衰减的，并且不同的频率有不同的相速，只有当介质损耗较低时，才可以将其看作无色散介质。

6.1.4　良导体中的均匀平面波、趋肤效应

若导电介质满足$\dfrac{\sigma}{\omega\varepsilon}\gg 1$，则称为良导体。良导体材料的衰减常数和相位常数满足

$$\alpha = \beta = \sqrt{\frac{\omega\mu\sigma}{2}} \tag{6-1-25}$$

良导体中均匀平面波的电磁场及平均坡印亭矢量为

$$E_x = E_0 e^{-\alpha z} e^{-j\beta z} \tag{6-1-26}$$

$$H_y = \sqrt{\frac{\sigma}{\omega\mu}} E_0 e^{-\alpha z} e^{-j\beta z} e^{-j\frac{\pi}{4}} \tag{6-1-27}$$

$$\boldsymbol{S}_{av} = \frac{1}{2}\mathrm{Re}(\boldsymbol{E}\times\boldsymbol{H}^*) = \boldsymbol{a}_z \frac{1}{2\sqrt{2}}|E_0|^2\sqrt{\frac{\sigma}{\omega\mu}} e^{-2\alpha z} \tag{6-1-28}$$

1. 趋肤效应

当电磁波在导电率σ很大的良导体中传播时，衰减常数α一般很大。因此，电磁波在良导体中衰减很快，特别是当频率很高时，情况更是如此，电磁波进入良导体中很小的距离后，绝大部分能量就被衰减掉。换句话说，高频电磁波只集中在良导体的表面薄层，在良导体内部则几乎无高频电磁波存在，这种现象称为趋肤效应。

2. 趋肤深度

电磁波的电场强度振幅降为导体表面处振幅的1/e时，传播的距离定义为趋肤深度。

趋肤深度的表达式为

$$\delta_c = \frac{1}{\alpha} = \sqrt{\frac{2}{\omega\mu\sigma}} = \frac{1}{\sqrt{f\pi\mu\sigma}} \tag{6-1-29}$$

由式(6-1-29)可见：导体的导电率越高，工作频率越高，趋肤深度越小。实际上，波透入$5\delta_c$的距离后，其振幅降至导体表面时的1%以下，也就认为波在导电介质中消失了。

3. 表面阻抗

导体的表面阻抗就是导体表面的切向电场强度与磁场强度的比值，它等于波阻抗，其表达式为

$$Z_S = \left.\frac{E_x}{H_y}\right|_{z=0} = \sqrt{\frac{\omega\mu}{2\sigma}}(1+j) = R_S + jX_S \tag{6-1-30}$$

式中：R_S和X_S分别称为表面电阻和表面电抗。

由于$R_S \propto \sqrt{\omega}$，即导体表面阻抗随工作频率的升高而急剧加大，因此，导体在高频时的电阻远大于低频时的电阻，这正是由于趋肤效应造成的。

4. 趋肤效应的应用

(1) 屏蔽罩就是利用电磁波不能穿透导体而起屏蔽作用的；

(2) 在工业中，对材料表面进行加热淬火；

(3) 在传输高频信号时，多用多股线或同轴线来代替单根导线；

(4) 对于要求高的高频器件或部件，常在其表面镀上一层电导率特别高的材料，如金、银等。

小贴士　趋肤效应是高频电磁波在导体中传播时固有的特性，正确认识其规律，既可以避免可能出现的不良现象，也可以加以利用使其成为变害为利的典型。

6.1.5　电磁波的极化

传播方向上任一固定点处的电场矢量端点随时间变化所描绘的轨迹称为极化。极化可分为线极化、圆极化和椭圆极化三种。

沿 $+z$ 轴方向传播的电磁波其电场的一般表达式为

$$\boldsymbol{E}(z,\ t)=\boldsymbol{a}_x E_{xm}\cos(\omega t-\beta z+\varphi_1)+\boldsymbol{a}_y E_{ym}\cos(\omega t-\beta z+\varphi_2) \qquad (6-1-31)$$

1. 线极化波

若 $\varphi_2=\varphi_1$ 或 $\varphi_2-\varphi_1=\pm\pi$，即这两个分量相位相同或相反，则合成波的轨迹一定为一直线，这种波称为线极化波。

2. 圆极化波

若 $E_{xm}=E_{ym}$ 且 $\varphi_2-\varphi_1=\pm\pi/2$，则合成电场 $\boldsymbol{E}$ 的矢端轨迹为一个圆，这种极化称为圆极化。如果 E_y 的相位滞后 E_x 的相位 90°，合成电场 $\boldsymbol{E}$ 的旋转方向与传播方向($+z$ 轴)满足右手螺旋定则，那么这种圆极化波称为右旋圆极化波；否则，称为左旋圆极化波。

实际上，一个圆极化波可分解成两个正交、等幅且相位相差 90°的线极化波。

3. 椭圆极化波

若电磁波既不是线极化波，又不是圆极化波，则合成电场 $\boldsymbol{E}$ 的矢端轨迹一定是一个椭圆，这种波称为椭圆极化波。椭圆极化波与圆极化波一样，也分为右旋椭圆极化波和左旋椭圆极化波。

实际上，线极化波和圆极化波是椭圆极化波的特例，当椭圆的长轴与短轴相等时即为圆极化波；当短轴缩短到零时即为线极化波。

若通信的一方是高速运动的，或者其姿态在不断地改变，则系统必须采用圆极化波才能正常工作。

小贴士　事实上，电磁波的极化在通信系统中必须予以考虑，选择正确的极化方式可以使通信更加有效，否则可能造成通信的中断。

6.1.6　电磁波的色散与群速

导电介质是色散介质，不同的频率有不同的相速，若用相速来衡量一个信号在色散介质中的传播速度，则会发生困难。因此我们引入群速的概念。群速就是包络波上某一恒定相位点推进的速度，它代表电磁波的能量传播的速度。

群速与相速的关系为

$$v_g = \frac{d\omega}{d\beta} = \frac{v_p}{1 - \frac{\omega}{v_p}\frac{dv_p}{d\omega}} \tag{6-1-32}$$

显然，有以下三种可能：

(1) $\frac{dv_p}{d\omega}=0$，即相速与频率无关时，群速等于相速，为无色散。

(2) $\frac{dv_p}{d\omega}<0$，即频率越高、相速越小时，群速小于相速，为正常色散。

(3) $\frac{dv_p}{d\omega}>0$，即频率越高、相速越大时，群速大于相速，为反常色散。

小贴士 色散是电磁波在介质中传播时必须面对的问题，无论是有线通信还是无线通信，正确处理色散特性，都有利于通信系统的可靠性设计。

6.1.7 均匀平面波对平面边界的垂直入射

1. 理想介质与理想导体分界面的垂直入射

1) 场的表达式

当介质 1 为理想介质，介质 2 为理想导体($\sigma_1=0$，$\sigma_2=\infty$)时，电磁波沿$+z$轴方向向前传输，$z=0$为两种介质的分界面。设分界面上的反射系数和透射系数分别为R和T，则介质 1 中的电磁场分别为

$$\boldsymbol{E}_1 = \boldsymbol{E}_i + \boldsymbol{E}_r = \boldsymbol{a}_x E_{im}(e^{-jk_1 z} + Re^{jk_1 z}) \tag{6-1-33}$$

$$\boldsymbol{H}_1 = \boldsymbol{H}_i + \boldsymbol{H}_r = \boldsymbol{a}_y \frac{1}{\eta_1} E_{im}(e^{-jk_1 z} - Re^{jk_1 z}) \tag{6-1-34}$$

式中：$k_1=\omega\sqrt{\mu_1\varepsilon_1}$；$\eta_1=\sqrt{\frac{\mu_1}{\varepsilon_1}}$。

由于理想导体中不可能存在电磁场，因此介质 2 中的透射波$\boldsymbol{E}_t=0$，$\boldsymbol{H}_t=0$。

由导体表面的边界条件可得反射系数$R=-1$。

此时，介质 1 中的合成场表达式为

$$\boldsymbol{E}_1 = \boldsymbol{a}_x(E_{im}e^{-jk_1 z} - E_{im}e^{jk_1 z}) = \boldsymbol{a}_x(-j2E_{im}\sin k_1 z) \tag{6-1-35}$$

$$\boldsymbol{H}_1 = \boldsymbol{a}_y \frac{1}{\eta_1}(E_{im}e^{-jk_1 z} + E_{im}e^{jk_1 z}) = \boldsymbol{a}_y \frac{1}{\eta_1}(2E_{im}\cos k_1 z) \tag{6-1-36}$$

2) 结论

电磁波垂直入射到理想导体表面上，有以下几个结论：

(1) 当电磁波垂直入射到理想导体表面时，电磁波全部被反射，简称全反射。

(2) 由式(6-1-35)可见，电场振幅随距离z按正弦规律变化。在$z=0$，$-\frac{\lambda}{2}$，…，$-n\frac{\lambda}{2}$等处，电场的幅值为零，我们称之为电场波节点；而在$z=-\frac{\lambda}{4}$，$-\frac{3\lambda}{4}$，…，$-(2n+1)\frac{\lambda}{4}$等处，电场的幅值最大，我们称之为电场波腹点。这些波腹点和波节点的位

置不随时间变化，这种波节点和波腹点位置固定不动(不随时间变化)的波叫作驻波。

(3) 在介质 1 中，电场和磁场的方向在空间仍然相互垂直，在时间上有 90°的相位差，即电场最大时磁场为零，磁场最大时电场为零，其平均坡印亭矢量等于零。因此，驻波只是电磁能量的振荡，而没有能量的传输。

小贴士　电磁波遇到不同介质的分界面一定会产生反射和透射，这是在电磁波传播中一定会遇到的问题，掌握其基本规律可以为微波系统或无线信道的设计提供参考。

2. 两种理想电介质分界面

1) 场的表达式

两种介质均为理想电介质，即 $\sigma_1=0$，$\sigma_2=0$。电磁波沿 $+z$ 轴方向向前传输，$z=0$ 为两种介质的分界面。设分界面上的反射系数和透射系数分别为 R 和 T，在介质 1 中传播常数 $k_1=\omega\sqrt{\mu_1\varepsilon_1}$，波阻抗 $\eta_1=\sqrt{\dfrac{\mu_1}{\varepsilon_1}}$，则介质 1 中电磁场的表达式为

$$\boldsymbol{E}_1=\boldsymbol{E}_{\rm i}+\boldsymbol{E}_{\rm r}=\boldsymbol{a}_x E_{\rm im}(\mathrm{e}^{-\mathrm{j}k_1z}+R\mathrm{e}^{\mathrm{j}k_1z}) \tag{6-1-37}$$

$$\boldsymbol{H}_1=\boldsymbol{H}_{\rm i}+\boldsymbol{H}_{\rm r}=\boldsymbol{a}_y \frac{1}{\eta_1}E_{\rm im}(\mathrm{e}^{-\mathrm{j}k_1z}-R\mathrm{e}^{\mathrm{j}k_1z}) \tag{6-1-38}$$

设介质 2 的传播常数 $k_2=\omega\sqrt{\mu_2\varepsilon_2}$，波阻抗 $\eta_2=\sqrt{\dfrac{\mu_2}{\varepsilon_2}}$，则介质 2 中电磁场的表达式为

$$\boldsymbol{E}_{\rm t}=\boldsymbol{a}_x TE_{\rm im}\mathrm{e}^{-\mathrm{j}k_2z} \tag{6-1-39}$$

$$\boldsymbol{H}_{\rm t}=\boldsymbol{a}_y \frac{T}{\eta_2}E_{\rm im}\mathrm{e}^{-\mathrm{j}k_2z} \tag{6-1-40}$$

分界面处的反射系数和透射系数分别为

$$\begin{cases} R=\dfrac{\eta_2-\eta_1}{\eta_2+\eta_1} \\[2ex] T=\dfrac{2\eta_2}{\eta_2+\eta_1} \end{cases} \tag{6-1-41}$$

且反射系数与透射系数之间满足

$$1+R=T \tag{6-1-42}$$

2) 结论

当电磁波垂直入射到理想介质的表面时，有以下几个结论：

(1) 介质 1 中存在着入射波和反射波这两种成分。由于反射系数的大小始终小于 1，因此入射波的振幅总是大于反射波的振幅。如果将入射波分为两部分，一部分入射波电场的振幅等于反射波，则两者叠加形成驻波，而入射波的其余部分仍为行波。所以，介质 1 中的电磁波是行波和驻波之和，称为行驻波。

(2) 若 $\eta_2>\eta_1$，R 为正，说明在分界面上反射波电场与入射波电场同相，则在分界面上必定出现电场波腹点；反之，若 $\eta_2<\eta_1$，R 为负，说明在分界面上反射波电场与入射波电场反相，则在分界面上必定出现电场波节点。

(3) 在介质 2 中，只有透射波一种成分，故介质 2 中传输的电磁波仍为行波。

小贴士　行波、驻波、行驻波是三种典型的电磁波传播模式。驻波是由两个等幅反向

传播的行波叠加而成的，而行驻波是由两个不等幅的反向传输的行波叠加而成的。

6.1.8 均匀平面波对平面边界的斜入射

1. 概念

1）斜入射

当电磁波以任意角度入射到分界面上时，称为斜入射。

2）入射平面

入射波射线与分界面的法线所组成的平面，称为入射平面。

3）平行极化

若电场矢量平行于入射平面，则称为平行极化。

4）垂直极化

若电场矢量垂直于入射平面，则称为垂直极化。

2. 在介质-理想导体分界面的斜入射

设介质 1 为线性、各向同性和均匀的理想电介质，介质 2 为理想导体，$z=0$ 为两种介质的分界面。设平面波沿 $\boldsymbol{a}_i$ 方向传播，与单位法线 $\boldsymbol{n}$ 的夹角为 θ_i，称为入射角。由于电磁波不能进入理想导体，因此，无论是平行极化波还是垂直极化波，当它入射到理想导体表面时都将被全反射，即反射系数的大小都等于 1。设反射波的传播方向为 $\boldsymbol{a}_r$，它与单位法线 $\boldsymbol{n}$ 的夹角 θ_r 称为反射角。

1）平行极化波

平行极化波斜入射到两种理想导体的表面，此时介质 1 中($z<0$ 的区域)任意点处的电场、磁场表达式为

$$E_x(x, z) = -\mathrm{j}2E_0 \cos\theta \sin(kz \cos\theta)\mathrm{e}^{-\mathrm{j}kx \sin\theta} \tag{6-1-43}$$

$$E_z(x, z) = -2E_0 \sin\theta \cos(kz \cos\theta)\mathrm{e}^{-\mathrm{j}kx \sin\theta} \tag{6-1-44}$$

$$H_y(x, z) = \frac{1}{\eta}2E_0 \cos(kz \cos\theta)\mathrm{e}^{-\mathrm{j}kx \sin\theta} \tag{6-1-45}$$

平行极化波斜入射到理想导体的表面，有以下几个结论：

(1) 在理想导体的表面平行极化波将会全反射，入射角等于反射角，且反射系数 $R_{//}=1$。

(2) 在垂直于分界面的方向(z 轴方向)上，合成波的场量是驻波。

(3) 在平行于分界面的方向(x 轴方向)上，合成波的场量是行波，行波的相速为

$$v_{px} = \frac{\omega}{k_x} = \frac{\omega}{k \sin\theta} = \frac{v_p}{\sin\theta} \tag{6-1-46}$$

式中：$v_p=\dfrac{\omega}{k}$是入射波沿 $\boldsymbol{a}_i$ 方向的相速。

(4) 合成波的等振幅面垂直于 z 轴，而波的等相位面垂直于 x 轴。换句话说，在等相位面内场的大小与空间坐标有关，故它是非均匀平面波。

(5) 若在 $z=0$ 和 $z=-\dfrac{\lambda}{2\cos\theta}$处插入一导体板，将不会改变其场分布，则这个理想导

体板与 $z=0$ 处的理想导体就构成了平行板波导。

(6) 由于沿电磁波传播方向(x 轴方向)不存在磁场分量($H_x=0$)，因此，称这种波为横磁波，简称 TM 波。

2) 垂直极化波

垂直极化波斜入射到理想导体的表面，此时介质 1 中($z<0$ 的区域)任意点处的电场、磁场表达式为

$$E_y(x, z)=-\mathrm{j}2E_0 \sin(kz \cos\theta)\mathrm{e}^{-\mathrm{j}kx \sin\theta} \tag{6-1-47}$$

$$H_x(x, z)=-\frac{2E_0}{\eta} \cos\theta \cos(kz \cos\theta)\mathrm{e}^{-\mathrm{j}kx \sin\theta} \tag{6-1-48}$$

$$H_z(x, z)=-\mathrm{j}\frac{2E_0}{\eta} \sin\theta \sin(kz \cos\theta)\mathrm{e}^{-\mathrm{j}kx \sin\theta} \tag{6-1-49}$$

垂直极化波斜入射到理想导体的表面，有以下几个结论：

(1) 在理想导体的表面垂直极化波也会产生全反射，且反射系数 $R_\perp=-1$。

(2) 在垂直于分界面的方向(z 轴方向)上，合成波的场量是驻波。

(3) 在平行于分界面的方向(x 轴方向)上，合成波的场量是行波，行波的相速为

$$v_{px}=\frac{\omega}{k_x}=\frac{\omega}{k \sin\theta}=\frac{v_p}{\sin\theta} \tag{6-1-50}$$

(4) 合成波的等振幅面垂直于 z 轴，而等相位面垂直于 x 轴，合成波是非均匀平面波。

(5) 在 $z=-\dfrac{\lambda}{2 \cos\theta}$ 处插入一导体板，将不会改变其场分布。

(6) 由于沿电磁波传播方向(x 轴方向)不存在电场分量($E_x=0$)，因此，称这种波为横电波，简称 TE 波。

小贴士　电磁波斜入射到不同分界面时，不同的极化波具有不同的反射、透射特点，要注意区别。

3. 在介质-介质分界面的斜入射

设两种介质均为理想介质，且介质 1 的参数为 μ_1、ε_1，介质 2 的参数为 μ_2、ε_2，$z=0$ 为两种介质的分界面。当电磁波沿 $\boldsymbol{a}_i$ 方向从介质 1 入射到两种介质的分界面时，不论是平行极化波还是垂直极化波，它们的一部分被反射，反射波沿 $\boldsymbol{a}_r$ 方向传播，另一部分透射到介质 2 中，透射波沿 $\boldsymbol{a}_t$ 方向传播，透射线与反射面法线的夹角 θ_t 称为透射角。

1) 反射系数和透射系数

平行极化波的反射系数和透射系数的表达式分别为

$$R_{//}=\frac{E_{0r}}{E_{0i}}=\frac{\eta_1 \cos\theta_i-\eta_2 \cos\theta_t}{\eta_1 \cos\theta_i+\eta_2 \cos\theta_t} \tag{6-1-51}$$

$$T_{//}=\frac{E_{0t}}{E_{0i}}=\frac{2\eta_2 \cos\theta_i}{\eta_1 \cos\theta_i+\eta_2 \cos\theta_t} \tag{6-1-52}$$

且有

$$1+R_{//}=T_{//}\left(\frac{\eta_1}{\eta_2}\right) \tag{6-1-53}$$

垂直极化波的反射系数和透射系数公式为

$$R_{\perp}=\frac{E_{0r}}{E_{0i}}=\frac{\eta_2\cos\theta_i-\eta_1\cos\theta_t}{\eta_2\cos\theta_i+\eta_1\cos\theta_t} \tag{6-1-54}$$

$$T_{\perp}=\frac{E_{0t}}{E_{0i}}=\frac{2\eta_2\cos\theta_i}{\eta_2\cos\theta_i+\eta_1\cos\theta_t} \tag{6-1-55}$$

且有

$$1+R_{\perp}=T_{\perp} \tag{6-1-56}$$

结论：

(1) 入射角等于反射角，且入射波和透射波满足斯涅尔折射定律 $k_1\sin\theta_i=k_2\sin\theta_t$，因此透射波又称为折射波。

(2) 通常情况下，一般介质的磁导率很接近自由空间的磁导率，此时有

$$\frac{\sin\theta_t}{\sin\theta_i}=\sqrt{\frac{\varepsilon_1}{\varepsilon_2}}=\frac{n_1}{n_2} \tag{6-1-57}$$

式中：n_1和n_2分别是介质1和2的折射率。

2) 全反射和全透射

发生全反射的条件是电磁波从介电常数较大的介质入射到介电常数较小的介质，也就是$\varepsilon_1>\varepsilon_2$的情况。由于$\varepsilon_1>\varepsilon_2$，由式(6-1-57)得$\theta_t>\theta_i$，必将存在一个入射角使透射角等于90°，我们将使透射角$\theta_t=90°$的入射角θ_i称为临界角θ_c，其表达式为

$$\theta_c=\arcsin\left(\sqrt{\frac{\varepsilon_2}{\varepsilon_1}}\right) \tag{6-1-58}$$

当入射角θ_i等于临界角θ_c，或透射角$\theta_t=90°$且入射角θ_i大于临界角θ_c时，$\sin\theta_t=\sqrt{\frac{\varepsilon_1}{\varepsilon_2}}\sin\theta_i>1$，透射角不再是实数，而是虚数，此时就发生了全反射，因此临界角θ_c也称为全反射角。

结论：

(1) 入射角等于或大于临界角时，将产生全反射。无论是平行极化波还是垂直极化波，当入射角等于或大于临界角时，都将产生全反射。

我们将平行极化波反射系数等于零时的入射角称为布儒斯特角，又称为极化角，其表达式为

$$\theta_B=\arcsin\left(\sqrt{\frac{\varepsilon_2}{\varepsilon_1+\varepsilon_2}}\right) \tag{6-1-59}$$

(2) 当任意极化的电磁波以布儒斯特角入射时，平行极化波将发生全透射。任意极化的电磁波以布儒斯特角入射时，平行极化波的反射系数等于零，也就是发生了全透射。而垂直极化波的反射系数不等于零，因此，反射波将只包含垂直极化分量。这表明椭圆极化波或圆极化波经过反射后将成为线极化波。在工程中，可以利用这个原理将垂直极化波提取出来。

小贴士 全反射、全透射是两种特殊的情形，在工程中有特殊的应用。光纤利用的是全反射，而极化分离就是用全透射原理实现的。

6.2　重点与难点

6.2.1　本章重点和难点

(1) 均匀平面电磁波的概念以及均匀平面电磁波在理想介质和导电介质中的传播规律、描述传播特性的参量及意义是本章的重点之一；

(2) 均匀平面电磁波对理想导体和理想介质的垂直入射及波在这种情况下的传播规律是本章的重点之二；

(3) 纯驻波、行驻波、行波的概念及性质是本章的重点之三；

(4) 当电磁波入射到两种不同介质的分界面时会涉及边界条件的应用，尤其是斜入射时，波可能由原来的均匀平面波转换为非均匀平面波，行波可能变换为纯驻波或行驻波，其物理现象和概念及场的表达式比较烦琐、复杂，这也是本章的难点。

6.2.2　平面电磁波的概念及特性

等相位面为平面的电磁波称为平面电磁波，真正的平面电磁波在实际中不存在，但实际存在的各种电磁波可看成由许多平面电磁波叠加而成，所以分析平面电磁波有很重要的意义。

1. 关于平面波的几个概念

1) 均匀平面电磁波

在等相位面内，电磁波的电场和磁场分量的大小和方向都不随空间位置变化，这种平面波称为均匀平面电磁波。比如沿 $+z$ 轴传输的平面电磁波，xy 平面为它的等相位面，在 xy 平面内电磁波的电场和磁场的大小和方向都不变，换句话说，电场和磁场分量仅是坐标 z 的函数。

2) TEM 波、TE 波、TM 波

电磁波的传播方向称为纵向，与传播方向相垂直的平面称为横向平面。电场和磁场分量都在横向平面内的电磁波称为横电磁波，简称 TEM 波；电场分量在横向平面内的电磁波称为横电波，简称 TE 波；磁场分量在横向平面内的电磁波称为横磁波，简称 TM 波。

3) 行波、驻波、行驻波

观察某一等相位面，电磁波的等相位面随着时间的推移沿 $+z$ 轴方向向前移动，我们称之为行波。当电磁波在无限大介质中传播时，由于只有在一个方向传输的波，因此此时的电磁波为行波。

电磁波的电场和磁场随空间位置按正弦规律变化，电场幅度取最大的点称为波腹点，电场幅度取最小的点称为波节点。其波腹点和波节点的位置不随时间变化，这种波节点和波腹点位置固定不动(不随时间变化)的波叫作驻波。在电磁波入射到理想导体表面时，由于全反射，即反射波的幅度与入射波的幅度相等，两者合成后形成纯驻波。

介质中传播的电磁波是行波和驻波之和，称为行驻波。当电磁波入射到理想介质表面时，由于部分反射，即反射波的幅度小于入射波的幅度，两者合成后既有行波又有纯驻波，形成行驻波。

4) 非均匀平面波

在等相位面内场的大小与空间坐标有关，这种平面波称为非均匀平面波。比如沿 $+z$ 轴传输的平面电磁波，xy 平面为它的等相位面，在 xy 平面内电磁波的电场和磁场的大小与 xy 有关。

2. 均匀平面波在无限大介质中的传播特性

1) 在无限大理想介质中的传播特性

在无限大介质中传播的均匀平面电磁波均为行波，当电磁波在无限大的理想介质中传播时，其传播特性归纳如下：

(1) 均匀平面电磁波在理想介质中以恒定的速度无衰减地向前传播，称为无衰减行波；电磁波在传播过程中波形无变化。

(2) 在理想介质中波的传播常数(也称为相位常数) $k=\omega\sqrt{\mu\varepsilon}$ 为实数，电磁波传播的速度 $v_p=\omega/k$，波速仅取决于介质参数本身，与频率等其他因素无关。

(3) 电场与磁场的振幅之比为波阻抗 η(常数)，电场和磁场不仅有相同的波形，且在空间同一点具有相同的相位。

(4) 电磁波的电场 $\boldsymbol{E}$ 与磁场 $\boldsymbol{H}$ 都与传播方向垂直，即沿传播方向的电场和磁场分量等于零，因此又称为横电磁波(TEM 波)；$\boldsymbol{E}$、$\boldsymbol{H}$ 与坡印亭矢量 $\boldsymbol{S}$ 三者互相垂直，且满足右手螺旋定则。

(5) 坡印亭矢量是纯实数，它等于平均坡印亭矢量。电场能量密度等于磁场能量密度，能度等于相速。

2) 在无限大导电介质中的传播特性

当电磁波在无限大的导电介质中传播时，其传播特性归纳如下：

(1) 均匀平面电磁波在导电介质中向前传播，称为有衰减行波。在传播过程中波形发生变化。

(2) 在导电介质中波的传播常数 $\tilde{k}=\beta-\mathrm{j}\alpha$ 为复数。由于相位常数 β 是频率的复杂函数，波速 $v_p=\omega/\beta$ 随频率的变化而变化，因此，导电介质为色散介质。

(3) 电场与磁场的振幅之比为波阻抗的模值，电场和磁场不同相。

(4) 电场 $\boldsymbol{E}$ 与磁场 $\boldsymbol{H}$ 都与传播方向垂直，即沿传播方向的电场和磁场分量等于零，仍然为横电磁波(TEM 波)；$\boldsymbol{E}$、$\boldsymbol{H}$ 与坡印亭矢量 $\boldsymbol{S}$ 三者互相垂直，且满足右手螺旋定则。

(5) 坡印亭矢量是复数，它的实部等于平均坡印亭矢量。电场能量密度不等于磁场能量密度，能度不等于相速。

对均匀平面电磁波在理想介质和导电介质的传播特性进行归纳，掌握它们的异同点对学好这部分内容有很大的帮助。

3. 均匀平面波对边界的垂直入射

研究均匀平面电磁波对边界的垂直入射问题，有两个关键点：

(1) 深刻理解和掌握电磁波在无限大介质中的传播规律及特点；

(2) 正确利用介质分界面的边界条件。

1) 从理想介质垂直入射到理想导体表面

如果把握了以上两点，这部分内容就较容易理解和掌握。

电磁波从理想介质 1 垂直入射到理想导体的表面时，将产生全反射，反射系数 $R=-1$，透射系数 $T=0$。此时在理想介质中电磁波的特性可归纳如下：

(1) 全反射使得在理想介质中的合成场呈现纯驻波特性。

(2) 在理想介质中，电场和磁场的方向在空间仍然相互垂直，在时间上有 90°的相位差，其平均坡印亭矢量等于零。

2) 从理想介质垂直入射到理想介质表面

电磁波从理想介质 1 垂直入射到理想介质 2 的表面时，将产生反射和透射。设理想介质 1 的波阻抗为 η_1，理想介质 2 的波阻抗为 η_2，反射系数为 R，透射系数为 T，$1+R=T$，在两种介质中电磁波的特性可归纳如下：

(1) 由于 $R<1$，因此理想介质 1 中的电磁波既有行波又有驻波，是行波和驻波之和，称为行驻波。

(2) 在理想介质 1 中，电场和磁场的方向在空间仍然相互垂直，其平均坡印亭矢量为 $\dfrac{|E_{\text{im}}|^2}{2\eta_1}(1-R^2)$。显然，当反射系数等于零时，平均坡印亭矢量为 $\dfrac{|E_{\text{im}}|^2}{2\eta_1}$，与无限大无耗介质中的表达式相同。

(3) 在理想介质 2 中有透射波，其电磁波的特性为行波，其平均坡印亭矢量为 $\dfrac{|E_{\text{im}}|^2}{2\eta_1}(1+R)^2$。同样，当反射系数等于零时，平均坡印亭矢量为 $\dfrac{|E_{\text{im}}|^2}{2\eta_1}$，与无限大无耗介质中的表达式相同。

4. 均匀平面波对平面边界的斜入射

若入射电磁波的入射方向与分界面的法线方向不在同一直线上，则称为斜入射。

1) 从理想介质斜入射到理想导体表面

电磁波从理想介质斜入射到理想导体的表面时，无论是平行极化波还是垂直极化波都会产生全反射。对于平行极化波，反射系数 $R_{//}=1$；对于垂直极化波，反射系数 $R_{\perp}=-1$，透射系数 $T=0$。此时在理想介质中电磁波的特性可归纳如下：

(1) 无论是平行极化波还是垂直极化波，在垂直于分界面的方向上呈现驻波特性，在平行于分界面的方向上呈现行波特性，且在介质 1 中均为非均匀平面波。

(2) 对于平行极化波，由于沿传播方向不存在磁场分量，因此电磁波为横磁波；而对于垂直极化波，沿传播方向不存在电场分量，因此电磁波为横电波。

2) 从理想介质斜入射到理想介质表面

电磁波从理想介质 1 斜入射到理想介质 2 的表面时，有两种情况是我们要特别关注的：全反射和全透射。

无论是平行极化波还是垂直极化波，当入射角等于或大于临界角 θ_c 时，都将产生全反射；任意极化的电磁波以布儒斯特角 θ_B 入射时，平行极化波将产生全透射。

值得注意的是：全反射时理想介质 2 中虽然没有电磁波传入，但由于在分界面上要满足电场、磁场切向分量连续的条件，因此理想介质 2 中有场分量存在，这些场分量沿垂直于分界面方向作指数规律衰减，沿平行于分界面方向传播。因此，在理想介质2中仅在分界面表面附近的一薄层内有电磁波存在，因此称为表面波。这种表面波的平均坡印亭矢量是沿平行于分界面方向的，沿垂直于分界面方向的平均能流等于零，但瞬时坡印亭矢量不等于零，这正说明介质2与介质1之间存在着能量交换。在前半个周期，入射波能量透入到介质2，介质2将能量在分界面附近存储起来；在后半个周期，介质2将储存的能量释放出来返回到介质1。由于这个过程不断发生，因此在分界面附近就形成了沿分界面流动的电磁能流。

6.2.3 平面电磁波的传播特性参数

1. 传播常数

传播常数是描述电磁波传播特性的一个非常重要的物理量，它与描述波传播特性的各参数(如相位、波速、波长、衰减等)有直接关系。

在理想介质中，传播常数 k 为实数，此时有

$$k=\omega\sqrt{\mu\varepsilon},\quad v_{\mathrm{p}}=\frac{\omega}{k}=\frac{1}{\sqrt{\mu\varepsilon}},\quad \lambda=\frac{2\pi}{k}=\frac{v_{\mathrm{p}}}{f}$$

电磁波在理想介质中传播无衰减，相速不随频率而变化。所以理想介质称为无耗介质，也称为无色散介质。

在导电介质中，传播常数为复数，此时有

$$\tilde{k}=\beta-\mathrm{j}\alpha,\quad v_{\mathrm{p}}=\frac{\omega}{\beta},\quad \lambda=\frac{2\pi}{\beta}=\frac{v_{\mathrm{p}}}{f}$$

由于衰减常数 α 和相位常数 β 都是频率的复杂函数，因此电磁波在导电介质中传播时，不同频率成分波衰减的幅度不同，传播的速度也不同，从而使波形发生变化。相速随频率而变化，导电介质也称为色散介质。

2. 波阻抗

波阻抗反映了均匀平面电磁波的电场与磁场的相对大小和相位关系。

在理想介质中，波阻抗 $\eta=\sqrt{\mu/\varepsilon}$ 为实数，仅与介质特性有关，电场与磁场同相位。

在导电介质中，波阻抗 $\eta=\sqrt{\frac{\mu}{\varepsilon}}\left(1+\frac{\sigma}{\omega\varepsilon}\right)^{-1/4}\mathrm{e}^{\mathrm{j}\varphi}$ 为复数，波阻抗的大小和相位不仅取决于介质本身，还是频率的函数，且电场与磁场不同相，电场超前磁场相位 φ，$\varphi=\frac{1}{2}\arctan\left(\frac{\sigma}{\omega\varepsilon}\right)$。

3. 坡印亭矢量与坡印亭定理

坡印亭矢量反映了单位时间内单位面积上电磁能量的变化。当一种介质中有两个电磁波传播时，坡印亭矢量一般不满足叠加定理，但满足能量守恒与转换定律。这是由于电磁波的能量密度和能流密度不是场强的线性函数，因此能量和能流不满足叠加定理，或者说两个电磁波叠加的总能量一般不等于两者单独存在时所具有的能量之和。

比如，电磁波在无耗介质中传播，当遇到两种不同介质的分界面时会产生反射、透射，此时介质1中存在入射波和反射波两种电磁波，介质1中的坡印亭矢量一般不等于入射波坡印亭矢量与反射波坡印亭矢量的和。换句话说，介质1中的坡印亭矢量等于介质1中总

电场与总磁场的乘积，介质 1 中的总能流密度等于介质 2 中的总能流密度，也就是满足坡印亭定理。

6.3　典型例题分析

【例 1】 均匀平面电磁波在理想介质中传播，介质的相对介电常数为 4，相对磁导率为 1，其磁场强度表达式为

$$\boldsymbol{H} = \boldsymbol{a}_x 5 \cos(\omega t - \pi z)$$

试求：

(1) 波的传播方向；

(2) 电磁波的速度和波阻抗；

(3) 电场强度的时间表达式；

(4) 平均坡印亭矢量。

解 (1) 由磁场强度的表达式可见，波的传播方向为 $+z$ 轴方向。

(2) 在理想介质中，电磁波的速度仅与介质特性有关，其相速为

$$v_{\mathrm{p}} = \frac{1}{\sqrt{\mu\varepsilon}} = \frac{3\times10^8}{\sqrt{4}}\ \mathrm{m/s} = 1.5\times10^8\ \mathrm{m/s}$$

波阻抗为

$$\eta = \sqrt{\frac{\mu}{\varepsilon}} = \frac{120\pi}{2}\ \Omega = 60\pi\,\Omega$$

(3) 磁场强度的复数表达式为

$$\boldsymbol{H} = \boldsymbol{a}_x 5\mathrm{e}^{-\mathrm{j}\pi z}$$

电场强度的复数表达式为

$$\boldsymbol{E} = \eta\boldsymbol{H}\times\boldsymbol{a}_z = -\boldsymbol{a}_y 300\pi\mathrm{e}^{-\mathrm{j}\pi z}$$

由传播常数与角频率的关系

$$\omega = v_{\mathrm{p}} k = 1.5\pi\times10^8\ \mathrm{rad/s}$$

得电场强度的时间表达式为

$$\boldsymbol{E} = -\boldsymbol{a}_y 300\pi\cos(1.5\pi\times10^8 t - \pi z)$$

(4) 将电场矢量与磁场矢量的复数表达式代入平均坡印亭矢量的表达式中得

$$\boldsymbol{S}_{\mathrm{av}} = \frac{1}{2}\mathrm{Re}(\boldsymbol{E}\times\boldsymbol{H}^*) = 750\pi\boldsymbol{a}_z$$

可见，坡印亭矢量的方向就是电磁波的传播方向，电场、磁场与坡印亭矢量三者相互垂直，满足右手螺旋定则。

【例 2】 均匀平面电磁波从空气中沿 $+z$ 轴方向垂直入射到理想导体表面，入射波在 $z=0$ 的理想导体表面的电场强度表达式为 $\boldsymbol{E}=\boldsymbol{a}_x 100\cos(3\times10^9\pi t)$。试求：

(1) 入射波、反射波的电场与磁场表达式；

(2) 空气中总的电场、磁场表达式；

(3) 理想导体表面的电流密度。

解 (1) 电磁波在空气中的传播常数为

$$k=\omega\sqrt{\mu_0\varepsilon_0}=3\times10^9\pi\sqrt{4\pi\times10^{-7}\times\frac{1}{36\pi}\times10^{-9}}=10\pi$$

波阻抗为

$$\eta=\sqrt{\frac{\mu_0}{\varepsilon_0}}=120\pi$$

空气中入射波电场的复数表达式为

$$\boldsymbol{E}_{\mathrm{i}}=\boldsymbol{a}_x100\mathrm{e}^{-\mathrm{j}10\pi z}$$

入射波磁场为

$$\boldsymbol{H}_{\mathrm{i}}=\frac{1}{\eta}\boldsymbol{a}_z\times\boldsymbol{a}_x100\mathrm{e}^{-\mathrm{j}10\pi z}=\boldsymbol{a}_y\frac{5}{6\pi}\mathrm{e}^{-\mathrm{j}10\pi z}$$

由于在理想导体的表面产生全反射，反射系数 $R=-1$，且反射波沿 $-z$ 轴方向传播，因此反射波的电场为

$$\boldsymbol{E}_{\mathrm{r}}=-\boldsymbol{a}_x100\mathrm{e}^{\mathrm{j}10\pi z}$$

反射波的磁场为

$$\boldsymbol{H}_{\mathrm{r}}=\frac{1}{\eta}(-\boldsymbol{a}_z)\times(-\boldsymbol{a}_x)100\mathrm{e}^{\mathrm{j}10\pi z}=\boldsymbol{a}_y\frac{5}{6\pi}\mathrm{e}^{\mathrm{j}10\pi z}$$

(2) 空气中的总电场为

$$\boldsymbol{E}=\boldsymbol{E}_{\mathrm{i}}+\boldsymbol{E}_{\mathrm{r}}=\boldsymbol{a}_x100\mathrm{e}^{-\mathrm{j}10\pi z}-\boldsymbol{a}_x100\mathrm{e}^{\mathrm{j}10\pi z}=-\boldsymbol{a}_x200\mathrm{j}\sin(10\pi z)$$

空气中的总磁场为

$$\boldsymbol{H}=\boldsymbol{H}_{\mathrm{i}}+\boldsymbol{H}_{\mathrm{r}}=\boldsymbol{a}_y\frac{5}{6\pi}\mathrm{e}^{-\mathrm{j}10\pi z}+\boldsymbol{a}_y\frac{5}{6\pi}\mathrm{e}^{\mathrm{j}10\pi z}=\boldsymbol{a}_y\frac{5}{3\pi}\cos(10\pi z)$$

(3) 根据边界条件，在导体表面的电流密度为

$$\boldsymbol{J}_S\big|_{z=0}=\boldsymbol{n}\times\boldsymbol{H}\big|_{z=0}=-\boldsymbol{a}_z\times\boldsymbol{H}\big|_{z=0}=\boldsymbol{a}_x\frac{5}{3\pi}$$

由此可见，当电磁波垂直入射到理想导体表面时，在空气中形成纯驻波，电场与磁场在空间上相互垂直，在时间上有 90°的相位差，平均坡印亭矢量等于零。

【例 3】 设 $f=300$ MHz 的单一频率均匀平面电磁波从空气中沿 $+z$ 轴方向垂直入射到 $\mu_{\mathrm{r}}=1$ 的某理想介质表面，入射波电场强度的大小为 6 mV/m，极化为沿 $+y$ 轴方向。设反射系数的大小为 0.5，且在两种介质的表面形成电场波节点。试求：

(1) 理想介质的相对介电常数；

(2) 反射波电场与磁场的表达式；

(3) 透射波的电场与磁场；

(4) 空气中的平均坡印亭矢量。

解 (1) 空气中的波阻抗 $\eta_1=120\pi$，理想介质的波阻抗为 η_2，由反射系数的表达式

$$R=\frac{\eta_2-\eta_1}{\eta_2+\eta_1}$$

和两种介质的表面形成电场波腹点的条件可知，反射系数一定等于 -0.5，所以理想介质的波阻抗为

$$\eta_2=\frac{\eta_1}{3}=40\pi$$

因此，理想介质的相对介电常数为

$$\varepsilon_{r2} = 9$$

(2) 在空气中，传播常数为

$$k_1 = \omega\sqrt{\mu_0\varepsilon_0} = 2\pi f\sqrt{\mu_0\varepsilon_0} = 2\pi$$

入射波的电场和磁场分别为

$$\boldsymbol{E}_i = \boldsymbol{a}_y 6\mathrm{e}^{-\mathrm{j}2\pi z}$$

$$\boldsymbol{H}_i = \frac{1}{\eta_1}\boldsymbol{a}_z \times \boldsymbol{a}_y 6\mathrm{e}^{-\mathrm{j}2\pi z} = -\boldsymbol{a}_x \frac{1}{20\pi}\mathrm{e}^{-\mathrm{j}2\pi z}$$

反射波的电场为

$$\boldsymbol{E}_r = \boldsymbol{a}_y 6R\mathrm{e}^{\mathrm{j}2\pi z} = -\boldsymbol{a}_y 3\mathrm{e}^{\mathrm{j}2\pi z}$$

反射波的磁场为

$$\boldsymbol{H}_r = \frac{1}{\eta_1}(-\boldsymbol{a}_z)\times(-\boldsymbol{a}_y)3\mathrm{e}^{\mathrm{j}2\pi z} = -\boldsymbol{a}_x \frac{1}{40\pi}\mathrm{e}^{\mathrm{j}2\pi z}$$

(3) 理想介质中的传播常数为

$$k_2 = \omega\sqrt{\mu_0\varepsilon_0\varepsilon_{r2}} = 2\pi f\sqrt{\mu_0\varepsilon_0} = 6\pi$$

设透射系数为 T，则透射波的电场为

$$\boldsymbol{E}_t = \boldsymbol{a}_y 6T\mathrm{e}^{-\mathrm{j}6\pi z} = \boldsymbol{a}_y 6(1+R)\mathrm{e}^{-\mathrm{j}6\pi z} = \boldsymbol{a}_y 3\mathrm{e}^{-\mathrm{j}6\pi z}$$

透射波的磁场为

$$\boldsymbol{H}_t = \frac{1}{\eta_2}\boldsymbol{a}_z \times \boldsymbol{a}_y 3\mathrm{e}^{-\mathrm{j}6\pi z} = -\boldsymbol{a}_x \frac{3}{40\pi}\mathrm{e}^{-\mathrm{j}6\pi z}$$

(4) 空气中的总电场和磁场分别为

$$\boldsymbol{E}_1 = \boldsymbol{E}_i + \boldsymbol{E}_r$$

$$\boldsymbol{H}_1 = \boldsymbol{H}_i + \boldsymbol{H}_r$$

平均坡印亭矢量为

$$\begin{aligned}\boldsymbol{S}_{av} &= \frac{1}{2}\mathrm{Re}(\boldsymbol{E}_1 \times \boldsymbol{H}_1^*)\\ &= \frac{1}{2}\mathrm{Re}\left[(\boldsymbol{a}_y 6\mathrm{e}^{-\mathrm{j}2\pi z} - \boldsymbol{a}_y 3\mathrm{e}^{\mathrm{j}2\pi z})\times\left(-\boldsymbol{a}_x\frac{1}{20\pi}\mathrm{e}^{\mathrm{j}2\pi z} - \boldsymbol{a}_x\frac{1}{40\pi}\mathrm{e}^{-\mathrm{j}2\pi z}\right)\right]\\ &= \boldsymbol{a}_z\frac{9}{80\pi}\end{aligned}$$

也可以用公式

$$\boldsymbol{S}_{av} = \boldsymbol{a}_z\frac{|E_{im}|^2}{2\eta_1}(1-R^2) = \boldsymbol{a}_z\frac{9}{80\pi}$$

显然，反射波的存在使空气中传输的平均能流降低了。

6.4 部分习题参考答案

6.1 已知电磁波的电场强度的瞬时表达式为

$$\boldsymbol{E} = \boldsymbol{a}_x E_0\cos(\omega t - \beta z + \varphi_0)$$

它是否为均匀平面波？其传播方向和磁场强度分别沿什么方向？

解 由麦克斯韦第二方程得磁场强度为

$$\boldsymbol{H}=\boldsymbol{a}_y\frac{\beta E_0}{\omega\mu_0}\cos(\omega t-\beta z+\varphi_0)$$

由于该电磁波的等相位面为 $z=$常数，即波沿 $+z$ 轴方向传输，电场强度沿 $+x$ 轴方向，磁场强度沿 $+y$ 轴方向，且在 xy 平面内电场强度和磁场强度大小不变，因此，该电磁波一定是均匀平面波。

6.2 自由空间中一均匀平面波的磁场强度为

$$\boldsymbol{H}=(\boldsymbol{a}_y+\boldsymbol{a}_z)H_0\cos(\omega t-\pi x)$$

试求：

(1) 波的传播方向；

(2) 波长和频率；

(3) 电场强度；

(4) 瞬时坡印亭矢量。

解 (1) 由磁场强度的相位因子知波的传播方向为 $+x$ 轴方向。

(2) 波长为

$$\lambda=\frac{2\pi}{\beta}=2\ \text{m}$$

频率为

$$f=\frac{c}{\lambda}=1500\ \text{MHz}$$

(3) 由于

$$\boldsymbol{E}=-\eta_0\boldsymbol{a}_x\times\boldsymbol{H}=-\eta_0\boldsymbol{a}_x\times(\boldsymbol{a}_y+\boldsymbol{a}_z)H_0\mathrm{e}^{-\mathrm{j}\pi x}=\eta_0(\boldsymbol{a}_y-\boldsymbol{a}_z)H_0\mathrm{e}^{-\mathrm{j}\pi x}$$

因此电场强度为

$$\boldsymbol{E}=\eta_0(\boldsymbol{a}_y-\boldsymbol{a}_z)H_0\cos(\omega t-\pi x)$$

(4) 瞬时坡印亭矢量为

$$\boldsymbol{S}=\boldsymbol{E}\times\boldsymbol{H}=\boldsymbol{a}_x2\eta_0H_0^2\cos^2(\omega t-\pi x)$$

6.3 无耗介质的相对介电常数 $\varepsilon_r=4$，相对磁导率 $\mu_r=1$，一平面电磁波沿 $+z$ 轴方向传播，其电场强度的表达式为

$$\boldsymbol{E}=\boldsymbol{a}_yE_0\cos(6\times10^8t-\beta z)$$

试求：

(1) 电磁波的相速；

(2) 波阻抗和 β；

(3) 磁场强度的瞬时表达式；

(4) 平均坡印亭矢量。

解 (1) 电磁波的相速为

$$v_p=\frac{c}{\sqrt{\varepsilon_r\mu_r}}=1.5\times10^8\ \text{m/s}$$

(2) 波阻抗和相移常数分别为

$$\eta=\sqrt{\frac{\mu}{\varepsilon}}=\sqrt{\frac{\mu_0}{\varepsilon_0\varepsilon_r}}=60\pi\ \Omega$$

$$\beta = \omega \sqrt{\mu\varepsilon} = \frac{6\times 10^8 \times 2}{3\times 10^8}\ \text{rad/m} = 4\ \text{rad/m}$$

（3）电磁强度的复数表达式为

$$\boldsymbol{E} = \boldsymbol{a}_y E_0 \mathrm{e}^{-\mathrm{j}\beta z}$$

磁场强度的复数表达式为

$$\boldsymbol{H} = -\frac{1}{\eta}\boldsymbol{a}_z \times \boldsymbol{a}_y E_0 \mathrm{e}^{-\mathrm{j}\beta z} = -\frac{1}{\eta}\boldsymbol{a}_x E_0 \mathrm{e}^{-\mathrm{j}\beta z}$$

磁场强度的瞬时表达式为

$$\boldsymbol{H} = -\boldsymbol{a}_x \frac{E_0}{60\pi}\cos(6\times 10^8 t - \beta z)$$

（4）平均坡印亭矢量为

$$\boldsymbol{S}_{\text{av}} = \frac{1}{2}\text{Re}(\boldsymbol{E}\times\boldsymbol{H}^*) = \boldsymbol{a}_z \frac{|E_0|^2}{120\pi}$$

6.4　一均匀平面电磁波从海水表面（$x=0$）沿正$+x$轴方向向海水中传播。在 $x=0$ 处，电场强度为

$$\boldsymbol{E} = \boldsymbol{a}_y 100\cos(10^7\pi t)$$

若海水的 $\varepsilon_r=80$，$\mu_r=1$，$\sigma=4$ S/m。

（1）求衰减常数、相位常数、波阻抗、相位速度、波长、趋肤深度；

（2）写出海水中电场强度的表达式；

（3）电场强度的振幅衰减到表面值的 1% 时，求波传播的距离；

（4）当 $x=0.8$ m 时，写出电场和磁场的表达式；

（5）如果电磁波的频率变为 $f=50$ kHz，重复(3)的计算。比较两个结果会得到什么结论。

解　（1）电磁波的角频率为 $\omega=10^7\pi$，复介电常数为

$$\tilde{\varepsilon} = \varepsilon\left(1-\mathrm{j}\frac{\sigma}{\omega\varepsilon}\right) = \varepsilon\left(1-\mathrm{j}\frac{\sigma}{\omega\varepsilon}\right) \approx -\mathrm{j}\frac{\sigma}{\omega}$$

传播常数为

$$\tilde{k} = \omega\sqrt{\mu\tilde{\varepsilon}} = \beta - \mathrm{j}\alpha$$

$$\alpha = \beta = 2\sqrt{2}\pi$$

波阻抗为

$$\tilde{\eta} = \sqrt{\frac{\mu}{\tilde{\varepsilon}}} = \pi\angle 45^\circ$$

相速为

$$v_p = \frac{2\pi}{\beta} = \frac{1}{\sqrt{2}}$$

（2）海水中电场强度的表达式为

$$\boldsymbol{E}(x,t) = \boldsymbol{a}_y 100\mathrm{e}^{-2\sqrt{2}\pi x}\cos\left(10^7\pi t - 2\sqrt{2}\pi x\right)$$

（3）当电磁波的传播距离为 x_0 时，其电场强度的振幅衰减为表面值的 1%，即 $\mathrm{e}^{-2\sqrt{2}\pi x_0} = 0.01$，得 $x_0=0.518$ m。

（4）$x_0=0.8$ m 时的电场强度为

$$\boldsymbol{E}(x, t)=\boldsymbol{a}_y 100\mathrm{e}^{-2\sqrt{2}\pi\times 0.8}\cos(10^7\pi t-2\sqrt{2}\pi\times 0.8)=\boldsymbol{a}_y 0.082\cos(10^7\pi t-7.11)$$

磁场强度的复数表达式为

$$\boldsymbol{H}(x)=\frac{1}{\tilde{\eta}}\boldsymbol{a}_x\times\boldsymbol{a}_y 0.082\mathrm{e}^{-\mathrm{j}7.11}=\boldsymbol{a}_z 0.026\mathrm{e}^{-\mathrm{j}7.89}$$

磁场强度的时间表达式为

$$\boldsymbol{H}(x, t)=\boldsymbol{a}_z 0.026\cos(10^7\pi t-7.89)$$

(5) 如果频率降低到 50 kHz，根据传播常数与频率的关系可知，衰减常数降低到原来的 1/10，即

$$\alpha=\beta=\frac{2\sqrt{2}\pi}{10}$$

此时，电场强度的振幅衰减到表面值的 1%，所传播的距离为

$$x_0=5.18\ \mathrm{m}$$

6.5 判断下面平面波的极化形式：

(1) $\boldsymbol{E}=\boldsymbol{a}_x\cos(\omega t-\beta z)+\boldsymbol{a}_y 2\sin(\omega t-\beta z)$；

(2) $\boldsymbol{E}=\boldsymbol{a}_x\sin(\omega t-\beta z)+\boldsymbol{a}_y\cos(\omega t-\beta z)$；

(3) $\boldsymbol{E}=\boldsymbol{a}_x\sin(\omega t-\beta z)+\boldsymbol{a}_y 5\sin(\omega t-\beta z)$；

(4) $\boldsymbol{E}=\boldsymbol{a}_x\cos\left(\omega t-\beta z-\frac{\pi}{4}\right)+\boldsymbol{a}_y 2\sin\left(\omega t-\beta z+\frac{\pi}{4}\right)$。

解 (1) 电场强度的两个分量在时域中的表达式分别为

$$E_x(z, t)=\cos(\omega t-\beta z)$$
$$E_y(z, t)=2\sin(\omega t-\beta z)$$

在 $z=0$ 的平面上，有

$$E_x(0, t)=\cos(\omega t)$$
$$E_y(0, t)=2\sin(\omega t)$$

将上两式平方后相加得

$$E_x^2(0, t)+\frac{1}{4}E_y^2(0, t)=1$$

因此该电磁波为椭圆极化波。

由于 $\omega t=0$，$\omega t=\frac{\pi}{2}$ 分别对应点(1, 0)和(0, 2)，即波的旋转方向为逆时针方向，因此该电磁波为右旋椭圆极化波。

(2) 左旋圆极化波。

(3) 线极化波。

(4) 由于该电磁波表达式为

$$\begin{aligned}\boldsymbol{E}&=\boldsymbol{a}_x\cos\left(\omega t-\beta z-\frac{\pi}{4}\right)+\boldsymbol{a}_y 2\sin\left(\omega t-\beta z+\frac{\pi}{4}\right)\\&=\boldsymbol{a}_x\cos\left(\omega t-\beta z-\frac{\pi}{4}\right)+\boldsymbol{a}_y 2\cos\left(\omega t-\beta z-\frac{\pi}{4}\right)\end{aligned}$$

该电磁波的两个分量的相位差为零，因此它为线极化波。

6.6 均匀平面电磁波的频率 $f=100$ MHz，从空气垂直入射到 $x=0$ 的理想导体上，

设入射波电场沿 $+y$ 轴方向，振幅 $E_m=6$ mV/m，如图 6-1 所示。试写出：

(1) 入射波的电场和磁场表达式；

(2) 反射波的电场和磁场表达式；

(3) 空气中合成波的电场和磁场；

(4) 空气中离导体表面最近的第一个波腹点的位置。

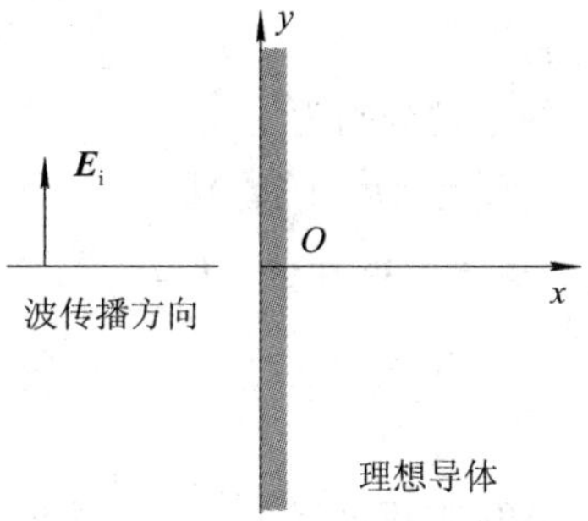

图 6-1 题 6.6 图

解 该电磁波的角频率为

$$\omega = 2\pi f = 2\pi \times 10^8$$

其相移常数为

$$\beta = \frac{\omega}{c} = \frac{2\pi}{3}$$

(1) 入射波电场和磁场的复数表达式为

$$\boldsymbol{E}_i = \boldsymbol{a}_y 6\mathrm{e}^{-\mathrm{j}\beta x}$$

$$\boldsymbol{H}_i = \frac{1}{120\pi}\boldsymbol{a}_x \times \boldsymbol{a}_y 6\mathrm{e}^{-\mathrm{j}\beta x} = \boldsymbol{a}_z \frac{1}{20\pi}\mathrm{e}^{-\mathrm{j}\beta x}$$

(2) 设反射波的电场为

$$\boldsymbol{E}_r = \boldsymbol{a}_y E_{rm}\mathrm{e}^{\mathrm{j}\beta x}$$

则空气中的合成电场为

$$\boldsymbol{E} = \boldsymbol{E}_i + \boldsymbol{E}_r = \boldsymbol{a}_y(6\mathrm{e}^{-\mathrm{j}\beta x} + E_{rm}\mathrm{e}^{\mathrm{j}\beta x})$$

由理想导体的边界条件知，在 $x=0$ 的分界面上电场强度的切向分量等于零，即

$$E_{rm} = -6$$

因此反射波的电场、磁场的复数表达式分别为

$$\boldsymbol{E}_r = -\boldsymbol{a}_y 6\mathrm{e}^{\mathrm{j}\beta x}$$

$$\boldsymbol{H}_r = \frac{1}{120\pi}(-\boldsymbol{a}_x)\times(-\boldsymbol{a}_y 6\mathrm{e}^{\mathrm{j}\beta x}) = \boldsymbol{a}_z \frac{1}{20\pi}\mathrm{e}^{\mathrm{j}\beta x}$$

(3) 空气中的合成电场和磁场的复数表达式分别为

$$\boldsymbol{E} = \boldsymbol{E}_i + \boldsymbol{E}_r = \boldsymbol{a}_y(6\mathrm{e}^{-\mathrm{j}\beta x} + E_{rm}\mathrm{e}^{\mathrm{j}\beta x}) = -\boldsymbol{a}_y \mathrm{j}12\sin\beta x$$

$$\boldsymbol{H} = \boldsymbol{H}_i + \boldsymbol{H}_r = \boldsymbol{a}_z \frac{1}{20\pi}(\mathrm{e}^{-\mathrm{j}\beta x} + \mathrm{e}^{\mathrm{j}\beta x}) = \boldsymbol{a}_z \frac{1}{20\pi}\cos\beta x$$

(4) 令 $-\beta x = \frac{\pi}{2}$，得空气中离导体表面最近的第一个波腹点的位置为

$$x=-\frac{3}{4}\ \text{m}$$

6.7 一圆极化平面电磁波的电场为

$$\boldsymbol{E}=(\boldsymbol{a}_y+\text{j}\boldsymbol{a}_z)E_0\text{e}^{-\text{j}\beta x}$$

它沿$+x$轴方向从空气中垂直入射到$\varepsilon_r=4$、$\mu_r=1$的理想介质表面上。

(1) 求反射波和透射波的电场；

(2) 它们分别属于什么极化？

解 (1) 设反射波和透射波的电场分别为

$$\boldsymbol{E}_r=(\boldsymbol{a}_y+\text{j}\boldsymbol{a}_z)E_{rm}\text{e}^{\text{j}\beta x}$$

$$\boldsymbol{E}_t=(\boldsymbol{a}_y+\text{j}\boldsymbol{a}_z)E_{tm}\text{e}^{-\text{j}\beta_2}$$

式中：$\beta_2=2\beta$。

反射波和透射波的磁场分别为

$$\boldsymbol{H}_r=-\frac{1}{\eta_1}\boldsymbol{a}_x\times(\boldsymbol{a}_y+\text{j}\boldsymbol{a}_z)E_{rm}\text{e}^{\text{j}\beta x}=\frac{1}{\eta_1}(\text{j}\boldsymbol{a}_y-\boldsymbol{a}_z)E_{rm}\text{e}^{\text{j}\beta x}$$

$$\boldsymbol{H}_t=\frac{1}{\eta_2}(\boldsymbol{a}_z-\text{j}\boldsymbol{a}_y)E_{tm}\text{e}^{-\text{j}\beta_2}$$

空气中的合成电场和磁场分别为

$$\boldsymbol{E}=\boldsymbol{E}_i+\boldsymbol{E}_r=(\boldsymbol{a}_y+\text{j}\boldsymbol{a}_z)E_0\text{e}^{-\text{j}\beta x}+(\boldsymbol{a}_y+\text{j}\boldsymbol{a}_z)E_{rm}\text{e}^{\text{j}\beta x}$$

$$\boldsymbol{H}=\boldsymbol{H}_i+\boldsymbol{H}_r=\frac{1}{\eta_1}[(\boldsymbol{a}_z-\text{j}\boldsymbol{a}_y)E_0\text{e}^{-\text{j}\beta x}+(\text{j}\boldsymbol{a}_y-\boldsymbol{a}_z)E_{rm}\text{e}^{\text{j}\beta x}]$$

在$x=0$的分界面上电场和磁场的切向分量均连续，可得

$$E_{rm}=\frac{\eta_2-\eta_1}{\eta_2+\eta_1}E_0$$

$$E_{tm}=\frac{2\eta_2}{\eta_2+\eta_1}E_0$$

式中：$\eta_1=120\pi$；$\eta_2=60\pi$。

因此反射波和透射波的电场分别为

$$\boldsymbol{E}_r=-\frac{1}{3}(\boldsymbol{a}_y+\text{j}\boldsymbol{a}_z)E_0\text{e}^{\text{j}\beta x}$$

$$\boldsymbol{E}_t=\frac{2}{3}(\boldsymbol{a}_y+\text{j}\boldsymbol{a}_z)E_0\text{e}^{-\text{j}\beta_2}$$

(2) 对于反射波，由于z分量超前y分量$90°$，即旋转方向为顺时针方向，而波的传播方向为$-x$轴方向，显然波的传播方向与旋转方向满足右手螺旋定则，因此反射波为右旋圆极化波。进行类似分析可得透射波为左旋圆极化波。

6.8 自由空间中一均匀平面电磁波垂直入射到半无限大无耗介质平面上，已知自由空间与介质分界面上的反射系数为0.5，且电场波腹点在分界面上，介质内透射波的波长是自由空间波长的$\frac{1}{6}$，求介质的相对磁导率和相对介电常数。

解 根据驻波比与反射系数的关系得自由空间与介质分界面上的反射系数为

$$|R|=\frac{\rho-1}{\rho+1}=0.5$$

设电场的波腹点在介质分界面上，则

$$\frac{\eta_2 - 120\pi}{\eta_2 + 120\pi} = 0.5$$

由上式可得

$$\eta_2 = 360\pi$$

又因为

$$\eta_2 = \sqrt{\frac{\mu}{\varepsilon}} = 120\pi\sqrt{\frac{\mu_r}{\varepsilon_r}}$$

介质中电磁波的波长为

$$\lambda_2 = \frac{\lambda_0}{\sqrt{\mu_r \varepsilon_r}} = \frac{\lambda_0}{6}$$

由以上两式得

$$\mu_r = 18, \ \varepsilon_r = 2$$

若电场的波腹点在介质的分界面上，则 $\mu_r = 2$，$\varepsilon_r = 18$。

6.9 均匀平面波的电场强度为 $\boldsymbol{E} = \boldsymbol{a}_x 10 e^{-j6z}$，已知其频率为 $\omega = 1.8 \times 10^9$ rad/s，该波从空气垂直入射到有耗介质 $\varepsilon_r = 2.5$、损耗角正切为 0.5 的 $z = 0$ 的分界面上。求：

(1) 反射波和透射波的电场与磁场的瞬时值表达式；

(2) 空气中及有耗介质中的平均坡印亭矢量。

解 (1) 由题意 $\tan\delta = \frac{\sigma}{\omega\varepsilon} = 0.5$ 得，有耗介质的复介电常数为

$$\tilde{\varepsilon} = \varepsilon\left(1 - j\frac{\sigma}{\omega\varepsilon}\right) = 2.5\sqrt{1.25}\varepsilon_0 e^{-j0.4636}$$

有耗介质中的传播常数和复波阻抗分别为

$$\tilde{k} = 1.8 \times 10^9 \times \sqrt{\mu_0 \tilde{\varepsilon}} = \beta - j\alpha = 9.76 - j2.30$$

$$\tilde{\eta} = \sqrt{\frac{\mu_0}{\tilde{\varepsilon}}} = 225.5 e^{j13.2825^\circ}$$

透射波的电场和磁场表达式分别为

$$\boldsymbol{E}_t = \boldsymbol{a}_x E_{tm} e^{-2.30z} e^{-j9.76z}$$

$$\boldsymbol{H}_t = \boldsymbol{a}_y \frac{1}{225.5} E_{tm} e^{-2.30z} e^{-j9.76z} e^{-j13.2825^\circ}$$

设反射波的电场与磁场的表达式为

$$\boldsymbol{E}_r = \boldsymbol{a}_x E_{rm} e^{j6z}$$

$$\boldsymbol{H}_r = -\boldsymbol{a}_y \frac{1}{120\pi} E_{rm} e^{j6z}$$

入射波的电场与磁场的表达式为

$$\boldsymbol{E}_i = \boldsymbol{a}_x 10 e^{-j6z}$$

$$\boldsymbol{H}_i = \boldsymbol{a}_y \frac{1}{12\pi} e^{-j6z}$$

由 $z = 0$ 的分界面上电场和磁场的切向分量均连续，可得

$$E_{rm} = 2.77 e^{j156.8^\circ}$$

$$E_{tm} = 7.53e^{j8.3°}$$

因此得反射波与透射波的电场、磁场表达式为

$$\boldsymbol{E}_r = \boldsymbol{a}_x 2.77\cos(1.8\times10^9 t + 6z + 156.8°)$$

$$\boldsymbol{E}_t = \boldsymbol{a}_x 7.53e^{-2.30z}\cos(1.8\times10^9 t - 9.76z + 8.3°)$$

$$\boldsymbol{H}_r = \boldsymbol{a}_y 0.0073\cos(1.8\times10^9 t + 6z + 23.2°)$$

$$\boldsymbol{H}_t = \boldsymbol{a}_y 0.0334e^{-2.30z}\cos(1.8\times10^9 t - 9.76z - 5°)$$

(2) 空气中的平均坡印亭矢量为

$$\boldsymbol{S}_{av1} = \frac{1}{2}\mathrm{Re}(\boldsymbol{E}\times\boldsymbol{H}^*) = \boldsymbol{a}_z 0.122$$

有耗介质中的平均坡印亭矢量为

$$\boldsymbol{S}_{av2} = \frac{1}{2}\mathrm{Re}(\boldsymbol{E}_t\times\boldsymbol{H}_t^*) = \boldsymbol{a}_z 0.122e^{-4.6z}$$

6.10 一右旋圆极化波垂直入射到位于 $z=0$ 的理想导体板上，如图 6-2 所示，其电场强度的复数表达式为

$$\boldsymbol{E} = (\boldsymbol{a}_x - j\boldsymbol{a}_y)E_0 e^{-j\beta z}$$

(1) 求反射波的表达式并说明其极化形式；

(2) 求导体板上的感应电流；

(3) 写出总电场的瞬时值表达式。

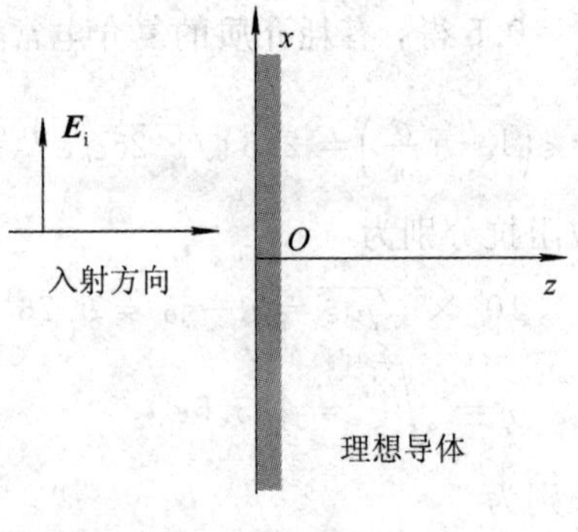

图 6-2 题 6.10 图

解 (1) 设反射波电场为

$$\boldsymbol{E}_r = (\boldsymbol{a}_x E_{rmx} + \boldsymbol{a}_y E_{rmy})e^{j\beta z}$$

在 $z<0$ 的区域内总电场为

$$\boldsymbol{E} = \boldsymbol{E}_i + \boldsymbol{E}_r = \boldsymbol{a}_x(E_{rmx}e^{j\beta z} + E_0 e^{-j\beta z}) + \boldsymbol{a}_y(E_{rmy}e^{j\beta z} - jE_0 e^{-j\beta z})$$

由理想导体的表面电场切向分量等于零得

$$E_{rmx} = -E_0$$

$$E_{rmy} = jE_0$$

因此反射波的表达式为

$$\boldsymbol{E}_r = (-\boldsymbol{a}_x + j\boldsymbol{a}_y)E_0 e^{j\beta z}$$

由于反射波 y 分量滞后 x 分量 90°，因此反射波为左旋圆极化波。

(2) 入射波与反射波的磁场分别为

$$\boldsymbol{H}_{\mathrm{i}} = \frac{1}{\eta}\boldsymbol{a}_z \times \boldsymbol{E}_{\mathrm{i}} = \frac{1}{\eta}(\mathrm{j}\boldsymbol{a}_x + \boldsymbol{a}_y)E_0\mathrm{e}^{-\mathrm{j}\beta z}$$

$$\boldsymbol{H}_{\mathrm{r}} = -\frac{1}{\eta}\boldsymbol{a}_z \times \boldsymbol{E}_{\mathrm{r}} = \frac{1}{\eta}(\mathrm{j}\boldsymbol{a}_x + \boldsymbol{a}_y)E_0\mathrm{e}^{\mathrm{j}\beta z}$$

所以在 $z<0$ 的区域内总磁场为

$$\boldsymbol{H} = \boldsymbol{H}_{\mathrm{i}} + \boldsymbol{H}_{\mathrm{r}} = \frac{1}{\eta}(\mathrm{j}\boldsymbol{a}_x + \boldsymbol{a}_y)E_0(\mathrm{e}^{-\mathrm{j}\beta z} + \mathrm{e}^{\mathrm{j}\beta z}) = \frac{2}{\eta}(\mathrm{j}\boldsymbol{a}_x + \boldsymbol{a}_y)E_0\cos\beta z$$

导体板上 $z=0$ 的感应电流为

$$\boldsymbol{J}_S = -\boldsymbol{a}_z \times \boldsymbol{H}\big|_{z=0} = \frac{2}{\eta}(\boldsymbol{a}_x - \mathrm{j}\boldsymbol{a}_y)E_0$$

(3) 总电场的复数形式为

$$\begin{aligned}\boldsymbol{E} = \boldsymbol{E}_{\mathrm{i}} + \boldsymbol{E}_{\mathrm{r}} &= \boldsymbol{a}_x(-E_0\mathrm{e}^{\mathrm{j}\beta z} + E_0\mathrm{e}^{-\mathrm{j}\beta z}) + \boldsymbol{a}_y(\mathrm{j}E_0\mathrm{e}^{\mathrm{j}\beta z} - \mathrm{j}E_0\mathrm{e}^{-\mathrm{j}\beta z})\\ &= -2E_0(\mathrm{j}\boldsymbol{a}_x + \boldsymbol{a}_y)\sin\beta z\end{aligned}$$

其瞬时值表达式为

$$\boldsymbol{E}(z, t) = 2E_0\sin\beta z(\boldsymbol{a}_x\sin\omega t - \boldsymbol{a}_y\cos\omega t)$$

6.11　有一均匀平面电磁波由空气斜入射到 $z=0$ 的理想导体平面上，如图 6-3 所示，其电场强度的复数表示式为

$$\boldsymbol{E} = \boldsymbol{a}_y E_0\mathrm{e}^{-\mathrm{j}(6x+8z)}$$

(1) 求波的频率和波长；

(2) 写出入射波电场和磁场的瞬时值表达式；

(3) 确定入射角；

(4) 求反射波电场和磁场的复数表达式；

(5) 求合成波的电场和磁场的复数表达式。

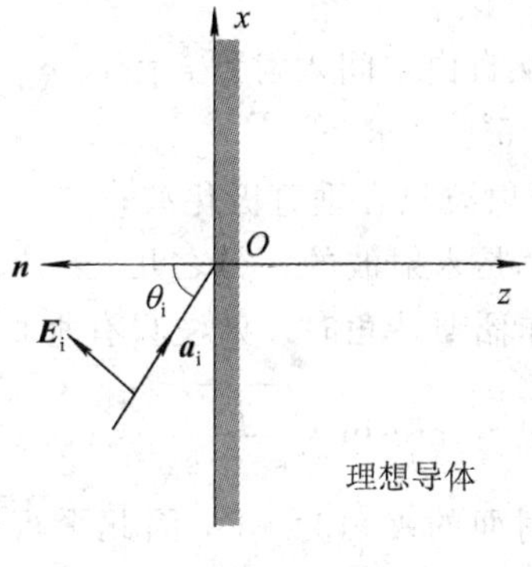

图 6-3　题 6.11 图

解　(1) 设电磁波的传播方向为

$$\boldsymbol{k} = \boldsymbol{a}_x k_x + \boldsymbol{a}_y k_y + \boldsymbol{a}_z k_z$$

由电场强度的表达式得

$$\boldsymbol{k} = \boldsymbol{a}_x 6 + \boldsymbol{a}_z 8$$

因此传播常数的大小为 10，由此得波长为

$$\lambda = \frac{2\pi}{k} = 0.628\ \mathrm{m}$$

频率为

$$f=\frac{c}{\lambda}=\frac{3\times10^8}{0.628}\ \text{MHz}=477\ \text{MHz}$$

(2) 入射波磁场的复数形式为

$$\boldsymbol{H}=(8\boldsymbol{a}_x-\text{j}6\boldsymbol{a}_y)E_0\text{e}^{-\text{j}(6x+8z)}$$

所以入射波电场、磁场的瞬时表达式为

$$\boldsymbol{E}_\text{i}(x,\ z,\ t)=\boldsymbol{a}_yE_0\cos(\omega t-6x-8z)$$

$$\boldsymbol{H}_\text{i}(x,\ z,\ t)=\frac{E_0}{120\pi}(-\boldsymbol{a}_x8+\boldsymbol{a}_z6)\cos(\omega t-6x-8z)$$

式中：$\omega=3\times10^9$ rad/s。

(3) 由 $k\sin\theta_\text{i}=k_x$ 得入射角为

$$\theta_\text{i}=\arcsin0.6=36.9^\circ$$

(4) 设反射角为 θ_r，则反射波电场为

$$\boldsymbol{E}_\text{r}(x,\ z)=\boldsymbol{a}_yE_\text{rm}\text{e}^{-\text{j}k(x\sin\theta_\text{r}-z\cos\theta_\text{r})}$$

由理想导体的表面电场强度的切向分量等于零，得

$$E_\text{rm}=-E_0,\qquad \theta_\text{r}=\theta_\text{i}$$

所以反射波电场、磁场的复数表达式分别为

$$\boldsymbol{E}_\text{r}(x,\ z)=-\boldsymbol{a}_yE_0\text{e}^{-\text{j}(6x-8z)}$$

$$\boldsymbol{H}_\text{r}(x,\ z)=\frac{-E_0}{120\pi}(\boldsymbol{a}_x8+\boldsymbol{a}_z6)\text{e}^{-\text{j}(6x-8z)}$$

(5) 合成波电场、磁场的复数表达式分别为

$$\boldsymbol{E}=\boldsymbol{E}_\text{i}+\boldsymbol{E}_\text{r}=\boldsymbol{a}_yE_0[\text{e}^{-\text{j}(6x+8z)}-\text{e}^{-\text{j}(6x-8z)}]=-\boldsymbol{a}_y2E_0\text{j}\text{e}^{-\text{j}6x}\sin8z$$

$$\boldsymbol{H}=\boldsymbol{H}_\text{i}+\boldsymbol{H}_\text{r}=-\frac{E_0}{30\pi}(\boldsymbol{a}_x4\cos8z+\boldsymbol{a}_z\text{j}3\sin8z)\text{e}^{-\text{j}6x}$$

6.12 一个线极化平面波从自由空间入射到 $\varepsilon_\text{r}=4$、$\mu_\text{r}=1$ 的理想介质表面上，如果入射波的电场与入射面的夹角为 45°。试求：

(1) 入射角 θ_i 为何值时，反射波只有垂直极化波；

(2) 此时反射波的平均功率是入射波的百分之几。

解 (1) 当入射角应等于布儒斯特角时反射波只有垂直极化波，因此有

$$\theta_\text{i}=\arcsin\sqrt{\frac{\varepsilon_2}{\varepsilon_2+\varepsilon_1}}=63.4^\circ$$

(2) 由于入射波电场与入射面的夹角为 45°，因此平行极化波与垂直极化波各占入射功率的 50%，平行极化波全部透射到介质 2 中，而垂直极化波有一部分透射，另一部分被反射。由平行极化波的反射系数等于零得

$$\eta_0\cos\theta_\text{i}=\eta_2\cos\theta_\text{t}$$

即

$$\cos\theta_\text{t}=0.8944$$

垂直极化波的反射系数为

$$R_\perp=-0.6$$

对于垂直极化波来说，反射功率为 36%，因此反射波的平均功率是入射波的平均功率

的 18%。

6.13　垂直极化波从水下以入射角 $\theta_i=20°$投射到水与空气的分界面上，设水的 $\varepsilon_r=81$，$\mu_r=1$，试求：

(1) 临界角 θ_c；

(2) 反射系数和透射系数。

解　(1) 临界角为

$$\theta_c = \arcsin\sqrt{\frac{\varepsilon_2}{\varepsilon_1}} = 6.4°$$

(2) 由于入射角 $\theta_i=20°>\theta_c$，电磁波将发生全反射，因此反射系数的模值等于 1。

又根据$\frac{\sin\theta_t}{\sin\theta_i}=9$得透射角，因此得反射系数和透射系数分别为

$$R_\perp = e^{j38°}$$

$$T_\perp = 1.89e^{j19°}$$

6.14　均匀平面波从自由空间垂直入射到某介质平面时，在自由空间形成驻波，设反射系数的大小为 0.46，介质平面上有驻波最小点，求介质的相对介电常数。

解　根据电磁波垂直入射理论，在两种介质分界面上产生反射。又根据介质分界面上出现驻波最小点，所以有

$$R = \frac{\eta_2-\eta_1}{\eta_2+\eta_1} = -0.46$$

自由空间的波阻抗 $\eta_1=120\pi$，设介质 2 的磁导率等于真空的磁导率，则其波阻抗 $\eta_2=\frac{120\pi}{\sqrt{\varepsilon_{r2}}}$，介质的相对介电常数为

$$\varepsilon_{r2} = 7.31$$

6.15　在无线电装置中常配有电磁屏蔽罩，屏蔽罩由铜制成，要求铜的厚度至少为 5 个趋肤深度，为防止 200 kHz～3 GHz 的无线电干扰，求铜的厚度；若要屏蔽 10 kHz～3 GHz 的电磁干扰，铜的厚度又是多少？

解　根据趋肤深度的公式可知：趋肤深度与频率的平方根成反比，也就是说屏蔽罩的厚度取决于低频部分。在 200 kHz，铜的趋肤深度为

$$\delta_{c1} = \frac{1}{\sqrt{\pi f\mu_0\sigma}} = 0.1478\ \text{mm}$$

因此，屏蔽罩的厚度为 0.74 mm。

若要屏蔽 10 kHz～3 GHz 的信号，在 10 kHz，铜的趋肤深度为

$$\delta_{c2} = \frac{1}{\sqrt{\pi f\mu_0\sigma}} = 6.6\times10^{-4}\ \text{m}$$

此时铜的厚度至少为 3.3 mm。

6.16　一个频率为 300 MHz 的平行极化平面波从自由空间(介质 1)斜入射到 $\varepsilon_r=4$、$\mu_r=1$(介质 2)的理想介质表面上，如果入射线与分界面法线的夹角为 60°，入射波电场的振幅为 E_0，如图 6-4 所示。试求：

(1) 入射波电场强度的表达式；

(2) 入射波磁场强度的表达式；

(3) 反射系数和透射系数。

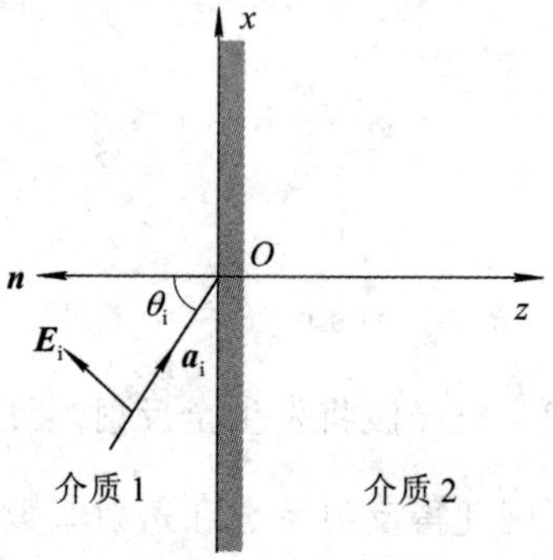

图 6-4 题 6.16 图

解 已知频率为 300 MHz，所以波长为 1 m，介质 1、2 中的波数分别为

$$k_1 = 2\pi\sqrt{\varepsilon_{r1}} = 2\pi$$
$$k_2 = 2\pi\sqrt{\varepsilon_{r2}} = 4\pi$$

波阻抗分别为

$$\eta_1 = \sqrt{\frac{\mu_0}{\varepsilon_0}} = 120\pi$$

$$\eta_2 = \frac{1}{2}\sqrt{\frac{\mu_0}{\varepsilon_0}} = 60\pi$$

电磁波的传播方向为

$$\boldsymbol{k}_1 = \boldsymbol{a}_x k_1 \sin 60° + \boldsymbol{a}_z k_1 \cos 60° = \pi\sqrt{3}\boldsymbol{a}_x + \pi\boldsymbol{a}_z$$

(1) 入射波电场强度的表达式为

$$\begin{aligned}\boldsymbol{E}_i &= E_0(\boldsymbol{a}_x\cos\theta_i - \boldsymbol{a}_z\sin\theta_i)e^{-jk_1(x\sin\theta_i + z\cos\theta_i)} \\ &= E_0(\boldsymbol{a}_x 0.5 - \boldsymbol{a}_z 0.866)e^{-j2\pi(0.866x+0.5z)}\end{aligned}$$

(2) 入射波磁场强度的表达式为

$$\boldsymbol{H}_i = \frac{1}{\eta_0}\frac{\boldsymbol{k}_1}{k_1}\times\boldsymbol{E}_i = \boldsymbol{a}_y\frac{E_0}{120\pi}e^{-j\pi(\sqrt{3}x+z)}$$

(3) 透射角满足

$$\frac{\sin\theta_t}{\sin\theta_i} = \sqrt{\frac{\varepsilon_1}{\varepsilon_2}} = \frac{1}{2}$$

于是 $\theta_t = 25.66°$，此时的反射系数为

$$R_{//} = \frac{\eta_1\cos\theta_i - \eta_2\cos\theta_t}{\eta_1\cos\theta_i + \eta_2\cos\theta_t} = 0.052$$

而透射系数为

$$T_{//} = \frac{2\eta_2\cos\theta_i}{\eta_1\cos\theta_i + \eta_2\cos\theta_t} = 0.526$$

6.17 一均匀平面波从自由空间(介质 1)沿 $+z$ 轴方向垂直入射到 $\varepsilon_r = 8$、$\mu_r = 2$(介质 2)的理想介质表面上，电磁波的频率为 100 MHz，入射波电场的振幅为 E_0，极化为 $+x$ 轴

方向，如图 6-5 所示。试求：

(1) 入射波电场强度的表达式；

(2) 入射波磁场强度的表达式；

(3) 反射系数和透射系数；

(4) 介质 1 中的电场表达式；

(5) 介质 2 中的电场表达式。

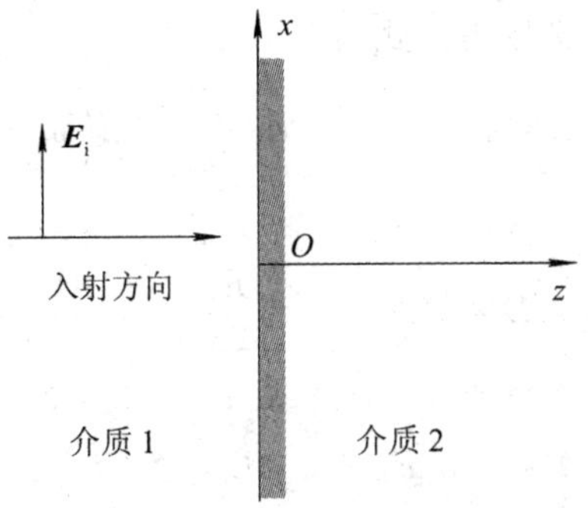

图 6-5　题 6.17 图

解　已知频率为 100 MHz，所以波长为 3 m，介质 1、2 中的波数分别为

$$k_1 = \frac{2\pi}{3}$$

$$k_2 = \frac{2\pi}{3}\sqrt{\mu_r \varepsilon_r} = \frac{8\pi}{3}$$

波阻抗分别为

$$\eta_1 = \sqrt{\frac{\mu_0}{\varepsilon_0}} = 120\pi$$

$$\eta_2 = \frac{1}{2}\sqrt{\frac{\mu_0}{\varepsilon_0}} = 60\pi$$

(1) 入射波电场强度的表达式为

$$\boldsymbol{E}_i = \boldsymbol{a}_x E_0 e^{-jk_1 z} = \boldsymbol{a}_x E_0 e^{-j2\pi z/3}$$

(2) 入射波磁场强度的表达式为

$$\boldsymbol{H}_i = \frac{1}{\eta_0}\boldsymbol{a}_z \times \boldsymbol{E}_i = \boldsymbol{a}_y \frac{E_0}{120\pi} e^{-j2\pi z/3}$$

(3) 反射系数为

$$R = \frac{\eta_2 - \eta_1}{\eta_2 + \eta_1} = -\frac{1}{3}$$

而透射系数为

$$T = \frac{2\eta_2}{\eta_1 + \eta_2} = \frac{2}{3}$$

(4) 介质 1 中的电场表达式为

$$\boldsymbol{E}_1 = \boldsymbol{E}_i + \boldsymbol{E}_r = \boldsymbol{a}_x E_0 (e^{-jk_1 z} + R e^{jk_1 z})$$

$$= \boldsymbol{a}_x E_0 \left(e^{-j2\pi z/3} - \frac{1}{3} e^{j2\pi z/3}\right)$$

(5) 介质 2 中的电场表达式为

$$\boldsymbol{E}_2 = \boldsymbol{a}_x T E_0 \mathrm{e}^{-\mathrm{j}k_2 z} = \boldsymbol{a}_x \frac{2E_0}{3} \mathrm{e}^{-\mathrm{j}8\pi z/3}$$

6.18 自由空间中一均匀平面波的电场强度为

$$\boldsymbol{E} = \boldsymbol{a}_x E_0 \cos(\omega t - \beta z) + \boldsymbol{a}_y 2E_0 \sin\left(\omega t - \beta z + \frac{\pi}{3}\right)$$

求其平均坡印亭矢量。

解 方法一:该平面波的磁场表达式为

$$\boldsymbol{H} = \boldsymbol{a}_y \frac{E_0}{\eta_0} \cos(\omega t - \beta z) - \boldsymbol{a}_x \frac{2E_0}{\eta_0} \sin\left(\omega t - \beta z + \frac{\pi}{3}\right)$$

平均坡印亭矢量为

$$\boldsymbol{S}_{\mathrm{av}} = \frac{1}{T}\int_0^T (\boldsymbol{E} \times \boldsymbol{H})\mathrm{d}t = \boldsymbol{a}_z \frac{E_0^2}{2\eta_0} + \boldsymbol{a}_z \frac{4E_0^2}{2\eta_0} = \boldsymbol{a}_z \frac{E_0^2}{48\pi}$$

方法二:电场强度的复数表达式为

$$\boldsymbol{E} = (\boldsymbol{a}_x E_0 + \boldsymbol{a}_y 2E_0 \mathrm{e}^{-\mathrm{j}\pi/6})\mathrm{e}^{-\mathrm{j}\beta z}$$

磁场表达式为

$$\boldsymbol{H} = \frac{1}{\eta_0} \boldsymbol{a}_z \times \boldsymbol{E} = \frac{\boldsymbol{a}_y E_0 - \boldsymbol{a}_x 2E_0 \mathrm{e}^{-\mathrm{j}\pi/6}}{120\pi} \mathrm{e}^{-\mathrm{j}\beta z}$$

平均坡印亭矢量为

$$\boldsymbol{S}_{\mathrm{av}} = \frac{1}{2} \mathrm{Re}(\boldsymbol{E} \times \boldsymbol{H}^*) = \boldsymbol{a}_z \frac{E_0^2}{48\pi}$$

6.5 练 习 题

6.1 已知电磁波的电场强度的瞬时表达式为

$$\boldsymbol{E} = \boldsymbol{a}_y E_0 \cos(\omega t - \beta z + \varphi_0)$$

它是否为均匀平面波?其传播方向和磁场强度分别沿什么方向?

6.2 自由空间中一均匀平面波的磁场强度为

$$\boldsymbol{H} = \boldsymbol{a}_y H_0 \cos(\omega t - \pi x)$$

试求:

(1) 波的传播方向;

(2) 波长和频率;

(3) 电场强度;

(4) 坡印亭矢量。

(答案:(3) $\boldsymbol{E} = -\boldsymbol{a}_z 120\pi H_0 \mathrm{e}^{-\mathrm{j}\pi x}$;(4) $\boldsymbol{S}_{\mathrm{av}} = \boldsymbol{a}_x 120\pi |H_0|^2$)

6.3 一均匀平面电磁波在海水中沿 $+x$ 轴方向传播。已知电磁波的频率为 100 MHz,在海水表面的电场强度为 E_0,若海水的 $\varepsilon_r = 80$,$\mu_r = 1$,$\sigma = 4$ S/m。

(1) 求衰减常数、相位常数、波阻抗、相位速度、波长、趋肤深度;

(2) 写出海水中的电场强度表达式;

(3) 电场强度的振幅衰减到表面值的 1%时,求波传播的距离。

6.4　判断下面平面波的极化形式：

(1) $\boldsymbol{E}=\boldsymbol{a}_x\cos(\omega t-\beta z)+\boldsymbol{a}_y 2\cos(\omega t-\beta z)$；

(2) $\boldsymbol{E}=\boldsymbol{a}_x\cos(\omega t-\beta z)-\boldsymbol{a}_y\sin(\omega t-\beta z)$；

(3) $\boldsymbol{E}=\boldsymbol{a}_x\sin(\omega t-\beta z)+\boldsymbol{a}_y 5\cos(\omega t-\beta z-\pi/4)$；

(4) $\boldsymbol{E}=\boldsymbol{a}_x\cos(\omega t-\beta z)+\boldsymbol{a}_y 2\sin(\omega t-\beta z+\pi/4)$。

6.5　均匀平面电磁波频率 $f=300$ MHz，从空气垂直入射到 $z=0$ 的理想导体上，设入射波电场沿 $+y$ 轴方向，振幅 $E_m=6$ mV/m。试写出：

(1) 入射波电场和磁场表达式；

(2) 反射波电场和磁场表达式；

(3) 空气中合成波的电场和磁场；

(4) 空气中离导体表面最近的第一个波腹点的位置。

(答案：(1) $k=2\pi$，$\boldsymbol{E}=\boldsymbol{a}_y 6\mathrm{e}^{-\mathrm{j}kz}$；(2) $\boldsymbol{E}=-\boldsymbol{a}_y 6\mathrm{e}^{\mathrm{j}kz}$；(3) $\boldsymbol{a}_y(-\mathrm{j}12)\sin kz$；(4) -0.25)

6.6　一圆极化平面电磁波的电场为

$$\boldsymbol{E}=(\boldsymbol{a}_y-\mathrm{j}\boldsymbol{a}_x)E_0\mathrm{e}^{-\mathrm{j}\beta z}$$

它沿 $+z$ 轴方向从空气中垂直入射到 $\varepsilon_r=4$、$\mu_r=1$ 的理想介质表面上。

(1) 求反射波和透射波的电场；

(2) 它们分别属于什么极化？

(答案：$\boldsymbol{E}_r=-\dfrac{1}{3}(\boldsymbol{a}_y-\mathrm{j}\boldsymbol{a}_x)E_0\mathrm{e}^{\mathrm{j}\beta z}$，右旋圆极化波；$\boldsymbol{E}_t=\dfrac{2}{3}(\boldsymbol{a}_y-\mathrm{j}\boldsymbol{a}_x)E_0\mathrm{e}^{-\mathrm{j}2\beta z}$，左旋圆极化波)

6.7　一右旋圆极化波垂直入射到位于 $z=0$ 的理想导体板上，其电场强度的复数表达式为

$$\boldsymbol{E}=(\boldsymbol{a}_x+\mathrm{j}\boldsymbol{a}_y)E_0\mathrm{e}^{-\mathrm{j}\beta z}$$

(1) 求反射波的表达式并说明其极化形式；

(2) 求板上的感应电流；

(3) 写出总电场的瞬时值表达式。

(答案：$\boldsymbol{E}_r=-(\boldsymbol{a}_x+\mathrm{j}\boldsymbol{a}_y)E_0\mathrm{e}^{\mathrm{j}\beta z}$，右旋圆极化波)

6.8　有一均匀平面电磁波由空气斜入射到 $z=0$ 的理想导体平面上，其电场强度的复数表达式为

$$\boldsymbol{E}=\boldsymbol{a}_y E_0\mathrm{e}^{-\mathrm{j}(8x+6z)}$$

(1) 求波的频率和波长；

(2) 写出入射波电场和磁场的瞬时值表达式；

(3) 确定入射角；

(4) 求反射波电场和磁场的复数表达式；

(5) 求合成波的电场和磁场的复数表达式。

$\left(\text{答案：} f=\dfrac{1.5}{\pi}\times 10^9\ \text{Hz};\ \theta_i=\arcsin 0.8\right)$

6.9　一线极化平面波从自由空间入射到 $\varepsilon_r=4$、$\mu_r=1$ 的理想介质表面上，现入射波的电场与入射面的夹角为 60°。

(1) 入射角 θ_i 为何值时，反射波只有垂直极化波？

(2) 此时反射波的平均功率是入射波的百分之几？

(答案：(1) $\theta_i=63.4°$)

6.10 垂直极化波从水下以入射角 $\theta_i=30°$ 投射到水与空气的分界面上，设水的 $\varepsilon_r=81$、$\mu_r=1$，试求：

(1) 临界角 θ_c；

(2) 反射系数和透射系数。

(答案：(1) $\theta_c=6.4°$)

6.6 使用信息技术工具制作的演示模块

本章采用 Mathematica 软件编制了 9 个演示模块，下面给出其结果截图。

(1) 均匀平面电磁波和导电介质中的电磁波见图 6-6。

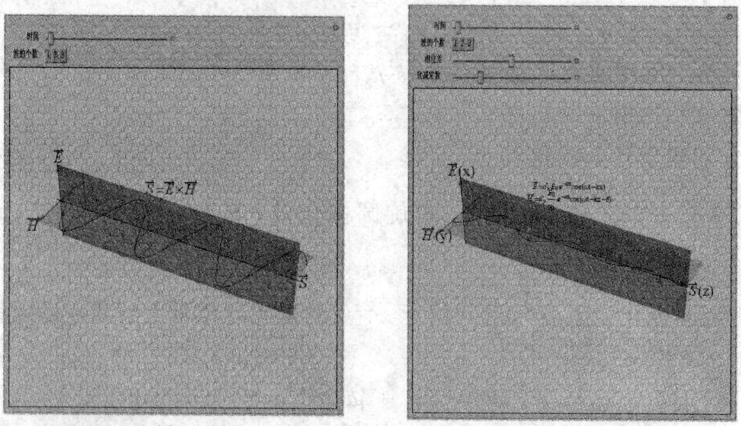

(a) (b)

图 6-6 均匀平面电磁波和导电介质中的电磁波

(2) 电磁波的极化见图 6-7。

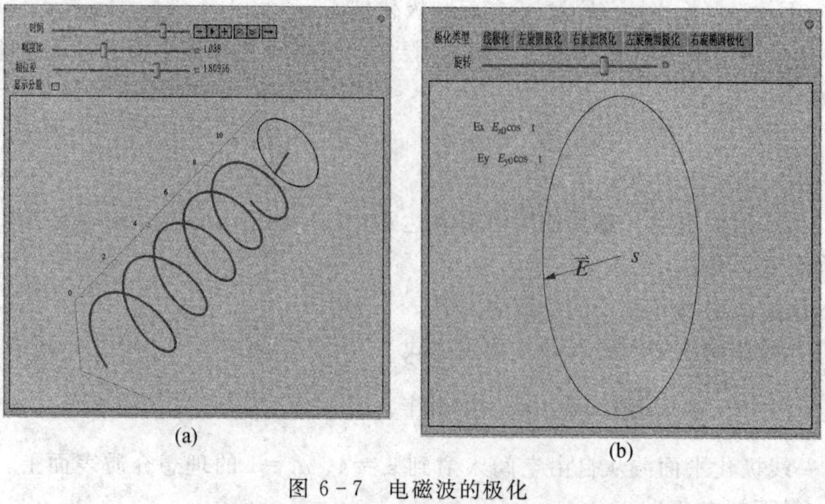

(a) (b)

图 6-7 电磁波的极化

（3）色散介质中的信号见图 6－8。

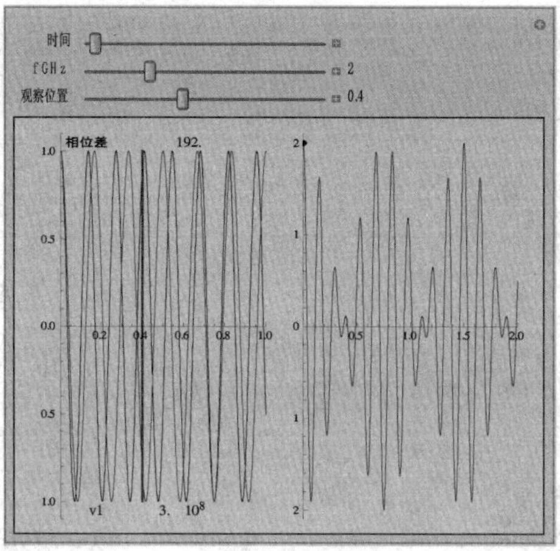

图 6－8　色散介质中的信号

（4）电磁波垂直入射到无耗介质中见图 6－9。

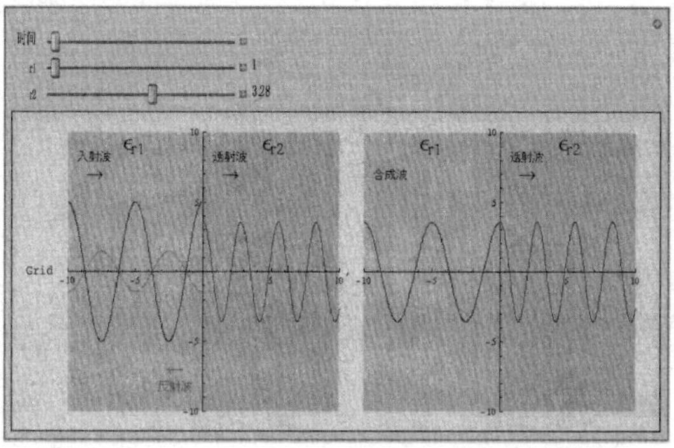

图 6－9　电磁波垂直入射到无耗介质中

（5）电磁波垂直入射到导电介质中见图 6－10。

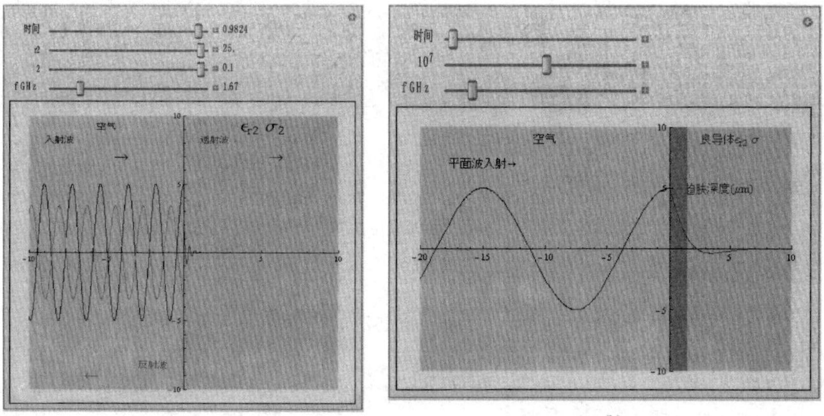

(a)　(b)

图 6－10　电磁波垂直入射到导电介质中

(6) 电磁波斜入射到无耗介质中(平行极化、垂直极化)见图 6-11。

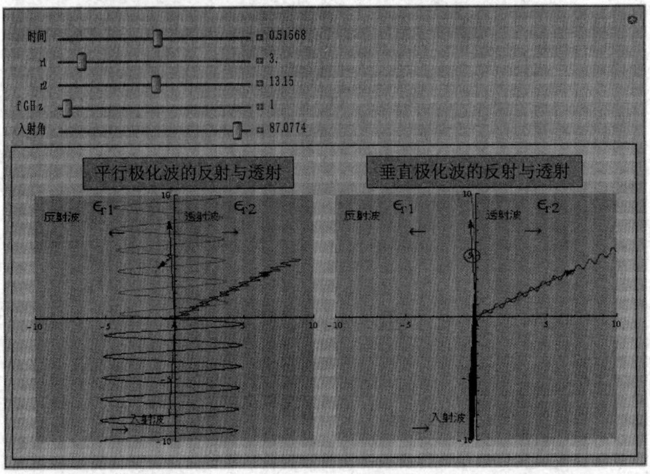

图 6-11　电磁波斜入射到无耗介质中(平行极化、垂直极化)

第7章 传 输 线

7.1 基本概念和公式

7.1.1 均匀传输线的分析

1. 传输线的定义与分类

传输电磁波信息和能量的各种形式的传输系统称为传输线，它的作用是引导电磁波沿一定方向传输，因此又称为导波系统，它所导引的电磁波称为导行波。

传输线大致可以分为三类。第一类是双导体传输线，因其传输的电磁波是TEM波或准TEM波，故又称为TEM波传输线；第二类是均匀填充介质的金属波导管，因电磁波在管内传播，故称为波导；第三类是介质传输线，因电磁波沿传输线表面传播，故称为表面波波导。

2. 均匀传输线等效及传输线方程的解

1）均匀传输线

一般将截面尺寸、形状、介质分布、材料及边界条件均不变的导波系统称为规则导波系统，又称为均匀传输线。

2）传输线的方程及其解

设传输线始端接有内阻为Z_g的信号源，终端接有阻抗为Z_L的负载，设$+z$轴方向为终端指向始端，对于正弦信号源，有

$$\begin{cases}\dfrac{\mathrm{d}U(z)}{\mathrm{d}z}=ZI(z)\\[2ex]\dfrac{\mathrm{d}I(z)}{\mathrm{d}z}=YU(z)\end{cases}\tag{7-1-1}$$

式中：$Z=R+\mathrm{j}\omega L$和$Y=G+\mathrm{j}\omega C$分别称为传输线单位长串联阻抗和并联导纳。

上述方程的通解为

$$\begin{cases}U(z)=A_1\mathrm{e}^{+\gamma z}+A_2\mathrm{e}^{-\gamma z}\\[1ex]I(z)=\dfrac{1}{Z_0}(A_1\mathrm{e}^{+\gamma z}-A_2\mathrm{e}^{-\gamma z})\end{cases}\tag{7-1-2}$$

式中：$Z_0=\sqrt{(R+\mathrm{j}\omega L)/(G+\mathrm{j}\omega C)}$为传输线的特性阻抗；$\gamma=\sqrt{ZY}=\sqrt{(R+\mathrm{j}\omega L)(G+\mathrm{j}\omega C)}=\alpha+\mathrm{j}\beta$为传播常数；$A_1$、$A_2$为积分常数，由传输线的边界条件决定。传输线的边界条件通常有以下三种：

(1) 已知始端电压 U_i 和始端电流 I_i；

(2) 已知终端电压 U_L 和终端电流 I_L；

(3) 已知信源电动势 E_g 和内阻 Z_g 以及负载阻抗 Z_L。

第二种边界条件下，传输线方程的解为

$$\begin{bmatrix} U(z) \\ I(z) \end{bmatrix} = \begin{bmatrix} \cosh\gamma z & Z_0\sinh\gamma z \\ \dfrac{1}{Z_0}\sinh\gamma z & \cosh\gamma z \end{bmatrix} \begin{bmatrix} U_L \\ I_L \end{bmatrix} \tag{7-1-3}$$

因此，只要已知终端负载电压 U_L、电流 I_L 及传输线特性参数 γ、Z_0，则传输线上任意一点的电压和电流就可求得。

3. 传输线方程解的分析

假设 A_1、A_2、Z_0 均为实数，而 $\gamma=\alpha+\mathrm{j}\beta$，则传输线上电压和电流的瞬时值表达式为

$$\begin{cases} u(z,t) = u_+(z,t) + u_-(z,t) = |A_1|\mathrm{e}^{+\alpha z}\cos(\omega t+\beta z) + |A_2|\mathrm{e}^{-\alpha z}\cos(\omega t-\beta z) \\ i(z,t) = i_+(z,t) + i_-(z,t) = \dfrac{1}{Z_0}[|A_1|\mathrm{e}^{+\alpha z}\cos(\omega t+\beta z) - |A_2|\mathrm{e}^{-\alpha z}\cos(\omega t-\beta z)] \end{cases} \tag{7-1-4}$$

由传输线方程的一般解表达式即式(7-1-4)可得到如下结论：

(1) 传输线任意点上的电压和电流都由两部分组成，在任一点 z 处电压或电流均由沿 $-z$ 轴方向传播的行波(称为入射波)和沿 $+z$ 轴方向传播的行波(称为反射波)叠加而成。

(2) 不管是入射波还是反射波，它们都是行波，行波在传播过程中其幅度按 $\mathrm{e}^{-\alpha z}$ 衰减，而相位随 z 连续滞后 βz。α 称为衰减常数，单位为 Np/m。β 称为相移常数或相位常数，单位为 rad/m。

(3) 传输线上电磁波的入射和反射特性与我们在上一章中探讨的均匀平面波垂直入射到介质分界面时的入射和反射特性非常相似。

小贴士　传输线不同的阻抗段中波传播和均匀平面波垂直入射到波阻抗不同的介质中的电磁波有相似的特性，在学习时应注意对照。

4. 传输线的特性参数

1) 特性阻抗 Z_0

传输线上行波的电压与电流的比值称为特性阻抗，其表达式为

$$Z_0 = \sqrt{\frac{R+\mathrm{j}\omega L}{G+\mathrm{j}\omega C}} \tag{7-1-5}$$

特性阻抗 Z_0 由传输线自身的分布参数决定，它通常是复数，且与工作频率有关，而与负载及信源无关，故称为“特性阻抗”。

若不计传输线的损耗，则特性阻抗 $Z_0=\sqrt{L/C}$ 是实数，仅取决于传输线本身的结构、尺寸及填充的材料，与频率、信号源等其他因素无关。

2) 传播常数 γ

传播常数 γ 由衰减常数和相位常数构成，其表达式为

$$\gamma = \sqrt{(R+\mathrm{j}\omega L)(G+\mathrm{j}\omega C)} = \alpha + \mathrm{j}\beta \tag{7-1-6}$$

传播常数一般为复数。若不计传输线的损耗，则传播常数 $\gamma=\mathrm{j}\beta$，是纯虚数。

3) 相速和波长

行波等相位面沿传输方向的传播速度称为相速，用 v_p来表示，表达式为

$$v_p = \frac{\omega}{\beta} \tag{7-1-7}$$

事实上，式(7-1-7)与第6章讨论的均匀平面波的相速相同。

而传输线上的波长 λ_g与自由空间的波长 λ_0有以下关系：

$$\lambda_g = \frac{2\pi}{\beta} = \frac{v_p}{f} = \frac{\lambda_0}{\sqrt{\varepsilon_r}} \tag{7-1-8}$$

式中：ε_r为传输线周围填充介质的介电常数。

小贴士 在传输线周围填充介质可以使波长缩短，当用传输线实现微波部件时，如采用高介电常数的介质的传输线可以减小部件的尺寸。

5. 传输线的状态参量

1) 反射系数

传输线上任意一点处的反射波电压 $U_+(z)$与入射波电压 $U_-(z)$之比称为电压反射系数$\Gamma(z)$，任意一点的反射波电流 $I_+(z)$与入射波电流 $I_-(z)$之比称为电流反射系数$\Gamma_I(z)$，$\Gamma(z)=-\Gamma_I(z)$。如果不特别说明，反射系数均指电压反射系数。

对均匀无耗传输线 $\gamma=\mathrm{j}\beta$，若终端负载为 Z_L，则反射系数的表达式为

$$\Gamma(z) = \frac{A_2 \mathrm{e}^{-\mathrm{j}\beta z}}{A_1 \mathrm{e}^{\mathrm{j}\beta z}} = \frac{Z_L - Z_0}{Z_L + Z_0}\mathrm{e}^{-\mathrm{j}2\beta z} = \Gamma_L \mathrm{e}^{-\mathrm{j}2\beta z} \tag{7-1-9}$$

式中：$\Gamma_L=\dfrac{Z_L-Z_0}{Z_L+Z_0}=|\Gamma_L|\mathrm{e}^{\mathrm{j}\phi_L}$称为终端反射系数。

结论：

(1) 对均匀无耗传输线来说，任意点反射系数 $\Gamma(z)$的大小等于负载反射系数的大小，也就是在整个传输线上反射系数的大小不变，但其相位周期变化，其周期为$\lambda/2$，即反射系数具有 $\lambda/2$ 的重复性。

(2) 当负载阻抗等于传输线的特性阻抗即 $Z_L=Z_0$，$\Gamma_L=0$ 时，传输线上没有反射波，我们称之为匹配状态，匹配时传输线上只存在由电源向负载方向传播的行波。

(3) 当终端开路 $Z_L\to\infty$、终端短路 $Z_L=0$ 或终端接纯电抗 $Z_L=\mathrm{j}X$ 时，终端反射系数$|\Gamma_L|=1$，此时传输线上有两个方向传输的波：从电源向负载方向传输的入射波和从终端负载向电源方向传输的反射波，且它们大小相等，我们称之为全反射，全反射时传输线上传输的是纯驻波。

(4) 而当终端负载为任意复数时，传输线上也有两个方向传输的波：从电源向负载方向传输的入射波和从终端负载向电源方向传输的反射波，但反射波的幅度小于入射波的幅度，我们称之为部分反射，部分反射时传输线上传输的是行驻波。

小贴士 传输线上传输的电磁波特性称为传输线的工作状态，与终端负载紧密相关，或者说反射系数的大小可以表明传输线的工作状态。

2) 输入阻抗

传输线上任意一点处的电压和电流之比定义为输入阻抗。对无耗均匀传输线，其输入

阻抗为

$$Z_{in}(z)=\frac{U(z)}{I(z)}=Z_0\frac{Z_L+jZ_0\tan(\beta z)}{Z_0+jZ_L\tan(\beta z)} \qquad (7-1-10)$$

式中：Z_0为传输线特性阻抗，Z_L为终端负载阻抗。

输入阻抗还可写成

$$Z_{in}(z)=\frac{U(z)}{I(z)}=Z_0\frac{1+\Gamma(z)}{1-\Gamma(z)} \qquad (7-1-11)$$

结论：

(1) 均匀无耗传输线上任意一点处的输入阻抗与观察点的位置、传输线的特性阻抗、终端负载阻抗及工作频率有关，且一般为复数，故不宜直接测量。

(2) 当传输线特性阻抗一定时，输入阻抗与反射系数有一一对应的关系，因此，输入阻抗 $Z_{in}(z)$可通过状态参量反射系数 $\Gamma(z)$的测量来确定。

3) 驻波比

传输线上电压最大值与最小值之比定义为电压驻波比，用 ρ 或 VSWR 表示，即

$$\rho=\frac{|U|_{max}}{|U|_{min}}=\frac{1+|\Gamma_L|}{1-|\Gamma_L|} \qquad (7-1-12)$$

电压驻波比有时也称为电压驻波系数，简称驻波系数，其取值范围为 $1\leqslant\rho\leqslant\infty$。电压驻波比的倒数称为行波系数，用 K 表示，其取值范围为 $0\leqslant K\leqslant 1$。K 表示为

$$K=\frac{1}{\rho} \qquad (7-1-13)$$

结论：

(1) 当负载阻抗等于传输线的特性阻抗，即匹配时，传输线的反射系数$|\Gamma_L|=0$，即传输线上无反射，驻波比 $\rho=1$，行波系数 $K=1$，表明传输线的工作状态是纯行波。

(2) 当终端接开路负载、短路负载或纯电抗负载时，终端反射系数$|\Gamma_L|=1$，即传输线产生全反射，驻波比 $\rho\to\infty$，行波系数 $K=0$，表明传输线的行波等于零，传输线的工作状态是纯驻波。

(3) 当终端接任意复数负载时，终端反射系数 $0<|\Gamma_L|<1$，即传输线产生部分反射，驻波比 $1<\rho<\infty$，行波系数 $0<K<1$，表明传输线上既有行波又有驻波，传输线的工作状态是行驻波。

小贴士 反射系数、驻波比、行波系数都是反映传输线状态的参数，反射系数是复数，而驻波比、行波系数则为实数。

7.1.2 传输线的工作状态与等效

1. 行波状态

当传输线终端负载等于传输线的特性阻抗，即 $Z_L=Z_0$时，反射系数 $\Gamma_L=0$，传输线上仅有一从信号源到负载方向的入射波，故传输线的工作状态为行波。

行波状态时传输线上电压、电流和阻抗的特点如下：

(1) 传输线上任意点处电压(电流)的幅度相同，相位作周期变化，即 $U(z)=A_1e^{-j\beta z}$，$I(z)=\frac{A_1}{Z_0}e^{-j\beta z}$；

(2) 任意点处的阻抗等于传输线的特性阻抗，即 $Z_{in}(z)=Z_0$；

(3) 由于电压、电流同相位，坡印亭矢量为实数，此时负载获得最大功率。

2. 驻波状态

当传输线终端负载短路、开路或为纯电容、电感时，反射系数 $|\Gamma_L|=1$，传输线上存在两个方向传输的电磁波：从信号源到负载方向的入射波和从负载到信号源方向的反射波，且两者大小相同，叠加的结果为纯驻波。

纯驻波状态时传输线上电压、电流和阻抗的特点如下：

(1) 传输线上电压的幅度按正弦规律变化，电压最大值处称为电压波腹点，波腹点电压等于行波电压幅度的 2 倍；电压最小值处称为电压波节点，波节点电压为零，且波腹点和波节点相距 $\lambda/4$。电流与电压有类似的变化规律，但电压取最大值时电流值最小，电压取最小值时电流值最大，两者在空间上和时间上均有 90°的相位差。

(2) 传输线上任意点处的阻抗为纯虚数。

(3) 纯驻波状态下，坡印亭矢量是纯虚数，负载所获得的功率为零。

3. 行驻波状态

当传输线负载为一般复数负载时，反射系数 $0<|\Gamma_L|<1$，传输线上也存在两个方向传输的电磁波，即反射波和入射波，但反射波的幅度小于入射波的幅度，叠加的结果为行驻波。

行驻波状态时传输线上电压、电流和阻抗的特点如下：

(1) 传输线上电压的幅度按正弦规律变化，电压最大值处称为电压波腹点，此时电流值最小，对应位置为

$$z_{max}=\frac{\lambda}{4\pi}\phi_L+n\frac{\lambda}{2}\qquad(n=0,1,2,\cdots)\tag{7-1-14}$$

相应该处的电压、电流幅值分别为

$$\begin{aligned}|U|_{max}&=|A_1|(1+|\Gamma_L|)\\|I|_{min}&=\frac{|A_1|}{Z_0}(1-|\Gamma_L|)\end{aligned}\tag{7-1-15}$$

于是可得电压波腹点阻抗为纯电阻，其值为

$$R_{max}=Z_0\frac{1+|\Gamma_L|}{1-|\Gamma_L|}=Z_0\rho\tag{7-1-16}$$

(2) 电压幅度最小处称为电压波节点，此时电流幅度最大，对应位置为

$$z_{min}=\frac{\lambda}{4\pi}\phi_L+(2n+1)\frac{\lambda}{4}\qquad(n=0,1,2,\cdots)\tag{7-1-17}$$

相应的电压、电流幅值分别为

$$\begin{aligned}|U|_{min}&=|A_1|(1-|\Gamma_L|)\\|I|_{max}&=\frac{|A_1|}{Z_0}(1+|\Gamma_L|)\end{aligned}\tag{7-1-18}$$

该处的阻抗也为纯电阻，其值为

$$R_{min}=Z_0\frac{1-|\Gamma_L|}{1+|\Gamma_L|}=\frac{Z_0}{\rho}\tag{7-1-19}$$

(3) 电压波腹点和波节点相距 $\lambda/4$，且两点阻抗有如下关系：

$$R_{\max} \cdot R_{\min} = Z_0^2 \tag{7-1-20}$$

实际上，无耗传输线上距离为 $\lambda/4$ 的任意两点处，阻抗的乘积均等于传输线特性阻抗的平方，这种特性称为 $\lambda/4$ 阻抗变换性。

(4) 传输线上的阻抗表达式与式(7-1-10)相同，此时，除电压波腹点和波节点外，传输线上任意点处的阻抗均为复数。

小贴士 无耗传输线的 $\lambda/2$ 阻抗重复性和 $\lambda/4$ 阻抗变换性在工程上也很有用，学习时应注意该知识点的应用。

4. 传输线的等效

1) 等效电感与等效电容

一段长度 $l<\lambda/4$ 的短路传输线等效为一个电感，若等效电感的感抗为 X_L，则传输线的长度由下式决定：

$$l_{SL} = \frac{\lambda}{2\pi}\arctan\left(\frac{X_L}{Z_0}\right) \tag{7-1-21}$$

一段长度 $l<\lambda/4$ 的开路线等效为一个电容，若等效电容的容抗为 X_C，则传输线的长度由下式决定：

$$l_{OC} = \frac{\lambda}{2\pi}\text{arccot}\left(\frac{X_C}{Z_0}\right) \tag{7-1-22}$$

2) 谐振元件

四分之一波长的短路传输线作为并联谐振电路，四分之一波长的开路传输线或二分之一波长的短路传输线可用作串联谐振电路。该谐振器与分立元件电路一样也有 Q 值和工作频带宽度。

小贴士 在高频段，任意一段线段都可以等效为电感或电容。

7.1.3 史密斯圆图及其应用

将反射系数圆图、归一化电阻圆图和归一化电抗圆图画在一起，就构成了完整的阻抗圆图，也称为史密斯圆图，如图 7-1 所示。在实际使用中，一般不需要知道反射系数 Γ 的情况，故不少圆图中并不画出反射系数圆图。

阻抗圆图上特殊的点、线和面：

(1) 在阻抗圆图的上半圆内，归一化阻抗为 $r+\mathrm{j}x$，其电抗为感抗；下半圆内，归一化阻抗为 $r-\mathrm{j}x$，其电抗为容抗。

(2) 实轴上的点代表纯电阻点，左半轴上的点为电压波节点，其上的刻度既代表 $r_{\min}$ 又代表行波系数 K；右半轴上的点为电压波腹点，其上的刻度既代表 $r_{\max}$ 又代表驻波比 ρ。

(3) 圆图旋转一周为半个波长。

(4) $|\Gamma|=1$ 的圆周上的点代表纯电抗点。

(5) 实轴左端点为短路点，右端点为开路点，中心点处是匹配点。

(6) 在传输线上由负载向电源方向移动时，在圆图上应顺时针旋转；反之，由电源向负载方向移动时，应逆时针旋转。

(7) 由无耗传输线的 $\lambda/4$ 阻抗变换特性可知，将整个阻抗圆图旋转 180°即得到导纳圆图。

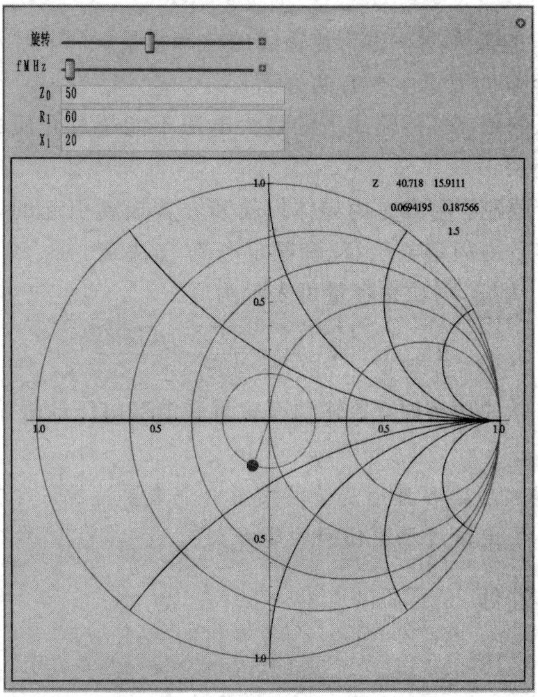

图 7－1　史密斯圆图的互动界面

小贴士　史密斯圆图在工程中十分有用，特别是在调阻抗匹配时，使用圆图可以清晰地反映频率匹配程度及判断应调感性还是容性阻抗部分。因此读者应学会圆图的使用。

7.1.4　传输线的效率、负载功率和功率容量

1. 传输效率和负载功率

传输线终端负载吸收到的功率 P_L 与始端的入射功率 P_0 之比就称为传输效率，其表达式为

$$\eta = \frac{1 - |\Gamma_L|^2}{e^{2\alpha l} - |\Gamma_L|^2 e^{-2\alpha l}} \tag{7-1-23}$$

式中：l 为传输线的长度；α 为传输线的衰减常数；Γ_L 为负载反射系数。

可见，传输效率取决于传输线的长度 l、传输线的损耗以及传输线的终端匹配情况。传输线的损耗主要由导体损耗和介质损耗两部分组成。

终端负载在 $z=0$ 处，负载吸收功率为

$$P_L = \frac{|A_1|^2}{2Z_0}(1 - |\Gamma_L|^2) \tag{7-1-24}$$

式中：A_1 为传输线的行波电压。显然，负载吸收的功率与负载的匹配状况紧密相关，若负载匹配，即 $|\Gamma_L|=0$，则负载得到最大功率，其值为 $P_L = \frac{|A_1|^2}{2Z_0}$；若全反射 $|\Gamma_L|=1$，则负载得到的功率为零。

2. 功率容量

传输线上容许传输的最大功率称为传输线的功率容量。

限制传输线功率容量的因素主要有两方面：

(1) 绝缘击穿电压的限制。传输线上的最大电压不能超过介质的绝缘击穿电压，这与传输线的结构及介质有关。

(2) 传输线的温升限制。温升是由导体损耗和介质损耗引起的，当传输线的结构和介质材料选定后，功率容量由额定电压 U_M 和额定电流 I_M 决定。

设传输线的驻波比为 ρ，则功率容量可表示为

$$P_{max}=\frac{U_M I_M}{2\rho}=\frac{U_M^2}{2\rho Z_0}=\frac{I_M^2 Z_0}{2\rho} \tag{7-1-25}$$

一般来说，在传输脉冲功率时，传输功率容量受击穿电压的限制；传输连续波功率时，则要考虑容许最大电流。

小贴士　传输效率和功率容量也是传输线的两个重要特性，前者反映了传输线插入损耗的情况，而后者反映了传输线承载功率的能力。

7.1.5 双导线与同轴线

1. 平行双导线

平行双导线和同轴线是常用的两种 TEM 传输线，其外形结构如图 7-2 所示。平行双导线广泛应用于电话网络等系统中，当频率升高时，其辐射损耗将变大，所以此类传输线只适用于工作频率较低的场合。对于直径为 d、间距为 D 的平行双导线，其特性阻抗为

$$Z_0=\sqrt{\frac{\mu_0}{\varepsilon}}\ln\frac{2D}{d}=\frac{120}{\sqrt{\varepsilon_r}}\ln\frac{2D}{d} \tag{7-1-26}$$

式中：ε_r 为导线周围填充介质的相对介电常数。在实际工作中，双导线的特性阻抗一般在 83～600 Ω。

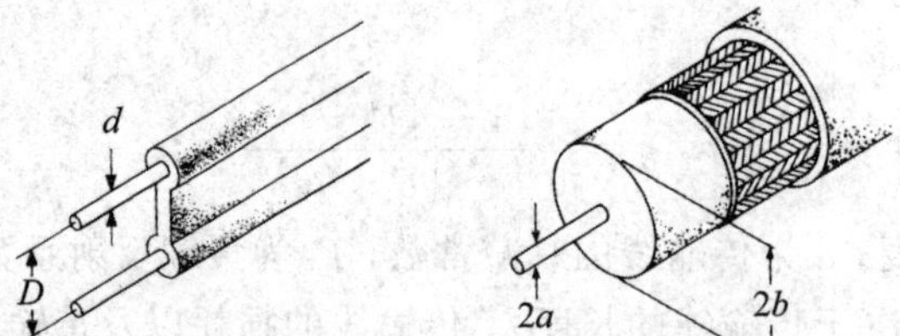

(a) 平行双导线　　(b) 同轴线

图 7-2　平行双导线与同轴线的外形结构

2. 同轴线

同轴线是由内、外同轴的两导体柱构成的，分为硬、软两种结构。同轴线是一类广泛应用于电视、移动通信、雷达等系统中的传输线。

若同轴线内外导体的半径分别为 a 和 b，内外导体间填充介质的磁导率和介电常数分别为 μ 和 ε，则其特性阻抗为

$$Z_0 = \sqrt{\frac{\mu}{\varepsilon}}\frac{\ln(b/a)}{2\pi} \tag{7-1-27}$$

实际使用的同轴线特性阻抗一般有 50 Ω 和 75 Ω 两种，50 Ω 的同轴线兼顾了耐压、功率容量和衰减的要求，是一种通用型同轴传输线；75 Ω 的同轴线是衰减最小的同轴线，它主要用于远距离传输。

小贴士 双导线以及双绞线是中低频段常用的传输线，而同轴线应用的频段较宽，一般的同轴线能工作在 1 GHz 以下，同轴波导能工作在更高的频段。

7.1.6 微带传输线

1. 微带线的结构及特点

微带传输线(微带线)是由沉积在介质基片上的金属导体带和接地板构成的一种特殊传输系统。微带线具有低轮廓、易集成、制作一致性好等特点，广泛应用于通信系统及航空、航天等方面。微带线的实际结构如图 7-3 所示。

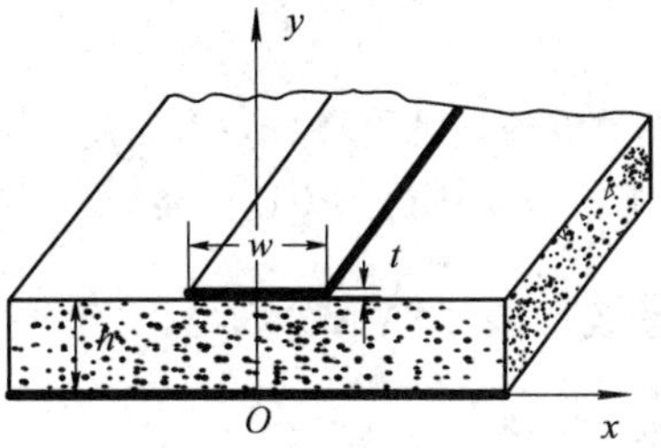

图 7-3 微带线及其坐标

2. 微带线工作的主模

由于微带线周围不是填充一种介质，其中一部分为基片介质，另一部分为空气，因此微带线内传输的不再是纯 TEM 模。在微波频率低端，微带基片的厚度 h 远小于波长，此时电磁波能量大部分集中在导带下面的介质基片内，在此区域内纵向分量很微弱，因此其主模可以看成 TEM 模，称之为准 TEM 模，此时一般采用准静态分析法；当频率较高时，微带内可能出现高次模，从而使分析变得复杂。

3. 微带线的传输特性

1) 特性阻抗 Z_0 与相速

对准 TEM 模而言，如忽略损耗则有

$$Z_0 = \sqrt{\frac{L}{C}} = \frac{1}{v_p C}, \quad v_p = \frac{1}{\sqrt{LC}} \tag{7-1-28}$$

式中：L 和 C 分别为微带线上的单位长分布电感和分布电容。

2) 波导波长 λ_g

设微带线的介质基片的相对介电常数为 ε_r，电磁波在微带线上传输时的波长为

$$\lambda_g = \frac{\lambda_0}{\sqrt{\varepsilon_e}} \tag{7-1-29}$$

式中：ε_e 为有效介电常数，且 $1 \leqslant \varepsilon_e \leqslant \varepsilon_r$。

显然，微带线的波导波长小于自由空间波长，利用这个特性，通过选用高介电常数的基片，可以将设计的微波传输线和微波器件尺寸变小。

3）微带线的色散特性

色散是指电磁波的相速随频率而变的现象。当频率较低时，微带线上传播的波基本上是准 TEM 模，故可以不考虑色散。设不考虑色散时的频率为 $f_{\max}$，其表达式为

$$f_{\max} = \frac{0.955}{\sqrt[4]{\varepsilon_r - 1}} \sqrt{\frac{Z_0}{h}} \tag{7-1-30}$$

式中：Z_0 的单位为 Ω，h 的单位为 mm，$f_{\max}$ 的单位为 GHz。对于给定结构的微带线来说，其 $f_{\max}$ 是一定的。

当频率较高时，微带线的特性阻抗和相速随着频率变化而变化，也即具有色散特性。

4）微带线的损耗

微带线的损耗主要是导体损耗，其次是介质损耗，此外还有一定的辐射损耗。不过当基片厚度很小，相对介电常数 ε_r 较大时，绝大部分功率集中在导带附近的空间里，所以仅考虑前两种损耗。

小贴士 微带线由于是平面结构，便于集成，因此广泛地应用于微波、毫米波系统中，而高速数字电路的增多，使微带传输理论在 PCB 电路设计中也显得十分重要。

7.1.7 传输线的匹配与滤波

1. 传输线的三种匹配状态

1）负载阻抗匹配

负载阻抗等于传输线的特性阻抗称为负载阻抗匹配，此时传输线上只有从信源到负载的入射波，而无反射波。匹配负载完全吸收了由信源入射来的微波功率。

2）源阻抗匹配

电源的内阻等于传输线的特性阻抗时，电源和传输线是匹配的，这种电源称为匹配源。对匹配源来说，它对传输线的入射功率是不随负载变化的，当负载有反射时，反射回来的反射波被电源吸收。

3）共轭阻抗匹配

对于不匹配电源，当负载阻抗折合到电源参考面上的输入阻抗为电源内阻抗的共轭值时，负载能得到最大功率值，通常将这种匹配称为共轭阻抗匹配。

2. 负载阻抗匹配的方法

负载阻抗匹配方法从频率上划分，有窄带匹配和宽带匹配；从实现手段上划分，有 λ/4 阻抗变换器法和支节调配器法。

当负载阻抗为纯电阻 R_L 且与传输线特性阻抗 Z_0 不相等时，可在两者之间加接一节长度为 λ/4、特性阻抗为 Z_{01} 的传输线来实现负载和传输线间的匹配，它们之间的关系为

$$Z_0 \cdot R_L = Z_{01}^2 \tag{7-1-31}$$

小贴士 阻抗匹配的概念在高频、微波系统以及天线的设计中特别重要，阻抗不匹配就不能有效地传输，如何调整匹配是射频工程师的基本功之一。

3. 微波滤波器

滤波器是传输系统中用来分离或组合信号的各种频率成分的重要元件，它广泛应用于微波中继通信、移动通信、卫星通信、雷达技术、电子对抗以及微波测量仪器中。微波滤波器的基本特性与低频滤波器相同，因此设计原则也相同，不同的是在微波波段不能采用集总元件而必须采用分布参数元件，另一方面，由于分布参数具有不确定性，因此微波滤波器的设计往往比低频滤波器要复杂，需要更多的实验调整。

7.2 重点与难点

7.2.1 本章重点和难点

(1) 均匀传输线的概念以及传输线上传输的电磁波的规律是本章的重点之一。

(2) 无耗均匀传输线的特性参数与状态参量及状态参量之间的关系是本章的重点之二。

(3) 纯驻波、行驻波、行波的概念及性质以及其与第 6 章中纯驻波、行驻波、行波这些概念的关系是本章的重点之三。

(4) 无耗均匀传输线的三种工作状态分析及传输线的等效是本章的又一重点，也是本章的难点。

(5) 电磁波在微带线中传输的是准 TEM 波，相对比较抽象，所以微带线传输特性分析亦是本章的难点。

7.2.2 均匀传输线上波的特性及参数

1. 均匀传输线上波的传输特性

对于均匀无耗传输线，设特性阻抗为 Z_0，相移常数为 β，若已知终端负载电压 U_L 和电流 I_L，则传输线上任一点处的电压、电流复数表达式为

$$\begin{cases} U(z)=U_L\cos\beta z+jZ_0I_L\sin\beta z \\ I(z)=\dfrac{jU_L\sin\beta z}{Z_0}+I_L\cos\beta z \end{cases} \tag{7-2-1}$$

式(7-2-1)的时间表达为

$$\begin{cases} u(z,t)=|A_1|\cos(\omega t+\beta z+\varphi_1)+|A_2|\cos(\omega t-\beta z+\varphi_2) \\ i(z,t)=\dfrac{1}{Z_0}[|A_1|\cos(\omega t+\beta z+\varphi_1)-|A_2|\cos(\omega t-\beta z+\varphi_2)] \end{cases} \tag{7-2-2}$$

式中：$A_1=\dfrac{U_L+Z_0I_L}{2}=|A_1|e^{j\varphi_1}$；$A_2=\dfrac{U_L-Z_0I_L}{2}=|A_2|e^{j\varphi_2}$。

由式(7-2-2)可见：

(1) 传输线上的电压和电流均是入射波和反射波的叠加，它们不仅随时间作周期变化，还随空间位置作周期变化。

(2) 沿线电压和电流分布不仅受传输线本身参数的影响，还受边界条件的影响，这是由于当负载 Z_L 发生变化时，终端负载电压 U_L 和电流 I_L 都将发生变化，因此线上的电压和电流都将随之变化。

(3) 由于 $U(z+\lambda/2)=-U(z)$，$I(z+\lambda/2)=-I(z)$，传输线上任意相距 $\lambda/2$ 两点的电压、电流大小相等，且阻抗相等，即 $Z_{in}(z+\lambda/2)=Z_{in}(z)$，这种特性称为传输线的 $\lambda/2$ 重复性。

由式(7-2-1)还可以得到 $Z_{in}(z+\lambda/4)\cdot Z_{in}(z)=Z_0^2$，这种特性称为传输线的 $\lambda/4$ 变换性。

2. 传输线的参量

1) 特性阻抗 Z_0 与输入阻抗 Z_{in}

传输线特性阻抗是传输线上行波的电压与电流的比值，或者说是入射波(反射波)电压与入射波(反射波)电流的比值；而输入阻抗是传输线上任一点处的电压与电流的比值。两者有着本质的不同，但两者又有关系。当终端负载匹配时，任一点处的输入阻抗等于特性阻抗。

2) 传播常数 γ 与相位常数 β

传播常数 γ 由衰减常数和相位常数构成，若不计传输线的损耗，则传播常数 $\gamma=j\beta$。

3) 相速和波长

电磁波在均匀无耗传输线上的相速 $v_p=\omega/\beta$，波长 $\lambda_g=2\pi/\beta$，与第 6 章中均匀平面波在无限大无耗介质中的相速和波长的定义相同。

4) 反射系数与驻波比

反射系数 $\Gamma(z)$ 是传输线上任意一点反射波电压与入射波电压之比，一般情况下是复数，它与输入阻抗有一一对应的关系，与负载阻抗也是一一对应的关系。

而驻波比是传输线上电压最大值与电压最小值之比，是实数，它与反射系数有关但不是一一对应的关系，它可以反映负载的匹配状况，但与负载也不是一一对应的关系，请大家仔细体会。

7.2.3 三种工作状态

1. 行波

当均匀无耗传输线终端负载等于传输线的特性阻抗 $Z_L=Z_0$，即负载阻抗匹配时，负载反射系数 $\Gamma_L=0$，传输线的工作状态为行波。行波时传输线上任意点处电压(电流)的幅度相同；任意点处的阻抗等于传输线的特性阻抗；电压、电流同相位，坡印亭矢量为实数，此时负载获得最大功率。若将电压换为电场，电流换为磁场，即均匀平面电磁波在无限大理想介质中的传播特性也是行波状态。

可见，负载匹配时均匀无耗传输线的传输特性与无限大理想介质中均匀平面电磁波的传播特性相对应。

2. 纯驻波

当均匀无耗传输线终端负载为短路、开路或为纯电容、电感时，负载反射系数 $|\Gamma_L|=1$，也称为全反射，此时传输线的工作状态为纯驻波。纯驻波时传输线上电压、电流的幅度按正弦规律变化，两者在空间上和时间上均有 90° 的相位差；坡印亭矢量是纯虚数；负载所获得的功率为零。若将电压换为电场，电流换为磁场，即均匀平面电磁波垂直入射

到理想导体表面时的传播特性也是纯驻波状态。

可见，全反射时均匀无耗传输线的传输特性与均匀平面电磁波垂直入射到理想导体表面时的传播特性相对应。

3. 行驻波

当均匀无耗传输线负载为一般复数负载时，反射系数 $0<|\Gamma_L|<1$，也称为部分反射。传输线的工作状态为行驻波。行驻波时传输线上电压、电流的幅度按正弦规律变化，电压与电流之间有固定的相位差，坡印亭矢量是复数，负载得到一定的功率。若将电压换为电场，电流换为磁场，即均匀平面电磁波垂直入射到理想介质表面时的传播特性也是行驻波状态。

可见，部分反射时均匀无耗传输线的传输特性与均匀平面电磁波垂直入射到理想介质表面时的传播特性相对应。

以上对均匀无耗传输线的三种工作状态与均匀平面电磁波的三种波进行了类比，同学们若能把握它们的关系，对这两章内容的掌握会有很大的帮助。

7.2.4 传输线的等效与微带线

一段长度 $l<\lambda/4$ 的短路传输线可等效为一个电感；反之，一个感抗为 X_L 的电感，可以用长度小于 $\lambda/4$ 的 l_{SL} 短路线来实现，其中 $l_{SL}=\dfrac{\lambda}{2\pi}\arctan(X_L/Z_0)$。

一段长度 $l<\lambda/4$ 的开路传输线可等效为一个电容；反之，一个容抗为 X_C 的电容，可以用长度小于 $\lambda/4$ 的 l_{OC} 开路线来实现，其中 $l_{OC}=\dfrac{\lambda}{2\pi}\operatorname{arccot}(X_C/Z_0)$。

四分之一波长的短路传输线作为并联谐振电路，四分之一波长的开路传输线或二分之一波长的短路传输线可用作串联谐振电路；反之，并联谐振电路可以四分之一波长的开路传输线来实现，串联谐振电路可以用四分之一波长的开路传输线或二分之一波长的短路传输线来实现。

这就是说，集总元件可以用分布元件来实现，这在射频微波电路，如滤波器、移相器、功率分配器、匹配电路等的设计中有着广泛的应用。尤其是微带线的使用，微波电路与印刷电路结合，使电子技术的发展上了一个新的台阶。

7.3 典型例题分析

【例 1】 均匀无耗传输线的特性阻抗为 50 Ω，坐标原点在终端负载处，负载指向电源方向为 $+z$ 轴。在 $z=0$ 处分别接有四种不同的负载，传输线的工作状态均为纯驻波。若电压波节点分别位于：

(1) $z=0$ 处；

(2) $z=\lambda/4$ 处；

(3) $0<z<\lambda/4$ 处；

(4) $\lambda/4<z<\lambda/2$ 处。

试求上述四种情况下终端接的是什么负载。

解 传输线的工作状态均为纯驻波，只有发生全反射情况才会形成纯驻波，因此终端必然是接短路、开路或纯电抗负载。

(1) 终端短路时终端电压等于零，所以终端接的是短路负载。

(2) 终端开路时终端电流等于零，电压最大，经过 $\lambda/4$ 后，电流变为最大，电压等于零，所以终端接的是开路负载。

(3) 若波节点位于小于 $\lambda/4$ 处，则终端接纯电容负载。纯驻波时，波节点等效为短路，波腹点等效为开路，根据传输线的 $\lambda/4$ 变换特性，两者之间的距离为 $\lambda/4$。由题意：波节点位于小于 $\lambda/4$ 处，因此终端之外的波腹点必位于离终端小于 $\lambda/4$ 处。而电容可以用一段长度小于 $\lambda/4$ 的开路线来等效，所以此时终端必然接电容负载。

(4) 波节点位于离终端大于 $\lambda/4$ 小于 $\lambda/2$ 的地方，则终端接纯电感负载。根据传输线的 $\lambda/2$ 重复性，终端之外另一波节点必位于离终端小于 $\lambda/4$ 处。而电感可以用一段长度小于 $\lambda/4$ 的短路线来等效，所以此时终端必然接电感负载。

【例 2】 无耗均匀传输线，长度为 25 m，线间填充相对介电常数为 4、相对磁导率为 1 的介质，传输线的特性阻抗为 300 Ω，电源电压 $U=100$ V，频率为 3 MHz，内阻为 200 Ω，终端接负载后测得驻波比为 1.5，且终端为电压波节点。试求：

(1) 该传输线上电磁波的相速和波长；

(2) 负载的值及其所吸收的功率；

(3) 波腹点的电压幅度。

解 (1) 该信号在自由空间的波长为

$$\lambda_0=\frac{c}{f}=\frac{3\times10^8}{3\times10^6}\ \text{m}=100\ \text{m}$$

传输线上的波长为

$$\lambda=\frac{\lambda_0}{\sqrt{\varepsilon_r}}=50\ \text{m}$$

传输线上的相速为

$$v_p=\frac{c}{\sqrt{\varepsilon_r}}=1.5\times10^8\ \text{m/s}$$

(2) 因为终端为电压波节点，所以负载为纯电阻，其值为

$$R_L=\frac{Z_0}{\rho}=\frac{300}{1.5}\ \Omega=200\ \Omega$$

由于传输线的长度 $l=\dfrac{\lambda}{2}$，根据传输线 $\lambda/2$ 的重复性，可得输入端的阻抗也是纯电阻，且等于负载电阻，即 $Z_{in}=200\ \Omega$。此时输入端电压的幅度为

$$U_{in}=\frac{200}{200+200}\times100\ \text{V}=50\ \text{V}$$

因此，负载所吸收的功率为

$$P_L=\frac{U_L^2}{2R_L}=\frac{U_{in}^2}{2Z_{in}}=\frac{25}{4}\ \text{W}$$

可见，始端功率等于负载所吸收的功率，这正是传输线本身无耗的结果。

(3) 由驻波比和反射系数的关系得

$$|\Gamma|=\frac{\rho-1}{\rho+1}=0.2$$

由(2)可知电压波节点电压为50 V，根据$|U|_{\min}=|A_1|(1-|\Gamma|)$得$|A_1|=\frac{50}{0.8}$，因此，波腹点电压为

$$|U|_{\max}=|A_1|(1+|\Gamma|)=\frac{50}{0.8}\times 1.2\ \text{V}=75\ \text{V}$$

【例3】 某特性阻抗为$Z_0=300\ \Omega$的双线传输线，终端接负载为$Z_L=200+\text{j}50\ \Omega$，为了达到负载阻抗匹配，采用串联电容的方法，设信号频率为5 kHz，求：串联电容的大小及其离终端负载的距离。

解 设串联电容位于离终端负载l处，根据传输线的阻抗变换特性，距终端l处的输入阻抗为

$$\begin{aligned}Z_{\text{in}}(l)&=Z_0\frac{Z_L+\text{j}Z_0\tan(\beta l)}{Z_0+\text{j}Z_L\tan(\beta l)}\\&=300\frac{200+\text{j}50+\text{j}300\tan(\beta l)}{300+\text{j}(200+\text{j}50)\tan(\beta l)}=300\frac{4+\text{j}[1+6\tan(\beta l)]}{6-\tan(\beta l)+\text{j}4\tan(\beta l)}\end{aligned}$$

为了达到负载阻抗匹配，上述输入阻抗的实部应等于300 Ω，即

$$\text{Re}[Z_{\text{in}}(l)]=300$$

因此计算得到

$$l=0.098\lambda$$

即串联电容应位于离终端0.098λ处。

将$l=0.098\lambda$代入输入阻抗的表达式得到

$$Z_{\text{in}}=300+\text{j}136.9\ \Omega$$

为了达到匹配，要满足方程$\text{j}X_C+Z_{\text{in}}=300$，即$X_C=-136.9$，因此，电容值为

$$C=\frac{1}{136.9\times 2\pi\times 5000}\ \text{F}=2.3\times 10^{-6}\ \text{F}$$

工程实践中，这种使用集总参数实现阻抗匹配的方法在频率较低时常常使用，比如在中短波波段，当天线的输入阻抗与信号馈线不匹配时，往往采用串/并联电容/电感的方法来完成匹配。

7.4 部分习题参考答案

7.1 设一特性阻抗为50 Ω的均匀传输线终端接负载$R_L=100\ \Omega$，求负载反射系数Γ_L，在离负载0.2λ、0.25λ及0.5λ处的输入阻抗及反射系数分别为多少？

解 终端反射系数为

$$\Gamma_L=\frac{R_L-Z_0}{R_L+Z_0}=\frac{100-50}{100+50}=\frac{1}{3}$$

根据传输线上任意一点处的反射系数和输入阻抗的公式

$$\Gamma(z)=\Gamma_L\text{e}^{-\text{j}2\beta z}$$

和

$$Z_{\text{in}}=Z_0\frac{1+\Gamma(z)}{1-\Gamma(z)}$$

在离负载 0.2λ、0.25λ、0.5λ 处，反射系数和输入阻抗分别为

$$\Gamma(0.2\lambda) = \frac{1}{3}e^{-j0.8\pi}$$

$$\Gamma(0.25\lambda) = -\frac{1}{3}$$

$$\Gamma(0.5\lambda) = \frac{1}{3}$$

$$Z_{in}(0.2\lambda) = 29.43\angle -23.79°\ \Omega$$

$$Z_{in}(0.25\lambda) = 25\ \Omega$$

$$Z_{in}(0.5\lambda) = 100\ \Omega$$

7.2　求内外导体直径分别为 0.25 cm 和 0.75 cm 的空气同轴线的特性阻抗；若在两导体间填充介电常数 $\varepsilon_r=2.25$ 的介质，求其特性阻抗及 300 MHz 时的波长。

解　空气同轴线的特性阻抗为

$$Z_0 = 60\ln\frac{b}{a} = 65.9\ \Omega$$

填充相对介电常数为 $\varepsilon_r=2.25$ 的介质后，其特性阻抗为

$$Z_0' = \frac{Z_0}{\sqrt{\varepsilon_r}} = 43.9\ \Omega$$

$f=300$ MHz 时的波长为

$$\lambda = \frac{\lambda_0}{\sqrt{\varepsilon_r}} = \frac{\frac{c}{f}}{\sqrt{\varepsilon_r}} = 0.67\ \text{m}$$

7.3　设特性阻抗为 Z_0 的无耗传输线的驻波比为 ρ，第一个电压波节点与负载的距离为 l_{min1}，试证明此时终端负载应为

$$Z_L = Z_0\frac{1-j\rho\tan\beta l_{min1}}{\rho - j\tan\beta l_{min1}}$$

证明　根据输入阻抗公式

$$Z_{in}(z) = Z_0\frac{Z_L + jZ_0\tan\beta z}{Z_0 + jZ_L\tan\beta z}$$

在距负载第一个波节点处的阻抗为

$$Z_{in}(l_{min1}) = \frac{Z_0}{\rho}$$

即

$$Z_0\frac{Z_L + jZ_0\tan\beta l_{min1}}{Z_0 + jZ_L\tan\beta l_{min1}} = \frac{Z_0}{\rho}$$

将上式整理即得

$$Z_L = Z_0\frac{1-j\rho\tan\beta l_{min1}}{\rho - j\tan\beta l_{min1}}$$

7.4　有一特性阻抗为 $Z_0=50\ \Omega$ 的无耗均匀传输线，导体间的介质参数为 $\varepsilon_r=2.25$，$\mu_r=1$，终端接有 $R_L=1\ \Omega$ 的负载。当 $f=100$ MHz 时，其线长度为 $\lambda/4$。试求：

(1) 传输线实际长度；

(2) 负载终端反射系数；

(3) 输入端的反射系数；

(4) 输入端的阻抗。

解 (1) 传输线上的波长

$$\lambda_g = \frac{\frac{c}{f}}{\sqrt{\varepsilon_r}} = 2\ \text{m}$$

因而，传输线的实际长度

$$l = \frac{\lambda_g}{4} = 0.5\ \text{m}$$

(2) 终端反射系数为

$$\Gamma_L = \frac{R_L - Z_0}{R_L + Z_0} = -\frac{49}{51}$$

(3) 输入端反射系数为

$$\Gamma_{in} = \Gamma_L e^{-j2\beta l} = \frac{49}{51}$$

(4) 根据传输线的 1/4 波长的阻抗变换性，输入端阻抗为

$$Z_{in} = 2500\ \Omega$$

7.5 试证明无耗传输线上任意相距 $\lambda/4$ 的两点处的阻抗的乘积等于传输线的特性阻抗的平方。

证明 传输线上任意一点 z_0处的输入阻抗为

$$Z_{in}(z_0) = Z_0 \frac{Z_L + jZ_0 \tan\beta z_0}{Z_0 + jZ_L \tan\beta z_0}$$

在 $z_0 + \dfrac{\lambda}{4}$处的输入阻抗为

$$Z_{in}\left(z_0 + \frac{\lambda}{4}\right) = Z_0 \frac{Z_L + jZ_0 \tan\beta\left(z_0 + \frac{\lambda}{4}\right)}{Z_0 + jZ_L \tan\beta\left(z_0 + \frac{\lambda}{4}\right)} = Z_0 \frac{Z_L - \frac{jZ_0}{\tan\beta z_0}}{Z_0 - \frac{jZ_L}{\tan\beta z_0}}$$

因而，有

$$Z_{in}(z_0) Z_{in}\left(z_0 + \frac{\lambda}{4}\right) = Z_0^2$$

7.6 设某一均匀无耗传输线特性阻抗为 $Z_0 = 50\ \Omega$，终端接有未知负载 Z_L，现在传输线上测得电压最大值和最小值分别为 100 mV 和 20 mV，第一个电压波节的位置离负载 $l_{min1} = \lambda/3$，试求该负载阻抗 Z_L。

解 根据驻波比的定义：

$$\rho = \frac{|U_{max}|}{|U_{min}|} = \frac{100}{20} = 5$$

得反射系数的模值为

$$|\Gamma_L| = \frac{\rho - 1}{\rho + 1} = \frac{2}{3}$$

由 $l_{\min 1}=\frac{\lambda}{4\pi}\phi_L+\frac{\lambda}{4}=\frac{\lambda}{3}$ 求得反射系数的相位 $\phi_L=\frac{\pi}{3}$，因而复反射系数为

$$\Gamma_L=\frac{2}{3}e^{j\frac{\pi}{3}}$$

负载阻抗为

$$Z_L=Z_0\frac{1+\Gamma_L}{1-\Gamma_L}=82.4\angle 64.3°\ \Omega$$

7.7　设某传输系统如图 7-4 所示，画出 AB 段及 BC 段沿线各点处电压、电流的振幅分布图，并求出电压的最大值和最小值(图中 $R=900\ \Omega$)。

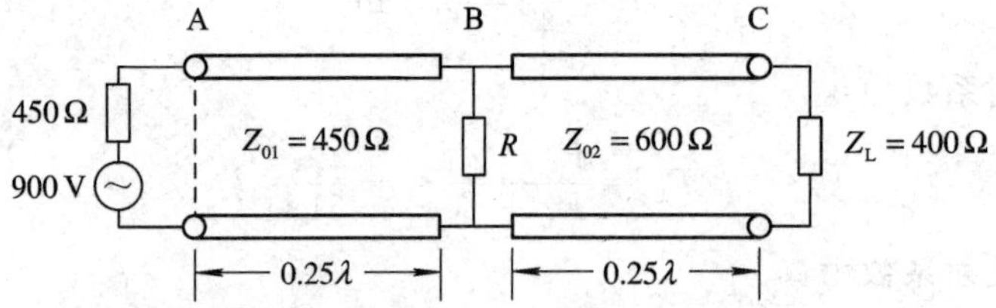

图 7-4　题 7.7 图

解　传输线 AB 段为行波状态，其上电压大小不变，幅值等于 450 V，阻抗等于450 Ω，电流大小不变，幅值等于 1。

BC 段为行驻波状态，C 点为电压波节点，B 点为电压波腹点，其终端反射系数为

$$\Gamma_L=\frac{Z_L-Z_0}{Z_L+Z_0}=-0.2$$

BC 段传输线上电压最大值和最小值分别为

$$|U_{\max}|=450(1+|\Gamma_L|)=540\ \text{V}$$
$$|U_{\min}|=450(1-|\Gamma_L|)=360\ \text{V}$$

7.8　特性阻抗 $Z_0=100\ \Omega$，长度为 $\lambda/8$ 的均匀无耗传输线，终端接有负载 $Z_L=(200+j300)\Omega$，始端接有电压为 500 V∠0°、内阻 $R_g=100\ \Omega$ 的电源。求：

(1) 传输线始端的电压；

(2) 负载吸收的平均功率；

(3) 终端的电压。

解　(1) 根据输入阻抗公式，输入端的阻抗为

$$Z_{in}\left(\frac{\lambda}{8}\right)=50(1-j3)\ \Omega$$

因此，输入端的电压和电流分别为

$$U_{in}=\frac{E_g}{R_g+Z_{in}}Z_{in}=372.7\angle-26.56°\ \text{V}$$

$$I_{in}=\frac{E_g}{R_g+Z_{in}}=2.357\angle 45°\ \text{A}$$

(2) 负载的反射系数为

$$\Gamma_L=\frac{Z_L-Z_0}{Z_L+Z_0}=\frac{2+j}{3}$$

又传输线的长度为 $\lambda/8$，根据 $U_{in}=A_1e^{j\beta\lambda/8}(1+\Gamma_Le^{-j\beta\lambda/4})$ 得

$$A_1 = 25\sqrt{2}(-1-\mathrm{j}7)$$

所以，负载所得到的平均功率为

$$P_{\mathrm{L}} = \frac{|A_1|^2}{2Z_0}(1-|\Gamma_{\mathrm{L}}|^2) = 138.89\ \mathrm{W}$$

(3) 负载端对应传输线的坐标原点，即 $z=0$ 处，所以

$$U_{\mathrm{L}} = A_1(1+\Gamma_{\mathrm{L}}) = 424.9\angle -86.8^\circ\ \mathrm{V}$$

7.9 已知传输线的特性阻抗为 $Z_0=50\ \Omega$，测得传输线上反射系数的模 $|\Gamma|=0.2$，求线上电压波腹点和波节点的输入阻抗。

解 根据传输线的阻抗变换理论，电压波腹点和波节点的输入阻抗应该为纯电阻。此传输线的驻波比为

$$\rho = \frac{1+|\Gamma|}{1-|\Gamma|} = 1.5$$

波腹点的阻抗为

$$R_{\max} = Z_0\rho = 75\ \Omega$$

波节点的阻抗为

$$R_{\min} = \frac{Z_0}{\rho} = \frac{100}{3}\ \Omega$$

7.10 传输线长 1.2 m，工作波长 λ 为 0.5 m。当终端开路及短路时，试判断其输入阻抗的性质(感性和容性)。若该传输线的特性阻抗为 $Z_0=50\ \Omega$，试问当终端负载阻抗 $Z_{\mathrm{L}}=100\ \Omega$、$20\ \Omega$ 和 $50\ \Omega$ 时，输入阻抗的性质。

解 当终端短路时，传输线的输入阻抗为

$$Z_{\mathrm{in}} = \mathrm{j}Z_0\tan\beta l$$

传输线长度为 1.2 m，波长为 0.5 m，也就是传输线的长度等于波长的 2.4 倍。而

$$0.25\lambda < 0.4\lambda < 0.5\lambda$$

$\tan\beta l<0$。因此，输入阻抗应为电容性。类似地进行分析可得终端开路时，输入阻抗应为电感性。

若传输线终端接负载，则输入阻抗为

$$Z_{\mathrm{in}}(l) = Z_0\frac{Z_{\mathrm{L}}+\mathrm{j}Z_0\tan\beta l}{Z_0+\mathrm{j}Z_{\mathrm{L}}\tan\beta l}$$

将 $Z_0=50\ \Omega$、长度 $l=1.2$ m、$\lambda=0.5$ m 代入上式，可得 $Z_{\mathrm{L}}=100\ \Omega$、$20\ \Omega$ 和 $50\ \Omega$ 时它们的输入阻抗分别为 $49.1+\mathrm{j}35.0\ \Omega$ 电感性、$28.2-\mathrm{j}28.1\ \Omega$ 电容性和 $50\ \Omega$ 电阻性。

7.12 特性阻抗为 300 Ω 的短路线，要求其与推挽功率放大器的输出电容为 5 pF 谐振，谐振频率为 300 MHz，求所需短路线的长度。

解 要在 300 MHz 谐振，则需要的感抗为

$$X_{\mathrm{L}} = \frac{1}{2\pi fC} = 106 = Z_0\tan\beta l$$

计算得所需短路线的长度为 5.41 cm。

7.13 空气绝缘的同轴线外导体的半径 $b=20$ mm，求同轴线耐压最高、传输功率最大和衰减最小时，同轴线内导体的半径 a。

解 (1) 设外导体接地，内导体接上电压 U_{m}，则内导体表面的电场为

$$E_a = \frac{U_m}{a \ln x} \qquad \left(x = \frac{b}{a}\right)$$

为达到最大耐压，设 E_a 取介质的极限击穿电场，即 $E_a = E_{max}$，故

$$U_{max} = aE_{max} \ln \frac{b}{a} = bE_{max} \frac{\ln x}{x}$$

U_{max} 取极值，即令 $\frac{dU_{max}}{dx}=0$，可得 $x=2.72$。

耐压最大同轴线的内导体半径为

$$a = \frac{20}{2.72} = 7.35 \text{ mm}$$

(2) 限制传输功率的因素也是内导体的表面电场，最大传输功率表达式为

$$P = P_{max} = \frac{\pi a^2 E_{max}^2}{\sqrt{\mu/\varepsilon}} \ln \frac{b}{a} = \frac{\pi b^2 E_{max}^2}{\sqrt{\mu/\varepsilon}} \frac{\ln x}{x^2}$$

式中：$x=b/a$。要使 P_{max} 取最大值，令 $\frac{dP_{max}}{dx}=0$，可得 $x=1.65$。

因此，最大传输功率时内导体半径为

$$a = \frac{20}{1.65} = 12.12 \text{ mm}$$

(3) 同轴线的损耗由导体损耗和介质损耗引起，由于导体损耗远比介质损耗大，因此我们只考虑导体损耗。设同轴线单位长电阻为 R，而导体的表面电阻为 R_S，两者之间的关系为

$$R = R_S \left(\frac{1}{2\pi a} + \frac{1}{2\pi b}\right)$$

由导体损耗而引入的衰减系数 α_c 为

$$\alpha_c = \frac{R_S}{2\sqrt{\mu/\varepsilon}\ln(b/a)}\left(\frac{1}{a} + \frac{1}{b}\right) = \frac{R_S}{2b\sqrt{\mu/\varepsilon}\ln x}(1+x)$$

要使衰减系数 α_c 最小，则 $\frac{d\alpha_c}{dx}=0$，于是可得 $x \ln x - x = 0$，即 $x=b/a=3.59$。

因此，衰减最小时的内导体半径为

$$a = \frac{20}{3.59} = 5.57 \text{ mm}$$

7.15 已知某微带的导带宽度 $w=2$ mm，厚度 $t \to 0$，介质基片厚度 $h=1$ mm，相对介电常数 $\varepsilon_r=9$，求此微带的有效填充因子 q 和有效介电常数 ε_e 及特性阻抗 Z_0（设空气微带特性阻抗 $Z_0^a=88\ \Omega$）。

解 有效填充因子 q、有效介电常数 ε_e 和特性阻抗 Z_0 分别为

$$q = \frac{1}{2}\left[1 + \left(1 + \frac{12h}{w}\right)^{-0.5}\right] = 0.69$$

$$\varepsilon_e = \frac{\varepsilon_r + 1}{2} + \frac{\varepsilon_r - 1}{2}\left(1 + \frac{12h}{w}\right)^{-0.5} = 6.5$$

$$Z_0 = \frac{Z_0^a}{\sqrt{\varepsilon_e}} = 34.5\ \Omega$$

7.16　已知微带线的特性阻抗 $Z_0=50\ \Omega$，基片为相对介电常数 $\varepsilon_r=9.6$ 的氧化铝陶瓷，设损耗角正切 $\tan\delta=0.2\times10^{-3}$，工作频率 $f=10$ GHz，微带的有效填充因子 $q=0.5$，求介质衰减常数 α_d。

解　微带线的有效介电常数为

$$\varepsilon_e=1+q(\varepsilon_r-1)=5.3$$

由介质衰减常数公式得

$$\alpha_d=\frac{27.3\sqrt{\varepsilon_r}}{\lambda_0}q\frac{\varepsilon_e}{\varepsilon_r}\tan\delta=0.00156\ \text{dB/cm}$$

7.18　已知某微带线，介质为空气时特性阻抗为 $Z_0^a=40\ \Omega$，实际介质 $\varepsilon_r=10$ 时的填充因子 $q=0.4$，试求介质部分填充微带线的特性阻抗、相速和波导波长。

解　微带线的有效介电常数为

$$\varepsilon_e=1+q(\varepsilon_r-1)=4.6$$

介质部分填充微带线的特性阻抗为

$$Z_0=\frac{Z_0^a}{\sqrt{\varepsilon_e}}=18.65\ \Omega$$

相速和波导波长分别为

$$v_p=\frac{c}{\sqrt{\varepsilon_e}}=1.4\times10^8\ \text{m/s}$$

$$\lambda_g=\frac{\lambda_0}{\sqrt{\varepsilon_e}}=0.47\lambda_0$$

7.19　特性阻抗 $Z_0=150\ \Omega$ 的均匀无耗传输线，终端接有负载 $Z_L=(250+\text{j}100)\Omega$，用 $\lambda/4$ 阻抗变换器实现阻抗匹配，如图 7-5 所示，试求 $\lambda/4$ 阻抗变换器的特性阻抗 Z_{01} 及与终端的距离。

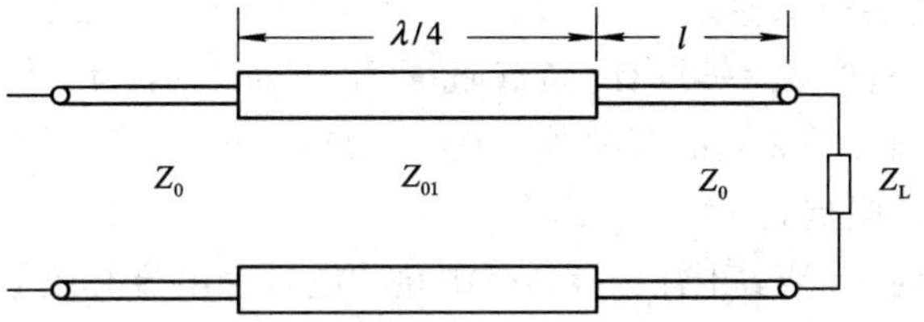

图 7-5　题 7.19 图

解　负载反射系数为

$$\Gamma_L=\frac{Z_L-Z_0}{Z_L+Z_0}=0.343\angle 0.54$$

第一个波腹点与负载的距离为

$$l_{\max 1}=\frac{\lambda}{4\pi}0.54=0.043\lambda$$

此处的等效阻抗为 $R_{\max}=Z_0\rho$，而驻波比为

$$\rho=\frac{1+|\Gamma_l|}{1-|\Gamma_l|}=2.0441$$

所以，$\lambda/4$ 阻抗变换器的特性阻抗为

$$Z_{01}=\sqrt{\rho Z_0^2}=214.46\ \Omega$$

7.5 练习题

1. 无耗传输线的特性阻抗为 100 Ω，负载阻抗为 150－j100 Ω，试求离负载 $\lambda/8$ 和 $\lambda/4$ 处的输入阻抗。

(答案：48－j36 Ω，46＋j30.8 Ω)

2. 特性阻抗为 50 Ω 的传输线，已知负载反射系数 $\Gamma_L = j0.5$，求传输线上电压波腹点和波节点的输入阻抗。

(答案：150 Ω，16.7 Ω)

3. 无耗传输线的特性阻抗为 100 Ω，接上 $Z_L = 130 + j85$ Ω 的负载，工作波长 $\lambda = 360$ cm。

(1) 求在离开负载 25 cm 处的阻抗；

(2) 求线上的驻波比；

(3) 如果线上波腹点电压的幅值为 1 kV，求负载功率。

(答案：(1) 216＋j0 Ω，(2) 2.16，(3) 2315 W)

4. 传输线的特性阻抗为 50 Ω，用测量线测得线上电压最大值为 $U_{max} = 100$ mV，最小值为 $U_{min} = 20$ mV，邻近负载的第一个电压波节点与负载的距离为 $l_{min} = 0.33\lambda$，求负载阻抗。

(答案：$Z_L = 38 + j77$ Ω)

5. 传输线的特性阻抗为 70 Ω，负载阻抗 $Z_L = 70 + j70$ Ω，工作波长 $\lambda = 40$ cm，若用串联 $\lambda/4$ 阻抗变换器的方法进行匹配，求 $\lambda/4$ 阻抗变换器的特性阻抗及与终端的距离。

(答案：113.3 Ω，3.52 cm)

6. 已知传输线长 1.2 m，工作波长 λ 为 0.5 m 和 5 m 。当终端开路及短路时，试判断其输入阻抗的性质(容性或感性)。

7. 传输线的特性阻抗 $Z_0 = 600$ Ω，负载阻抗 $Z_L = 66.7$ Ω，为了使传输主线上不出现驻波，在主线与负载之间接一 $\lambda/4$ 的匹配线。求：

(1) 匹配线的特性阻抗；

(2) 设负载功率为 1 kW，不计损耗，电源端的电压和电流有效值；

(3) 主线与匹配线接点处的电压和电流有效值；

(4) 负载端的电压和电流有效值。

(答案：(1) 200 Ω；(2) 775 V，1.29 A；(3) 775V，1.29 A；(4) 258 V，3.87 A)

8. 已知介质基片的 $\varepsilon_r = 9.6$，微带线的尺寸为 $h = 1$ mm，$t = 0.05$ mm，试求出特性阻抗为 75 Ω 的微带线导体带的有效宽度及频率为 6 GHz 时的相速度和波导波长。

(答案：0.3 mm，1.22×10^8 m/s，20.4 mm)

9. 已知某微带的导带宽度为 $W = 2.5$ mm，厚度 $t \to 0$，介质基片厚度 $h = 0.08$ mm，相对介电常数 $\varepsilon_r = 3.78$，求此微带的有效填充因子 q 和有效介电常数 ε_e 及特性阻抗 Z_0(设空气微带特性阻抗 $Z_0^a = 70$ Ω)。

(答案：0.925，3.57，37Ω)

10. 试证明长为 $\lambda/2$ 的两端短路的无耗传输线，无论电源在哪一点处接入，其输入阻抗均对电源呈并联谐振状态。

第 8 章　波导与谐振器

8.1　基本概念和公式

8.1.1　矩形波导

截面形状、尺寸不变，均匀填充介质的金属波导管，称为规则金属波导。根据其结构，波导可分为矩形波导、圆波导和脊形波导等。

1. 矩形波导中的场

矩形波导内存在 TE 波和 TM 波，TE 波是所有 TE_{mn} 模式场的总和，而 TM 波是所有 TM_{mn} 模式场的总和。

1）TE 波

纵向电场 $E_z=0$，而纵向磁场 $H_z=H_{0z}(x, y)e^{-j\beta z}\neq 0$，也就是电场仅有横向分量的平面波称为 TE 波。

由边界条件和波动方程求得 TE 波的全部场表达式为

$$\begin{cases} H_z = \sum\limits_{m=0}^{\infty}\sum\limits_{n=0}^{\infty} H_{mn}\cos\left(\dfrac{m\pi}{a}x\right)\cos\left(\dfrac{n\pi}{b}y\right)e^{-j\beta z} \\ E_x = \sum\limits_{m=0}^{\infty}\sum\limits_{n=0}^{\infty} \dfrac{j\omega\mu}{k_c^2}\dfrac{n\pi}{b}H_{mn}\cos\left(\dfrac{m\pi}{a}x\right)\sin\left(\dfrac{n\pi}{b}y\right)e^{-j\beta z} \\ E_y = \sum\limits_{m=0}^{\infty}\sum\limits_{n=0}^{\infty} \dfrac{-j\omega\mu}{k_c^2}\dfrac{m\pi}{a}H_{mn}\sin\left(\dfrac{m\pi}{a}x\right)\cos\left(\dfrac{n\pi}{b}y\right)e^{-j\beta z} \\ H_x = \sum\limits_{m=0}^{\infty}\sum\limits_{n=0}^{\infty} \dfrac{j\beta}{k_c^2}\dfrac{m\pi}{a}H_{mn}\sin\left(\dfrac{m\pi}{a}x\right)\cos\left(\dfrac{n\pi}{b}y\right)e^{-j\beta z} \\ H_y = \sum\limits_{m=0}^{\infty}\sum\limits_{n=0}^{\infty} \dfrac{j\beta}{k_c^2}\dfrac{n\pi}{b}H_{mn}\cos\left(\dfrac{m\pi}{a}x\right)\sin\left(\dfrac{n\pi}{b}y\right)e^{-j\beta z} \end{cases} \tag{8-1-1}$$

式中：H_{mn} 为模式振幅常数；$k_c=\sqrt{\left(\dfrac{m\pi}{a}\right)^2+\left(\dfrac{n\pi}{b}\right)^2}$ 为矩形波导 TE 波的截止波数，它与波导尺寸、传输波形有关；m 和 n 分别代表 TE 波沿 x 轴方向和 y 轴方向分布的半波个数，一组 m、n 对应一种模式，称作 TE_{mn} 模，但 m 和 n 不能同时为零，否则场分量全部为零。

2）TM 波

纵向磁场 $H_z=0$，而纵向电场 $E_z=E_{0z}(x, y)e^{-j\beta z}\neq 0$，也就是磁场仅有横向分量的平

面波称为 TM 波。

由边界条件和波动方程求得 TM 波的全部场表达式为

$$\begin{cases} E_x = \sum_{m=1}^{\infty}\sum_{n=1}^{\infty} \frac{-j\beta}{k_c^2}\frac{m\pi}{a}E_{mn}\cos\left(\frac{m\pi}{a}x\right)\sin\left(\frac{n\pi}{b}y\right)e^{-j\beta z} \\ E_y = \sum_{m=1}^{\infty}\sum_{n=1}^{\infty} \frac{-j\beta}{k_c^2}\frac{n\pi}{b}E_{mn}\sin\left(\frac{m\pi}{a}x\right)\cos\left(\frac{n\pi}{b}y\right)e^{-j\beta z} \\ E_z = \sum_{m=1}^{\infty}\sum_{n=1}^{\infty} E_{mn}\sin\left(\frac{m\pi}{a}x\right)\sin\left(\frac{n\pi}{b}y\right)e^{-j\beta z} \\ H_x = \sum_{m=1}^{\infty}\sum_{n=1}^{\infty} \frac{j\omega\varepsilon}{k_c^2}\frac{n\pi}{b}E_{mn}\sin\left(\frac{m\pi}{a}x\right)\cos\left(\frac{n\pi}{b}y\right)e^{-j\beta z} \\ H_y = \sum_{m=1}^{\infty}\sum_{n=1}^{\infty} \frac{-j\omega\varepsilon}{k_c^2}\frac{m\pi}{a}E_{mn}\cos\left(\frac{m\pi}{a}x\right)\sin\left(\frac{n\pi}{b}y\right)e^{-j\beta z} \\ H_z = 0 \end{cases} \tag{8-1-2}$$

式中：E_{mn} 为模式振幅常数；$k_c=\sqrt{\left(\frac{m\pi}{a}\right)^2+\left(\frac{n\pi}{b}\right)^2}$ 为矩形波导 TM 波的截止波数，它与 TE 波的截止波数相同；m 和 n 分别代表 TM 波沿 x 轴方向和 y 轴方向分布的半波个数，一组 m、n 对应一种模式，称作 TM_{mn} 模，但 m 和 n 不能为零。TM_{11} 模是矩形波导 TM 波的最低次模，其他均为高次模。

小贴士 所谓模式就是所有在波导中可能存在的场的形式，各模式是否存在取决于波导的几何尺寸以及工作频率。矩形波导的主模为 TE_{10} 模，其他模式均称为高次模。

2. 矩形波导的传输特性

1）截止波数与截止波长

矩形波导 TE_{mn} 和 TM_{mn} 模的截止波数相同，其表达式为

$$k_{cmn}^2=\left(\frac{m\pi}{a}\right)^2+\left(\frac{n\pi}{b}\right)^2 \tag{8-1-3}$$

对应截止波长为

$$\lambda_{cmn}=\frac{2\pi}{k_{cmn}}=\frac{2}{\sqrt{\left(\frac{m}{a}\right)^2+\left(\frac{n}{b}\right)^2}} \tag{8-1-4}$$

此时，相移常数为

$$\beta=\frac{2\pi}{\lambda}\sqrt{1-\left(\frac{\lambda}{\lambda_{cmn}}\right)^2} \tag{8-1-5}$$

式中：$\lambda=\frac{2\pi}{k}$ 为工作波长。

结论：

(1) 若某个模式的截止波长 λ_{cmn} 大于信号的工作波长 λ，此时 $\beta^2>0$，则这种模式可在波导中传输，故称为传导模，或导行波。

(2) 若某个模式的截止波长 λ_{cmn} 小于信号的工作波长 λ，此时 $\beta^2<0$，则这种模式不能在波导中传输，这个模式称为截止模。

(3) 对相同的 m 和 n，TE_{mn} 和 TM_{mn} 模具有相同的截止波长，我们将截止波长相同的模式称为简并模，它们虽然场分布不同，但具有相同的传输特性。

小贴士　所谓简并模，就是两种不同场分布的模式，具有相同的截止频率，只能同时存在。

2) 主模 TE_{10}

在所有的模式中，截止波长 λ_c 最长的模式称为该导波系统的主模，矩形波导的主模为 TE_{10} 模。

(1) TE_{10} 模的场分布。TE_{10} 模各场分量表达式为

$$\begin{cases} E_y = -\mathrm{j}\dfrac{\omega\mu a}{\pi}H_{10}\sin\left(\dfrac{\pi}{a}x\right) \\ H_x = \mathrm{j}\dfrac{\beta a}{\pi}H_{10}\sin\left(\dfrac{\pi}{a}x\right) \\ H_z = H_{10}\cos\left(\dfrac{\pi}{a}x\right) \\ E_x = E_z = H_y = 0 \end{cases} \tag{8-1-6}$$

而相移常数为

$$\beta = \frac{2\pi}{\lambda}\sqrt{1-\left(\frac{\lambda}{2a}\right)^2} \tag{8-1-7}$$

(2) 波导波长、相速与群速。TE_{10} 模的波导波长 λ_g、相速 v_p 和群速 v_g 分别为

$$\lambda_g = \frac{2\pi}{\beta} = \frac{\lambda}{\sqrt{1-\left(\dfrac{\lambda}{2a}\right)^2}} \tag{8-1-8}$$

$$v_p = \frac{\omega}{\beta} = \frac{c}{\sqrt{1-\left(\dfrac{\lambda}{2a}\right)^2}} \tag{8-1-9}$$

$$v_g = \frac{\mathrm{d}\omega}{\mathrm{d}\beta} = c\sqrt{1-\left(\frac{\lambda}{2a}\right)^2} \tag{8-1-10}$$

式中：c 为自由空间光速。可见，TE_{10} 是色散波。

(3) 波阻抗。与均匀平面波相同，定义波阻抗为横向电场 E_y 和横向磁场 H_x 的比值。对于 TE_{10} 有

$$Z_{TE_{10}} = \frac{\omega\mu}{\beta} = \frac{\eta}{\sqrt{1-\left(\dfrac{\lambda}{2a}\right)^2}} \tag{8-1-11}$$

式中：$\eta=\sqrt{\dfrac{\mu}{\varepsilon}}$。显然，在矩形波导传输的 TE 波的波阻抗大于均匀平面波在无限大介质空间的波阻抗。

(4) 功率容量。空气矩形波导的功率容量为

$$P_{br0} = 0.6ab\sqrt{1-\left(\frac{\lambda}{2a}\right)^2} \tag{8-1-12}$$

可见，波导尺寸越大，频率越高，则功率容量越大。而当负载不匹配时，由于形成驻

波，电场振幅变大，功率容量会变小，因此不匹配时的功率容量 P'_{br} 和匹配时的功率容量 P_{br} 的关系为

$$P'_{br} = \frac{P_{br}}{\rho} \tag{8-1-13}$$

式中：ρ 为驻波系数。

(5) 损耗。矩形波导 TE_{10} 模的衰减常数公式如下：

$$\alpha_c = \frac{8.686R_S}{120\pi b\sqrt{1-\left(\frac{\lambda}{2a}\right)^2}}\left[1+2\,\frac{b}{a}\left(\frac{\lambda}{2a}\right)^2\right] \tag{8-1-14}$$

式中：$R_S=\sqrt{\frac{\pi f\mu}{\sigma}}$ 为导体表面电阻，它取决于导体的磁导率 μ、电导率 σ 和工作频率 f。

由此可以看出，增大波导高度 b 能使衰减变小，但当 $b>a/2$ 时单模工作频带变窄，故衰减与频带应综合考虑。

小贴士　不同的模式具有不同的传输特性，若一个高频信号耦合到波导中，则由多模传输会引起色散，因此通常要选择合适的波导使其工作在单模(主模)。

3. 脊形波导

脊形波导是矩形波导的变形，它可分为单脊形和双脊形波导两种，脊形波导有以下特点：

(1) 能够在比矩形波导更宽的频率范围内工作于 TE_{10} 波。

(2) 具有相同尺寸 a 的脊形波导，其截止频率要比普通的矩形波导低得多。

(3) 高次模的截止频率比矩形波导高。

(4) 其缺点是衰减比矩形波导大，功率容量比矩形波导小。

正是由于脊形波导的宽频带特性，其在信号变换等方面有较多的应用。

8.1.2 圆波导

圆波导与矩形波导一样，也只能传输 TE 和 TM 波。圆波导中场的求解方法与矩形波导的相同，我们主要讨论以下几个问题：

1) TE 波

设 $H_z(\rho,\varphi,z)=H_{0z}(\rho,\varphi)e^{-j\beta z}$，则纵向磁场通解为

$$H_z(\rho,\varphi,z)=\sum_{m=0}^{\infty}\sum_{n=1}^{\infty}H_{mn}J_m\left(\frac{\mu_{mn}}{a}\rho\right)\begin{pmatrix}\cos m\varphi\\ \sin m\varphi\end{pmatrix}e^{-j\beta z} \tag{8-1-15}$$

式中：μ_{mn} 是 m 阶贝塞尔函数 $J_m(x)$ 一阶导数的第 n 个根，且 $k_c=\frac{\mu_{mn}}{a}$。

可见，圆波导中同样存在着无穷多种 TE 模，记作 TE_{mn} 模，不同的 m 和 n 代表不同的模式，m 表示场沿圆周分布的整波数，n 表示场沿半径分布的最大值个数。

2) TM 波

设 $E_z(\rho,\varphi,z)=E_{0z}(\rho,\varphi)e^{-j\beta z}$，则纵向电场通解为

$$E_z(\rho,\varphi,z)=\sum_{m=0}^{\infty}\sum_{n=1}^{\infty}E_{mn}J_m\left(\frac{v_{mn}}{a}\rho\right)\begin{pmatrix}\cos m\varphi\\ \sin m\varphi\end{pmatrix}e^{-j\beta z} \tag{8-1-16}$$

式中：v_{mn}是m阶贝塞尔函数$J_m(x)$的第n个根，且$k_{cTM_{mn}}=\frac{v_{mn}}{a}$。波型指数$m$和$n$的意义与TE波相同。

3）圆波导的传输特性

与矩形波导不同，圆波导的TE波和TM波的传输特性各不相同。

（1）截止波长。圆波导TE_{mn}模、TM_{mn}模的截止波长分别为

$$\begin{aligned}\lambda_{cTE_{mn}}&=\frac{2\pi}{k_{cTE_{mn}}}=\frac{2\pi a}{\mu_{mn}}\\ \lambda_{cTM_{mn}}&=\frac{2\pi}{k_{cTM_{mn}}}=\frac{2\pi a}{v_{mn}}\end{aligned}\tag{8-1-17}$$

式中：v_{mn}和μ_{mn}分别为m阶贝塞尔函数及其一阶导数的第n个根。

圆波导中TE_{11}模的截止波长最长，是圆波导中的最低次模，也是主模。圆波导中TE_{11}模的场分布与矩形波导的TE_{10}模的场分布很相似，因此工程上容易通过将矩形波导的横截面逐渐过渡变为圆波导，从而构成方圆波导变换器。

（2）简并模。截止波长相同而场分布不同的一对模式称为简并模式。在圆波导中有两种简并模，它们是E－H简并和极化简并。

① E－H简并。由于贝塞尔函数具有$J_0'(x)=-J_1(x)$的性质，所以一阶贝塞尔函数的根和零阶贝塞尔函数导数的根相等，故有$\lambda_{cTE_{0n}}=\lambda_{cTM_{1n}}$，从而形成了$TE_{0n}$模和$TM_{1n}$模的简并，这种简并称为E－H简并。

② 极化简并。圆波导是圆对称结构。对于$m\neq0$的任意非圆对称模式，由于场沿φ方向存在$\sin m\varphi$和$\cos m\varphi$两种场分布，两者的截止波数相同，传播特性相同，但极化面互相垂直，称为极化简并。显然，在圆波导中除TE_{0n}和TM_{0n}外的所有模式均存在极化简并。

小贴士　圆波导也是工程中常用的金属波导之一，圆波导中TE_{11}模的场分布与矩形波导的TE_{10}模的场分布很相似，工程上方、圆波导转换时常用此模式。

8.1.3　波导的激励与耦合

在波导中产生导行模称为波导的激励；从波导中提取信息称为波导的耦合。波导的激励与耦合本质上是电磁波的辐射和接收，是微波源向波导内有限空间的辐射或从波导的有限空间内接收电磁波信息。由于辐射和接收是互易的，因此激励与耦合有相同的场结构。激励波导的方法通常有三种：电激励、磁激励和电流激励。

1. 电激励

将同轴线内的导体延伸一小段沿电场方向插入矩形波导内可构成探针激励，由于这种激励类似于电偶极子的辐射，故称为电激励。

2. 磁激励

磁激励即将同轴线内的导体延伸一小段后弯成环形，将其端部焊在外导体上，然后插入波导中所需激励模式的磁场最强处，并使小环法线平行于磁力线。由于这种激励类似于磁偶极子辐射，故称为磁激励。

3. 电流激励

在波导之间的激励往往采用小孔或缝激励，由于波导开口处的辐射类似于电流元的辐

射，故称为电流激励。小孔耦合最典型的应用是定向耦合器。

小贴士 激励与耦合是同一问题的两个方面，其本质是一样的，对于无源结构来说，两者是互易的，也是可逆的。

8.1.4 谐振腔

谐振腔一般有传输线型谐振器和非传输线型谐振器两大类，传输线型谐振器是一段由两端短路或开路的导波系统构成的。

1. 微波谐振器的基本参量

1) 谐振频率 f_0

谐振频率 f_0 是微波谐振器最主要的参数。金属空腔谐振器可以看作一段金属波导两端短路，因此腔中的波不仅在横向呈驻波分布，沿纵向也呈驻波分布。于是谐振频率为

$$f_0 = \frac{v}{2\pi}\left[\left(\frac{p\pi}{l}\right)^2 + \left(\frac{2\pi}{\lambda_c}\right)^2\right]^{1/2} \tag{8-1-18}$$

式中：$v=\dfrac{c}{\sqrt{\mu\varepsilon}}$为电磁波的速度，$l$ 为腔体的长度，λ_c 为模式的截止波长，p 取整数。由式(8-1-18)可见，谐振频率由振荡模式、腔体尺寸以及腔中填充介质(μ, ε)确定，而且在谐振器尺寸一定的情况下，谐振频率取决于激励的模式。

2) 品质因数

品质因数 Q_0 是表征谐振器频率选择性的重要参量，它的定义为

$$Q_0 = 2\pi\frac{W}{W_T} = \omega_0\frac{W}{P_1} \tag{8-1-19}$$

式中：W 为谐振器中的储能，W_T 为一个周期内谐振器损耗的能量，P_1 为谐振器的损耗功率。

为粗略估计谐振器内的 Q_0 值，可用下式：

$$Q_0 \approx \frac{2}{\delta}\,\frac{V}{S} \tag{8-1-20}$$

式中：S、V 分别表示谐振器的内表面积和体积，δ 为导体内壁趋肤深度。

品质因数 Q_0 未考虑外接激励与耦合，因此称为无载品质因数或固有品质因数。

3) 等效电导 G_0

等效电导 G_0 是表征谐振器功率损耗特性的参量，若谐振器上某等效参考面的边界上取两点 c、d，并已知谐振器内的场分布，则等效电导 G_0 可表示为

$$G_0 = R_S\frac{\oint_S |\boldsymbol{H}_t|^2\,\mathrm{d}S}{\left(\int_c^d \boldsymbol{E}\cdot\mathrm{d}\boldsymbol{l}\right)^2} \tag{8-1-21}$$

可见，等效电导 G_0 具有多值性，与所选择的点 c 和 d 有关。

以上讨论的三个基本参量的计算公式都是对一定的振荡模式而言的，振荡模式不同则所得参量的数值不同。因此上述公式只对少数规则形状的谐振器才是可行的。

2. 矩形空腔谐振器

矩形空腔谐振器是由一段长为 l、两端短路的矩形波导组成的。与矩形波导类似，它也存在两类振荡模式，即 TE 和 TM 模式。其中主模为 TE_{101} 模，因此矩形谐振器内的电场只有 E_y 分量，磁场只有 H_x 和 H_z 分量，沿 x、z 轴方向均为驻波分布。

1）谐振频率 f_0

对 TE_{101} 模，有

$$f_0 = \frac{c\sqrt{a^2+l^2}}{2al} \tag{8-1-22}$$

式中：c 为自由空间光速，对应谐振波长为

$$\lambda_0 = \frac{2al}{\sqrt{a^2+l^2}}$$

2）品质因数 Q_0

TE_{101} 模品质因数 Q_0 为

$$Q_0 = \omega_0 \frac{W}{P_1} = \frac{(kal)^3 b\eta}{2\pi^2 R_S} \frac{1}{2a^3 b + 2bl^3 + a^3 l + al^3} \tag{8-1-23}$$

3. 微带谐振器

微带谐振器的结构形式很多，主要有传输线型谐振器（如微带线节型谐振器）和非传输线型谐振器（如圆形、环行、椭圆形谐振器）。

长度为 $\lambda_{g0}/4$ 奇数倍的一端开路一端短路的微带线构成了 $\lambda_{g0}/4$ 微带谐振器。实际上，微带谐振器短路比开路难实现，所以一般采用终端开路型微带谐振器。但终端导带断开处的微带线不是理想的开路，因而计算的谐振长度要比实际的长度要长，一般有

$$l_1 + 2\Delta l = p\frac{\lambda_{g0}}{2} \tag{8-1-24}$$

式中：l_1 为实际导带长度；Δl 为缩短长度。

微带谐振器的损耗主要有导体损耗、介质损耗和辐射损耗，于是总的品质因数 Q_0 为

$$Q_0 = \left(\frac{1}{Q_c} + \frac{1}{Q_d} + \frac{1}{Q_r}\right)^{-1}$$

式中：Q_c、Q_d、Q_r 分别是导体损耗、介质损耗和辐射损耗引起的品质因数。Q_c 和 Q_d 可按下式计算：

$$\begin{cases} Q_c = \dfrac{27.3}{\alpha_c \lambda_{g0}} \\ Q_d = \dfrac{\varepsilon_e}{\varepsilon_r} \dfrac{1}{q\tan\delta} \end{cases} \tag{8-1-25}$$

式中：α_c 为微带线的导体衰减常数（单位为 dB/m），ε_e、q 分别为微带线的有效介电常数和填充因子。通常，$Q_r \gg Q_d \gg Q_c$，因此微带线谐振器的品质因数主要取决于导体损耗。

小贴士　谐振腔可以看作是高频条件下的 LC 振荡电路，其工作过程是电场能量和磁场能量不断相互转换的过程，是微波振荡源的重要组成部分。

8.2 重点与难点

8.2.1 本章重点和难点

(1) 矩形波导中场的求解方法及对场的表达式的理解是本章的难点，掌握应用边界条件和波动方程来求解导行电磁波场分量对学好这章内容有很大的帮助；

(2) 矩形波导中导行电磁波的传输特性参数及其计算，其与无限大空间传输的电磁波的异同是本章的重点之一；

(3) 矩形波导中模式传输条件、模式截止的物理意义及矩形波导中主模的场分布，并能正确地分析是本章的重点之二；

(4) 掌握圆波导中的三种主要模式，了解矩形波导与圆形波导中导行电磁波特性的异同是本章的重点之三；

(5) 波导的激励与耦合的机理和方式，谐振器件的工作原理及特性参数的计算是本章的又一重点。

8.2.2 导行波的求解方法、波的分类及特性参数

1. 导行电磁波的求解方法、波的分类

电磁波沿传播方向的分量称为纵向分量，与传播方向垂直的分量称为横向分量。波导中场的求解方法是：将无源矢量亥姆霍兹方程进行纵、横向分离，得到关于纵向场分量的标量波动方程；然后对纵向场分量的标量波动方程采用分离变量和边界条件求得其纵向场分量；最后，利用麦克斯韦方程由纵向场分量求得横向场分量。

波导中不存在 TEM 波，只存在 TE 波和 TM 波，而 TE 波有无穷多的模式称为 TE_{mn}，TM 波也有无穷多的模式称为 TM_{mn}。但这无穷多模式中，不是所有的模式都在传输，也就是说其中有的模式能传输，有的模式截止。其中哪种模式能够在波导中传输取决于模式传输条件。

2. 导行电磁波的特性参数及模式传输条件

1) 截止波数与截止波长

矩形波导 TE_{mn} 和 TM_{mn} 模的截止波数相同，其表达式为

$$k_{cmn}^2=\left(\frac{m\pi}{a}\right)^2+\left(\frac{n\pi}{b}\right)^2 \tag{8-2-1}$$

对应截止波长为

$$\lambda_{cmn}=\frac{2\pi}{k_{cmn}}=\frac{2}{\sqrt{(m/a)^2+(n/b)^2}} \tag{8-2-2}$$

此时，相移常数为

$$\beta=\frac{2\pi}{\lambda}\sqrt{1-\left(\frac{\lambda}{\lambda_{cmn}}\right)^2} \tag{8-2-3}$$

式中：$\lambda=2\pi/k$ 为工作波长。

2）模式传输条件

如果某个模式的截止波长 λ_{cmn} 大于信号的工作波长 λ，此时式(8-2-3)中的 $\beta^2>0$，则这种模式可在波导中传输，故 $\lambda_{cmn}>\lambda$ 称为模式的传输条件，满足这个条件的模式称为传导模或导行波，否则称为截止模。

3）简并模

根据式(8-2-1)，对相同的 m 和 n，TE_{mn} 和 TM_{mn} 模具有相同的截止波数，因此它们的截止波长相同，我们将截止波长相同的模式称为简并模。简并模虽然具有不同的场分布，但它们具有相同的传输特性。

3. 工作波长、截止波长和波导波长

在波导中表征电磁波传播特性的主要参数中经常出现工作波长 λ、截止波长 λ_c 和波导波长 λ_g，它们之间容易混淆。

(1) 工作波长 λ 是指频率为 f 的平面电磁波在无界空间中传播时的波长。设无界空间介质的介电常数为 ε，磁导率为 μ，则电磁波的波数为 $k=2\pi f\sqrt{\mu\varepsilon}$，相速为 $v_p=\dfrac{1}{\sqrt{\mu\varepsilon}}$，工作波长为 $\lambda=\dfrac{2\pi}{k}=\dfrac{v_p}{f}$。

(2) 截止波长 λ_c 是由波导的几何形状、尺寸和波型所决定的，与波导中的截止无关。频率为 f 的平面电磁波在波导中的截止波数为 $k_c=2\pi f_c\sqrt{\mu\varepsilon}$，相移常数为 $\beta=\sqrt{k^2-k_c^2}$，相速为 $v_p=\dfrac{2\pi f}{\beta}$，截止波长 $\lambda_c=\dfrac{2\pi}{k_c}=\dfrac{v_p}{f_c}$，其中 f_c 为截止频率。

(3) 波导波长 λ_g 是指在波导内，沿传播方向(纵向)上相位相差 2π 的两点间的距离。它与相移常数 β 之间的关系为 $\lambda_g=\dfrac{2\pi}{\beta}=\dfrac{v_p}{f}$，其数值大于无界空间中的工作波长 λ，这是由于在波导中电磁波的传播是曲折向前的，而无界空间中的电磁波是沿直线向前传播的。

综上所述，工作波长 λ 和截止波长 λ_c 分别对应工作频率 f 和截止频率 f_c，波导波长 λ_g 也对应工作频率 f。

8.3　典型例题分析

【例 1】 空心矩形金属波导的尺寸为 $a\times b=22.86\ \text{mm}\times 10.16\ \text{mm}$，当信源的波长分别为 10 cm、8 cm 和 3.2 cm 时：

(1) 哪些波长的波可以在该波导中传输？对于可传输的波在波导内可能存在哪些模式？

(2) 若信源的波长仍如上所述，而波导尺寸为 $a\times b=72.14\ \text{mm}\times 30.4\ \text{mm}$，此时情况又如何？

解　根据模式传输条件，若信源波长小于某种模式的截止波长，即满足 $\lambda<\lambda_c$，则此种模式就能传输。而矩形波导的截止波长最长的模式为 TE_{10}，因此，若信源波长小于 TE_{10} 的截止波长，则此信号就能通过波导。

(1) 矩形波导中几种模式的截止波长为

$$\lambda_{cTE_{10}} = 2a = 4.572 \text{ cm}$$

由于 $\lambda=10$ cm 和 $\lambda=8$ cm 两种信源的波长均大于 TE_{10} 的截止波长，所以它们不能通过波导，只有波长为 3.2 cm 的信源能通过波导。

比 TE_{10} 模式低的两种模式的截止波长为

$$\lambda_{cTE_{20}} = a = 2.286 \text{ cm}$$

$$\lambda_{cTE_{01}} = 2b = 2.032 \text{ cm}$$

显然，这两种模式的截止波长均小于信号源波长，所以，此时波导内只存在 TE_{10} 模。

(2) 当波导的尺寸为 $a\times b=72.14 \text{ mm}\times 30.4 \text{ mm}$ 时，几种模式的截止波长变为

$$\lambda_{cTE_{10}} = 2a = 14.428 \text{ cm}$$

$$\lambda_{cTE_{20}} = a = 7.214 \text{ cm}$$

$$\lambda_{cTE_{01}} = 2b = 6.08 \text{ cm}$$

$$\lambda_{cTE_{11}} = \lambda_{cTM_{11}} = \frac{2ab}{\sqrt{a^2+b^2}} = 5.603 \text{ cm}$$

$$\lambda_{cTE_{21}} = \lambda_{cTM_{21}} = \frac{2ab}{\sqrt{a^2+4b^2}} = 2.975 \text{ cm}$$

可见，此时三种波长的信源均小于 TE_{10} 的截止波长，所以它们均可以通过波导。

当 $\lambda=10$ cm 和 $\lambda=8$ cm 时，波导中只存在主模 TE_{10}；当 $\lambda=3.2$ cm 时，波导中存在 TE_{10}、TE_{20}、TE_{01}、TE_{11} 和 TM_{11} 五种模式。

【例 2】 矩形波导截面尺寸为 $a\times b=60 \text{ mm}\times 30 \text{ mm}$，波导内充满空气，信号源频率为 3 GHz，试求：

(1) 波导中可以传播的模式；

(2) 单模传输的工作带宽。

解 (1) 由信号源频率可求得其波长为

$$\lambda = \frac{c}{f} = \frac{3\times 10^8}{3\times 10^9} \text{ m} = 10 \text{ cm}$$

矩形波导中，TE_{10}、TE_{20} 的截止波长为

$$\lambda_{cTE_{10}} = 2a = 12 \text{ cm}, \lambda_{cTE_{20}} = \lambda_{cTE_{01}} = a = 2b = 6 \text{ cm}$$

可见，波导中只能传输 TE_{10} 模。

(2) 要使信号在波导中单模传输，就必须使 TE_{20} 模截止，即满足条件

$$\lambda_{cTE_{20}} < \frac{c}{f} < \lambda_{cTE_{10}}$$

所以，单模传输的工作带宽为

$$2.5 \text{ GHz} < f < 5 \text{ GHz}$$

【例 3】 空气填充的铜矩形谐振腔，尺寸 $a=20$ mm，$b=8$ mm，长度 $l=30$ mm，谐振于 TE_{101} 模式，已知紫铜的导电率为 $\sigma=5.8\times 10^7$ S/m。

(1) 计算其谐振频率。

(2) 求其无载品质因数。

(3) 若要使 TE_{103} 模式与 TE_{101} 模式有相同的谐振频率，试求腔体内应填充的介质的相

对介电常数。

解　(1) 根据矩形空气谐振腔的谐振频率公式，对于 TE_{101} 有

$$f_0=\frac{c\sqrt{a^2+l^2}}{2al}=\frac{3\times10^8\sqrt{0.02^2+0.03^2}}{2\times0.02\times0.03}\ \text{Hz}=9.01\times10^9\ \text{Hz}$$

(2) 由于铜的表面电阻为

$$R_S=\sqrt{\frac{\pi f\mu_0}{\sigma}}=0.0248$$

空气中的波数和波阻抗分别为

$$k=2\pi f\sqrt{\mu_0\varepsilon_0}=60\pi$$

$$\eta=\sqrt{\frac{\mu_0}{\varepsilon_0}}=120\pi$$

所以，TE_{101} 模品质因数 Q_0 为

$$\begin{aligned}Q_0&=\frac{(kal)^3b\eta}{2\pi^2R_S}\frac{1}{2a^3b+2bl^3+a^3l+al^3}\\&=\frac{(60\pi\times0.02\times0.03)^3\times0.008\times120\pi}{2\times\pi^2\times0.0248}\times\\&\quad\frac{1}{2\times0.02^3\times0.008+2\times0.008\times0.03^3+0.02^3\times0.03+0.02\times0.03^3}\\&=6651\end{aligned}$$

(3) 若要使 TE_{103} 模式与 TE_{101} 模式有相同的谐振频率，则

$$\frac{3\times10^8\sqrt{0.02^2+(3\times0.03)^2}}{2\sqrt{\varepsilon_r}\times0.02\times0.03}=9.01\times10^9$$

因此，填充介质的相对介电常数 $\varepsilon_r=6.54$。

8.4　部分习题参考答案

8.1　试说明为什么规则金属波导内不能传输 TEM 波。

解　空心金属波导内不能存在 TEM 波。这是因为：如果内部存在 TEM 波，则要求磁场应完全在波导的横截面内，而且是闭合曲线。由麦克斯韦第一方程知，闭合曲线上磁场的积分应等于与曲线相交链的电流。由于空心金属波导中不存在轴向即传播方向的传导电流，因此要求有传播方向的位移电流。而位移电流的定义式 $\boldsymbol{J}_d=\dfrac{\partial\boldsymbol{D}}{\partial t}$ 要求在传播方向有电场存在。显然，这个结论与 TEM 波(既不存在传播方向的电场也不存在传播方向的磁场)的定义相矛盾。所以，规则金属波导内不能传输 TEM 波。

设电磁波在波导内沿 $+z$ 轴方向传播，假设波导中存在 TEM 波，则有 $E_z=0$，$H_z=0$。设 $E_z=0$，则 $\boldsymbol{E}=E_x\boldsymbol{a}_x+E_y\boldsymbol{a}_y$，由麦克斯韦第二方程得

$$\begin{vmatrix}\boldsymbol{a}_x & \boldsymbol{a}_y & \boldsymbol{a}_z\\ \dfrac{\partial}{\partial x} & \dfrac{\partial}{\partial y} & \dfrac{\partial}{\partial z}\\ E_x & E_y & 0\end{vmatrix}=\boldsymbol{a}_z\left(\frac{\partial E_y}{\partial x}-\frac{\partial E_x}{\partial y}\right)+\boldsymbol{a}_y\frac{\partial E_x}{\partial z}-\boldsymbol{a}_x\frac{\partial E_y}{\partial z}=-\mathrm{j}\omega\mu\boldsymbol{H}$$

所以，$H_z=\frac{1}{j\omega\mu}\left(\frac{\partial E_x}{\partial y}-\frac{\partial E_y}{\partial x}\right)\neq 0$，显然与TEM的假设相矛盾。因此，金属波导内不能存在TEM波。

8.2 矩形波导的横截面尺寸 $a=22.86$ mm、$b=10.16$ mm，将自由空间波长为2 cm、3 cm和5 cm的信号接入此波导，能否传输？若能，则会出现哪些模式？

解 当 $\lambda<\lambda_c$ 时信号能传输，矩形波导中各模式的截止波长为

$$\lambda_{cTE_{10}}=2a=45.72\ \text{mm}$$

$$\lambda_{cTE_{20}}=a=22.86\ \text{mm}$$

$$\lambda_{cTE_{01}}=2b=20.32\ \text{mm}$$

因此，$\lambda=5$ cm的信号不能传输；$\lambda=3$ cm的信号能传输，工作在主模 TE_{10}；$\lambda=2$ cm的信号能传输，矩形波导存在 TE_{10}、TE_{20}、TE_{01} 三种模式。

8.3 矩形波导截面尺寸 $a\times b=23\ \text{mm}\times 10\ \text{mm}$，波导内充满空气，信号源频率为10 GHz，试求：

(1) 波导中可以传播的模式；

(2) 该模式的截止波长 λ_c、相移常数 β、波导波长 λ_g 及相速 v_p。

解 信号波长为

$$\lambda=\frac{c}{f}=3\ \text{cm}=30\ \text{mm}$$

$$\lambda_{cTE_{10}}=2a=46\ \text{mm}$$

$$\lambda_{cTE_{20}}=a=23\ \text{mm}$$

因而波导中可以传输的模式为 TE_{10}，$\beta=\sqrt{k^2-k_c^2}=158.8$。

此时

$$v_p=\frac{\omega}{\beta}=3.95\times 10^8\ \text{m/s}$$

$$\lambda_g=\frac{2\pi}{\beta}=39.5\ \text{mm}$$

8.4 试证明工作波长 λ，波导波长 λ_g 和截止波长 λ_c 满足以下关系：

$$\lambda=\frac{\lambda_g\lambda_c}{\sqrt{\lambda_g^2+\lambda_c^2}}$$

证明

$$\lambda=\frac{2\pi}{k}=\frac{2\pi}{\sqrt{k_c^2+\beta^2}}=\frac{2\pi}{\sqrt{\left(\frac{2\pi}{\lambda_c}\right)^2+\left(\frac{2\pi}{\lambda_g}\right)^2}}=\frac{\lambda_c\lambda_g}{\sqrt{\lambda_c^2+\lambda_g^2}}$$

8.5 设矩形波导 $a=2b$，工作在 TE_{10} 模式，求此模式中衰减最小时的工作频率 f。

解 将 $b=\frac{a}{2}$ 及 $f=\frac{c}{\lambda}$ 代入式(8-1-14)得

$$\alpha_c=\frac{8.686\sqrt{\frac{\pi\mu c}{\sigma}}}{60\pi a}\frac{1+\left(\frac{\lambda}{2a}\right)^2}{\left[\lambda\left(1-\left(\frac{\lambda}{2a}\right)^2\right)\right]^{\frac{1}{2}}}$$

由 $\frac{d\alpha_c}{d\lambda}=0$，得

$$\lambda^4 - 24a^2\lambda^2 + 16a^4 = 0$$

衰减最小时的工作频率为

$$f = \frac{c}{2a\sqrt{3+2\sqrt{2}}}$$

式中：c 为光速。

8.6　设矩形波导尺寸 $a\times b=6\ \text{cm}\times 3\ \text{cm}$，内充空气，工作频率为 3 GHz，工作在主模，求该波导能承受的最大功率。

解

$$\lambda = \frac{c}{f} = 10\ \text{cm}$$

$$P_{\text{br0}} = 0.6ab\sqrt{1-\left(\frac{\lambda}{2a}\right)^2} = 5.97\ \text{MW}$$

8.7　已知圆波导的直径为 5 cm，填充空气介质。试求：

(1) TE_{11}、TE_{01}、TM_{01} 三种模式的截止波长。

(2) 当工作波长分别为 7 cm、6 cm、3 cm 时波导中出现上述哪些模式。

(3) 当工作波长为 $\lambda=7$ cm 时，最低次模的波导波长 λ_g。

解　(1) 三种模式的截止波长为

$$\lambda_{cTE_{11}} = 3.4126a = 85.3150\ \text{mm}$$

$$\lambda_{cTM_{01}} = 2.6127a = 65.3175\ \text{mm}$$

$$\lambda_{cTE_{01}} = 1.6398a = 40.9950\ \text{mm}$$

(2) 当工作波长 $\lambda=70$ mm 时，只出现主模 TE_{11}；当工作波长 $\lambda=60$ mm 时，出现 TE_{11} 和 TM_{01}；当工作波长 $\lambda=50$ mm 时，出现 TE_{11}、TM_{01} 和 TE_{01}。

(3) 最低次模的波导波长为

$$\lambda_g = \frac{2\pi}{\beta} = \frac{\lambda}{\sqrt{1-\left(\frac{\lambda}{\lambda_c}\right)^2}} = \frac{70}{\sqrt{1-\left(\frac{70}{85.3150}\right)^2}}\ \text{mm} = 122.4498\ \text{mm}$$

8.8　已知工作波长为 8 mm，信号通过尺寸 $a\times b=7.112\ \text{mm}\times 3.556\ \text{mm}$ 的矩形波导，现转换到圆波导 TE_{01} 模传输，要求圆波导与上述矩形波导的相速相等，试求圆波导的半径；若过渡到圆波导后要求传输 TE_{11} 模且相速一样，再求圆波导的半径。

解　当工作波长 $\lambda=8$ mm 时，矩形波导 7.112 mm×3.556 mm 中只传输 TE_{10} 模，此时 $\lambda_c=2a=14.224$ mm，其相速为

$$v_p = \frac{\omega}{\beta} = \frac{\omega}{\sqrt{k^2-k_c^2}}$$

圆波导的 TE_{01} 模的截止波长 $\lambda'_{cTE_{01}}=1.6398r$（$r$ 为圆波导的半径），其相移常数 $\beta'=\sqrt{k^2-k'^2_c}$，要使两者的相速相等，则 $\beta=\beta'$，也就是 $\lambda_c=\lambda'_{cTE_{01}}=14.224$ mm，因此圆波导的半径 $r=8.6742$ mm；若过渡到圆波导后要求传输 TE_{11} 模且相速一样，则圆波导的半径 $r=4.1681$ mm。

8.9　已知矩形波导的尺寸 $a\times b=23\ \text{mm}\times 10\ \text{mm}$，试求传输模的单模工作频带。

解　$\lambda_{cTE_{10}}=2a=46$ mm，$\lambda_{cTE_{20}}=a=23$ mm，根据模式传输条件知：当 23 mm$<\lambda<$

46 mm 时，矩形波导中实现单模传输。因此，单模工作频率 23 mm$<\frac{c}{f}<$46 mm，即 6.5 GHz$<f<$13 GHz。

8.10 已知工作波长 $\lambda=5$ mm，要求单模传输，试确定圆波导的半径，并指出是什么模式。

解 圆波导中两种模式的截止波长 $\lambda_{cTE_{11}}=3.4126a$，$\lambda_{cTM_{01}}=2.6127a$，要保证单模传输，工作波长应满足关系 $2.6127a<\lambda<3.4126a$，即 1.47 mm$<a<$1.91 mm，才可以保证单模传输，此时传输的模式为主模 TE_{11}。

8.14 设矩形波导宽边 $a=2.5$ cm，工作频率 $f=10$ GHz，用 $\lambda_g/4$ 阻抗变换器匹配一段空气波导和一段 $\varepsilon_r=2.56$ 的波导，如图 8-1 所示，求匹配介质的相对介电常数 ε_r' 及变换器的长度。

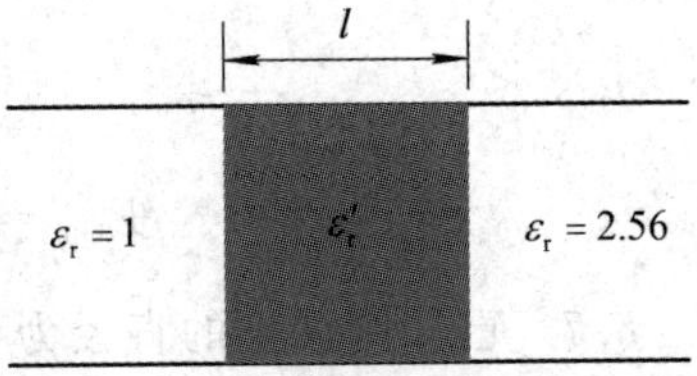

图 8-1 题 8.14 图

解 由题意知信号的工作波长 $\lambda=\frac{c}{f}=3$ cm，设矩形波导中仅存在 TE_{10} 模，其截止波长 $\lambda_c=2a=5$ cm，则相移常数为

$$\beta=\frac{2\pi}{\lambda}\sqrt{1-\left(\frac{\lambda}{\lambda_c}\right)^2}=40\ \pi$$

波导波长为

$$\lambda_g=\frac{2\pi}{\beta}=5\ \text{cm}$$

因此，变换器的长度为

$$l=\frac{\lambda_g}{4}=1.25\ \text{cm}$$

设空气波导的波阻抗为 Z_1，相对介电常数 $\varepsilon_r=2.56$ 的波导的波阻抗为 Z_2，阻抗变换器的波阻抗为 Z_0，根据 $\lambda_g/4$ 阻抗变换器的性质，有

$$Z_0=\sqrt{Z_1Z_2}$$

即

$$\frac{120\pi}{\sqrt{1-\left(\frac{\lambda}{\lambda_c}\right)^2}}\frac{1}{\sqrt{\varepsilon_r'}}=\frac{120\pi}{\sqrt{1-\left(\frac{\lambda}{\lambda_c}\right)^2}}\frac{1}{\sqrt[4]{\varepsilon_r}}$$

所以，匹配介质的相对介电常数 $\varepsilon_r'=\sqrt{\varepsilon_r}=1.6$。

8.16 设矩形谐振腔的尺寸 $a=5$ cm，$b=3$ cm，$l=6$ cm，试求 TE_{101} 模式的谐振波长和无载品质因数 Q_0 的值。

解 (1) 根据矩形空气谐振腔的谐振频率公式，对于 TE_{101} 有

$$f_0=\frac{c\sqrt{a^2+l^2}}{2al}=\frac{3\times10^8\sqrt{0.05^2+0.06^2}}{2\times0.05\times0.06}\ \text{Hz}=3.905\times10^9\ \text{Hz}$$

(2) 设矩形波导材料为铜，铜的表面电阻为

$$R_S=\sqrt{\frac{\pi f\mu_0}{\sigma}}=0.0163$$

空气中的波数和波阻抗分别为

$$k = 2\pi f\sqrt{\mu_0\varepsilon_0} = 81.8$$

$$\eta = \sqrt{\frac{\mu_0}{\varepsilon_0}} = 120\pi$$

所以，TE_{101}模品质因数 Q_0 为

$$Q_0 = \frac{(kal)^3 b\eta}{2\pi^2 R_S}\frac{1}{2a^3b + 2bl^3 + a^3l + al^3}$$

$$= \frac{(81.8\times0.05\times0.06)^3\times0.03\times120\pi}{2\times\pi^2\times0.0163}\times$$

$$\frac{1}{2\times0.05^3\times0.03 + 2\times0.03\times0.06^3 + 0.05^3\times0.06 + 0.05\times0.06^3}$$

$$= 13\ 402$$

8.5 练　习　题

1. 矩形波导中的 λ_c 与 λ_g、v_p 与 v_g 有什么区别和联系？它们与哪些因素有关？

2. 何谓 TEM 波、TE 波和 TM 波？其波阻抗和自由空间的波阻抗有什么关系？

3. 矩形波导的横截面尺寸为 a=23 mm，b=10 mm，波导内充满空气，传输频率为 10 GHz 的 TE_{10} 波。试求：

(1) 截止波长 λ_c、波导波长 λ_g、相速 v_p 及波阻抗；

(2) 如果频率稍增大，上述参量如何变化？

(3) 如果波导尺寸 a 或 b 发生变化，上述参量又如何变化？

(答案：λ_c=46 mm，λ_g=39.57 mm，$v_p=3.96\times10^8$ m/s，Z_w=497 Ω)

4. 矩形波导截面尺寸为 $a\times b$=23 mm×10 mm，中心工作频率为 f_0=9375 MHz。求单模工作的频率范围及中心频率所对应的波导波长 λ_g 和相速 v_p。

(答案：λ_g=4.45 cm，$v_p=4.18\times10^8$ m/s)

5. 用 BJ－32 波导作馈线。

(1) 当工作波长为 6 cm 时，波导中能传输哪些模式？

(2) 若用测量线测得波导中传输 TE_{10} 模时两波节点之间的距离为 10.9 cm，求 λ 与 λ_g。

(答案：λ_g=21.8 cm，λ=12 cm)

(3) 波导中传输 H_{10} 波时，设 λ=10 cm，求 λ_c 与 λ_g，v_p 与 v_g。

6. 一空气填充波导，其尺寸为 $a\times b$=22.9 mm×10.2 mm，传输 TE_{10} 波，工作频率 f=9.375 GHz，空气的击穿强度为 30 kV/cm，求波导能传输的最大功率。

(答案：997 kW)。

7. 圆波导中波型指数 m 和 n 的意义是什么？欲在圆波导中得到单模传输，应选择哪些波型？单模传输的条件是什么？

第 9 章　电磁波的辐射与接收

9.1　基本概念和公式

9.1.1　位函数的波动方程及滞后位

1. 电标位和磁矢位

为了简化计算，我们引入电标位和磁矢位。由于磁通密度 $\boldsymbol{B}$ 是无散场，故可用另一矢量 $\boldsymbol{A}$ 的旋度来表示，即

$$\boldsymbol{B}=\nabla\times\boldsymbol{A} \tag{9-1-1}$$

式中：$\boldsymbol{A}$ 为动态磁矢位。

由于 $\nabla\times\left[\boldsymbol{E}+\dfrac{\partial\boldsymbol{A}}{\partial t}\right]=0$，因而引入动态电标位 ϕ，此时有

$$\boldsymbol{E}=-\nabla\phi-\frac{\partial\boldsymbol{A}}{\partial t} \tag{9-1-2}$$

式(9-1-1)和式(9-1-2)表明：一旦求得磁矢位 $\boldsymbol{A}$ 和电标位 ϕ，即可求得时变电场和时变磁场。

2. 动态位函数的波动方程

动态位函数的表达式为

$$\begin{cases}\nabla^2\boldsymbol{A}-\mu\varepsilon\dfrac{\partial^2\boldsymbol{A}}{\partial t^2}=-\mu\boldsymbol{J}\\[2ex]\nabla^2\phi-\mu\varepsilon\dfrac{\partial^2\phi}{\partial t^2}=-\dfrac{\rho_V}{\varepsilon}\end{cases} \tag{9-1-3}$$

式(9-1-3)也称为达朗贝尔方程。这个方程说明只要给定电荷分布和电流分布，就可以求得磁矢位和电标位，进而求得电场和磁场。

若用时谐场表示，则磁矢位 $\boldsymbol{A}$ 和电标位 ϕ 的波动方程为

$$\begin{cases}\nabla^2\boldsymbol{A}+k^2\boldsymbol{A}=-\mu\boldsymbol{J}\\[2ex]\nabla^2\phi+k^2\phi=-\dfrac{\rho_V}{\varepsilon}\end{cases} \tag{9-1-4}$$

式中：$k=\omega\sqrt{\mu\varepsilon}$ 为无界介质中的波数。

3. 滞后位

标量位 ϕ 和矢量位 $\boldsymbol{A}$ 为滞后位，位函数的表达式为

$$\begin{cases} \phi(\boldsymbol{r},\ t) = \dfrac{1}{4\pi\varepsilon}\displaystyle\int_V \dfrac{\rho_V(\boldsymbol{r}')}{R} \mathrm{e}^{\mathrm{j}\omega\left(t-\frac{R}{v}\right)} \mathrm{d}V' \\ \boldsymbol{A}(\boldsymbol{r},\ t) = \dfrac{\mu}{4\pi}\displaystyle\int_V \dfrac{\boldsymbol{J}(\boldsymbol{r}')}{R} \mathrm{e}^{\mathrm{j}\omega\left(t-\frac{R}{v}\right)} \mathrm{d}V' \end{cases} \tag{9-1-5}$$

式中：$\boldsymbol{r}'$表示源点的位置矢量，$\boldsymbol{r}$ 为场点的位置矢量，$R=|\boldsymbol{r}-\boldsymbol{r}'|$。

式(9－1－5)中的时间因子 $\mathrm{e}^{\mathrm{j}\omega\left(t-\frac{R}{v}\right)}$ 表明：对离开源点距离为 R 的场点，某一时刻 t 的标量位 ϕ 和矢量位 $\boldsymbol{A}$ 并不是由时刻 t 的场源所决定的，而是由略早时刻 $t-R/v$ 时的场源所决定的。换句话说，场点位函数的变化滞后于源点的变化，滞后的时间 R/v 就是电磁波传播距离 R 所需要的时间。

滞后位的复数表达式为

$$\begin{cases} \phi(\boldsymbol{r}) = \dfrac{1}{4\pi\varepsilon}\displaystyle\int_V \dfrac{\rho_V(\boldsymbol{r}')\mathrm{e}^{-\mathrm{j}kR}}{R} \mathrm{d}V' \\ \boldsymbol{A}(\boldsymbol{r}) = \dfrac{\mu}{4\pi}\displaystyle\int_V \dfrac{\boldsymbol{J}(\boldsymbol{r}')\mathrm{e}^{-\mathrm{j}kR}}{R} \mathrm{d}V' \end{cases} \tag{9-1-6}$$

因此已知源分布的情况下，就可求得磁矢位 $\boldsymbol{A}$ 和电标位 ϕ，然后求得电场和磁场。事实上，由于 $\boldsymbol{A}$ 和 ϕ 之间的关系由洛伦兹条件 $\nabla\cdot\boldsymbol{A}=-\mathrm{j}\omega\mu\varepsilon\phi$ 给出，因此，通常只要求出磁矢位 $\boldsymbol{A}$，就可求得电场强度和磁场强度。

小贴士　引入了电标位和磁矢位，可以方便地由源分布求出电标位和磁矢位，继而求出电场和磁场分布。

9.1.2　基本振子的辐射

1. 电基本振子

电基本振子也称为电偶极子或赫兹偶极子，它是一段长度远小于波长($\mathrm{d}l \ll \lambda$)，电流 I 振幅均匀分布、相位相同的直线电流元，它是线天线的基本组成部分。它的场主要分为近区场和远区场。

1) 近区场

在靠近电基本振子的区域即 $kr \ll 1$ 或 $r \ll \dfrac{\lambda}{2\pi}$的区域称为近区。电基本振子的近区场表达式为

$$\begin{cases} E_r = \dfrac{2I\mathrm{d}l}{4\pi\varepsilon_0 r^3}\cos\theta \\ E_\theta = \dfrac{I\mathrm{d}l}{4\pi\varepsilon_0 r^3}\sin\theta \\ H_\varphi = \dfrac{I\mathrm{d}l}{4\pi r^2}\sin\theta \end{cases} \tag{9-1-7}$$

由式(9－1－7)可以得到如下结论：

(1) 电基本振子的近区场有 E_θ、E_r 及 H_φ 三个分量，电场 E_θ 和 E_r 与静电场问题中的电偶极子的电场相似，磁场 H_φ 和恒定电流场问题中的电流元的磁场相似。因此，近区场称为准静态场。

(2) 由于场强与$\frac{1}{r}$的高次方成正比，因此近区场随距离的增大而迅速减小，即离天线较远时，可认为近区场近似为零。

(3) 电场与磁场的相位相差 90°，说明坡印亭矢量为虚数，也就是说，电磁能量在场源和场之间来回振荡，没有能量向外辐射。因此，近区场又称为感应场。

2) 远区场

收、发两端之间的距离相当远(即 $kr\gg1$ 或 $r\gg\lambda/(2\pi)$)的区域称为远区。沿 z 轴放置的电基本振子的远区场为

$$\begin{cases} E_\theta = \mathrm{j}\,\dfrac{60\pi I\mathrm{d}l}{r\lambda}\,\sin\theta \mathrm{e}^{-\mathrm{j}kr} \\ H_\varphi = \mathrm{j}\,\dfrac{I\mathrm{d}l}{2r\lambda}\,\sin\theta \mathrm{e}^{-\mathrm{j}kr} \end{cases} \tag{9-1-8}$$

由式(9-1-8)可以得到如下结论：

(1) 在远区，电基本振子的场只有 E_θ 和 H_φ 两个分量，它们在空间上相互垂直，在时间上同相位，其坡印亭矢量 $\boldsymbol{S}=\frac{1}{2}\boldsymbol{E}\times\boldsymbol{H}^*$ 是实数，且指向 $\boldsymbol{a}_r$ 方向。这说明电基本振子的远区场是一个沿着径向向外传播的横电磁波，因此，远区场又称辐射场。

(2) $\dfrac{E_\theta}{H_\varphi}=\eta_0=\sqrt{\dfrac{\mu_0}{\varepsilon_0}}=120\pi(\Omega)$是常量，即等于介质的本征阻抗，因而远区场与平面波有相同的特性。

(3) 辐射场的强度与距离成反比，随着距离的增大，辐射场减小。这是因为辐射场是以球面波的形式向外扩散的，当距离增大时，辐射能量分布到更大的球面面积上。

(4) 在不同的 θ 方向上，辐射强度是不相等的。这说明电基本振子的辐射是有方向性的。

2. 磁基本振子的场

磁基本振子也称为磁偶极子，它是一个半径为 b 的细线小环，且小环的周长 $2\pi b\ll\lambda$，假设其上有电流 $i(t)=I\cos\omega t$，其磁偶极矩矢量为 $\boldsymbol{p}_\mathrm{m}=\boldsymbol{a}_z I\pi b^2=\boldsymbol{a}_z p_\mathrm{m}$，根据电与磁的对偶性原理，可得沿 z 轴放置的磁基本振子的远区场为

$$\begin{cases} E_\varphi = \dfrac{\omega\mu_0 p_\mathrm{m}}{2r\lambda}\,\sin\theta \mathrm{e}^{-\mathrm{j}kr} \\ H_\theta = -\dfrac{1}{\eta_0}\,\dfrac{\omega\mu_0 p_\mathrm{m}}{2r\lambda}\,\sin\theta \mathrm{e}^{-\mathrm{j}kr} \end{cases} \tag{9-1-9}$$

可见，电基本振子的远区场 E_θ 与磁基本振子的远区场 E_φ 具有相同的方向函数 $|\sin\theta|$，而且在空间相互正交，相位相差为 90°，将电基本振子与磁基本振子组合后，可构成一个椭圆(或圆)极化波天线，螺旋天线即是这种情况。

小贴士 由电、磁基本振子的辐射可以知道：天线有辐射电磁波的能力，天线是有方向性的，天线是有极化的，通过天线辐射的电磁波有近区、远区之分，远区场具有平面波的特征。

9.1.3 天线的电参数

天线的电参数就是能定量表征其能量转换和定向辐射能力的量。其电参数主要有方向

图、天线效率、增益系数、极化特性、频带宽度、输入阻抗和有效长度等。

1. 天线方向图及其有关参数

天线方向图是指在离天线一定距离处，辐射场的相对场强(归一化场强)的大小随方向变化的曲线图。由于天线的辐射场分布于整个空间，因此天线方向图通常是三维的立体方向图。但通常情况下，均采用通过天线最大辐射方向上的两个相互垂直的平面，即所谓主平面来表示。

在超高频天线中，通常采用与场矢量相平行的两个主平面：

(1) E 平面。电场矢量所在的平面称为 E 平面。

(2) H 平面。磁场矢量所在的平面称为 H 平面。

为了方便对各种天线的方向图特性进行比较，还需要规定一些特性参数。这些参数有主瓣宽度、旁瓣电平、前后比及方向系数等。

1) 主瓣宽度

主瓣宽度是衡量天线最大辐射区域的尖锐程度的物理量。通常它取方向图主瓣两个半功率(−3 dB)点之间的宽度。在场强方向图中，场强等于最大场强的 $1/\sqrt{2}$ 两点之间的宽度，称为半功率波瓣宽度 $2\theta_{0.5}$；有时也将头两个零点之间的角宽作为主瓣宽度，称为零功率波瓣宽度 $2\theta_0$。

2) 旁瓣电平

旁瓣电平是指离主瓣最近且电平最高的第一旁瓣电平，一般以分贝表示。

3) 前后比

前后比是指最大辐射方向(前向)电平与其相反方向(后向)电平之比，通常以分贝表示。

4) 方向系数

方向系数定义为在与天线某一距离处，实际天线在最大辐射方向上的辐射功率流密度 S_{max} 与相同辐射功率的理想无方向性天线在同一距离处的辐射功率流密度 S_0 之比。天线方向系数的一般表达式为

$$D=\frac{4\pi}{\int_0^{2\pi}\int_0^{\pi}|F(\theta,\varphi)|^2\sin\theta\,\mathrm{d}\theta\,\mathrm{d}\varphi}\tag{9-1-10}$$

可见：要使天线的方向系数大，不仅要求主瓣窄，而且要求全空间的旁瓣电平小。

小贴士　天线方向图是描述天线方向特性的重要参数，一般用极坐标表示。

2. 天线效率

天线效率定义为天线辐射功率与输入功率之比，其表达式为

$$\eta_A=\frac{P_\Sigma}{P_\Sigma+P_l}=\frac{1}{1+\dfrac{R_l}{R_\Sigma}}\tag{9-1-11}$$

可见，要提高天线效率，应尽可能提高辐射电阻 R_Σ，降低损耗电阻 R_l。

3. 增益系数

增益系数是综合衡量天线能量转换和方向特性的参数，它定义为方向系数与天线效率

的乘积，记为 G，即

$$G = D \cdot \eta_A \tag{9-1-12}$$

由式(9-1-12)可见：天线方向系数和效率愈高，则增益系数愈高。

4. 极化特性

天线的极化特性是指在天线最大辐射方向上电场矢量的端点随时间变化所描述的轨迹，具体地说，就是在空间某一固定位置上，天线在最大辐射方向上的电场矢量的末端随时间变化所描绘的图形，如果是直线，就称为线极化；如果是圆，就称为圆极化；如果是椭圆，就称为椭圆极化。

5. 频带宽度

当工作频率变化时，天线的有关电参数不超出规定指标的频率范围称为频带宽度，简称为天线的带宽。

6. 输入阻抗

把天线看作一个二端网络，它的输入阻抗就是在天线的两个输入端点向网络看进去的阻抗值。

为了使得信号源到天线具有最大的传输功率，就必须使天线与馈线良好匹配。也就是说当天线的输入阻抗尽可能等于传输线的特性阻抗时，才能使天线获得最大功率。

天线的输入阻抗对频率的变化往往十分敏感，当天线的工作频率偏离设计频率时，天线与传输线的匹配变坏，致使传输线上的电压驻波比增大，天线效率降低。

小贴士　工程上，常用回波损耗来表征天线与馈线的匹配程度，一般情况下，定义天线的回波损耗小于－10 dB 的频率范围称为天线的输入阻抗带宽。当然也有用－5 dB 或－20 dB 的频率范围表示其带宽。

7. 有效长度

天线的有效长度是指在保持实际天线最大辐射方向上场强值不变的条件下，假设天线上的电流分布为均匀分布时天线的等效长度。通常将归于输入电流 I_{in} 的有效长度记为 h_{ein}，把归于波腹电流 I_m 的有效长度记为 h_{em}。有效长度愈长，表明天线的辐射能力愈强。

9.1.4 接收天线理论

1. 天线的接收电动势

假设发射天线的最大辐射场强为 $|E_i|_{max}$，归一化方向函数为 $F_t(\theta_t, \varphi_t)$，而接收天线的归一化方向函数为 $F(\theta, \varphi)$，它等于天线用作发射时的方向函数，h_{ein} 是接收天线归于输入电流的有效长度，且收发天线极化匹配，则接收天线的接收电动势为

$$\mathscr{E} = |E_i|_{max} F_t(\theta_t, \varphi_t) h_{ein} F(\theta, \varphi) \tag{9-1-13}$$

天线接收的功率实际可分为三部分：

$$P = P_\Sigma + P_L + P_l \tag{9-1-14}$$

式中：P_Σ 为接收天线的再辐射功率；P_L 为负载吸收的功率；P_l 为馈线的反射、极化失配等的损耗功率。

小贴士　通常天线具有收发互易的特点，即同一副天线无论作为发射天线还是接收天线，其阻抗特性、方向图特性、极化特性等特性参数相同。但接收天线还有温度系数等其

他特性参数。

2. 有效接收面积

有效接收面积定义为当天线以最大接收方向对准来波方向进行接收时，接收天线传送到匹配负载的平均功率为 P_{Lmax}，并假定此功率是由一块与来波方向相垂直的面积所截获的，则这个面积就称为接收天线的有效接收面积，它与天线的方向系数公式的关系为

$$A_{\mathrm{e}} = \frac{D\lambda^2}{4\pi} \tag{9-1-15}$$

可见，如果已知天线的方向系数，就可知道天线的有效接收面积。

如果考虑天线的效率，则有效接收面积为

$$A_{\mathrm{e}} = \frac{G\lambda^2}{4\pi} \tag{9-1-16}$$

3. 弗里斯(Friis)传输公式

假如发射天线的输入功率为 P_{in}，增益为 G_{t}，设接收天线的增益为 G_{r}，在极化匹配的情况下，如果不考虑馈线的反射，且收、发两天线的最大方向对准，接收机输送给匹配负载的最大功率为

$$P_{\mathrm{r}} = \frac{P_{\mathrm{in}}\lambda^2 G_{\mathrm{t}} G_{\mathrm{r}}}{(4\pi r)^2} \tag{9-1-17}$$

4. 等效噪声温度

接收机收到的噪声功率可用温度为 T_{a} 的等效电阻 R 所吸收的功率来等效，T_{a} 称为天线的等效噪声温度。

噪声源分布在天线周围的空间，天线的等效噪声温度为

$$T_{\mathrm{a}} = \frac{D}{4\pi}\int_0^{2\pi}\int_0^{\pi} T(\theta,\ \varphi)\,|F(\theta,\ \varphi)|^2\ \sin\theta\ \mathrm{d}\theta\ \mathrm{d}\varphi \tag{9-1-18}$$

式中：$T(\theta,\ \varphi)$ 为噪声源的温度空间分布函数；$F(\theta,\ \varphi)$ 为天线的归一化方向函数。

显然，T_{a} 愈高，天线送至接收机的噪声功率愈大，反之愈小。T_{a} 取决于天线周围空间噪声源的强度和分布，也与天线的方向性有关。天线的噪声温度还随频率和天线在天空中的瞄准方向而变。为了减小通过天线而送入接收机的噪声，天线的最大辐射方向不能对准强噪声源，并应尽量降低旁瓣和后瓣电平。

5. 接收天线的方向性

收、发天线互易，也就是说，对发射天线的分析同样适合于接收天线。但从接收的角度讲，对接收天线的方向性有以下要求：

(1) 主瓣宽度尽可能窄，以抑制干扰。但如果信号与干扰来自同一方向，即使主瓣很窄，也不能抑制干扰；另一方面，当来波方向易于变化时，主瓣太窄则难以保证稳定的接收。因此，主瓣宽度应根据具体情况而定。

(2) 旁瓣电平尽可能低。如果干扰方向恰与旁瓣最大方向相同，则接收的噪声功率就会较高，也就是干扰较大；对雷达天线而言，如果旁瓣较大，则由主瓣所看到的目标与旁瓣所看到的目标会在显示器上相混淆，造成目标的失落。因此，在任何情况下，都希望旁瓣电平尽可能低。

(3) 天线方向图中最好能有一个或多个可控制的零点，以便将零点对准干扰方向，而

且当干扰方向变化时，零点方向也随之改变，这也称为零点自动形成技术。

9.1.5 对称振子天线和天线阵

1. 对称振子天线

沿 z 轴放置的对称振子天线的辐射场为

$$E_\theta = \mathrm{j}\,\frac{I_\mathrm{m}60\pi}{\lambda}\,\frac{\mathrm{e}^{-\mathrm{j}\beta r}}{r}\,\sin\theta\int_{-h}^{h}\sin\beta(h-|z|)\mathrm{e}^{-\mathrm{j}\beta z\cos\theta}\,\mathrm{d}z$$

$$= \mathrm{j}\,\frac{60I_\mathrm{m}}{r}\mathrm{e}^{-\mathrm{j}\beta r}\left[\frac{\cos(\beta h\ \cos\theta)-\cos\beta h}{\sin\theta}\right] \tag{9-1-19}$$

对称振子天线的方向函数为

$$F(\theta) = \frac{\cos(\beta h\ \cos\theta)-\cos\beta h}{\sin\theta} \tag{9-1-20}$$

式中：h 表示振子一臂的长度。$|F(\theta)|$ 是对称振子的方向函数，它描述了归一化远区场 $|E_\theta|$ 随 θ 角的变化情况。

一般定义通过最大辐射方向的包含电场矢量的平面为 E 面方向图。沿 z 轴放置的对称振子的 E 面方向图如图 9-1 所示。在式(9-1-20)中令 $\theta=90°$ 得到 H 面方向图，H 面方向图是一个圆。

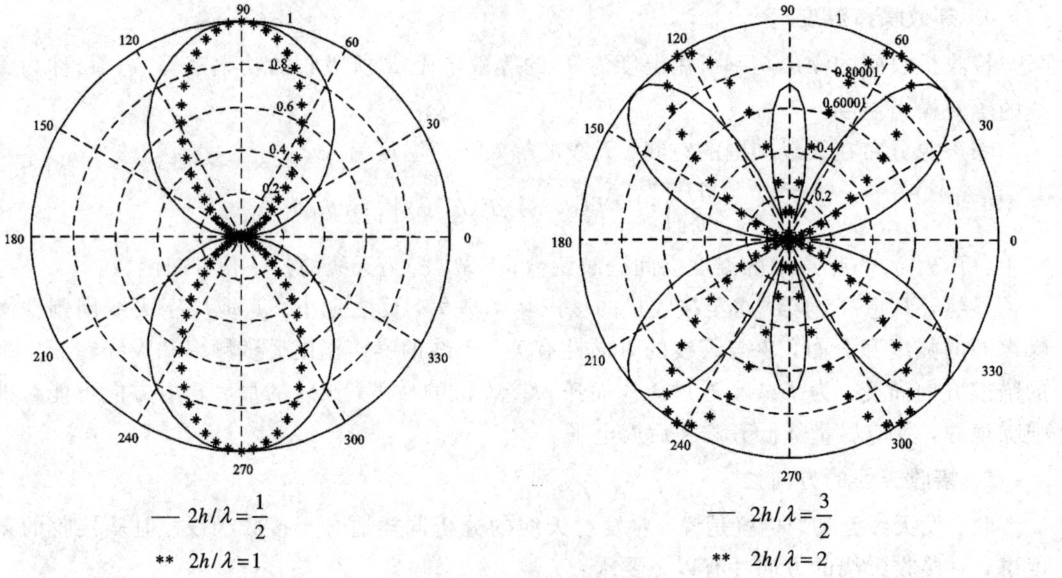

图 9-1 对称振子天线的归一化 E 面方向图

2. 半波振子天线的方向性

我们将振子长度为半波长即 $2h/\lambda=0.5$ 的对称振子天线称为半波振子天线(单臂为 $\lambda/4$)。半波振子天线被广泛地应用于短波和超短波波段，它既可作为独立天线使用，也可作为天线阵的阵单元。在微波波段，还可用作抛物面天线的馈源。

1) 半波振子方向函数

半波振子的方向图函数为

$$F(\theta) = \frac{\cos\left(\dfrac{\pi}{2}\cos\theta\right)}{\sin\theta} \tag{9-1-21}$$

也就是说，沿 z 轴放置的半波振子天线的水平面方向图是无方向性的。

2）半波振子的方向系数

半波振子的方向系数为

$$D = 1.64$$

因而，半波振子的方向性比电基本振子的方向性(方向系数为 1.5，主瓣宽度为 90°)稍强一些。

为了加强天线的方向性，可以用若干天线单元按某种方式排列构成天线阵。

小贴士　对称振子天线是最常用的线天线，单极子天线是对称振子天线的特例，在工程中广泛使用。一般单臂长度为 $\lambda/4$，远小于 $\lambda/4$ 的天线称为低轮廓天线。

3. 二元天线阵

设天线阵是由间距为 d 并沿 x 轴排列的两个相同的天线单元所组成的，假设天线元由振幅相等的电流所激励，但天线元 2 的电流相位超前天线元 1 的角度为 ζ，二元阵辐射场的电场强度模值为

$$|E_\theta| = \frac{2E_\mathrm{m}}{r_1}|F(\theta,\varphi)|\left|\cos\frac{\Psi}{2}\right| \tag{9-1-22}$$

式中：$\Psi = kd\sin\theta\cos\varphi + \zeta$，$|F(\theta,\varphi)|$ 称为元因子，$\left|\cos\dfrac{\Psi}{2}\right|$ 称为阵因子。

元因子表示组成天线阵的单个辐射元的方向图函数，仅取决于天线元本身的形式和尺寸。它体现了天线元的方向性对天线阵方向性的影响。

阵因子表示各向同性元所组成的天线阵的方向性，取决于天线阵的排列方式及其天线元上激励电流的相对振幅和相位，与天线元本身的形式和尺寸无关。

由式(9-1-22)可以得到如下结论：在各天线元为相似元的条件下，天线阵的方向图函数是元因子与阵因子之积，这个特性称为方向图乘积定理。

4. 多元天线阵

N 个天线单元沿 x 轴排成一行，且各阵元间距相等，相邻阵元之间的相位差为 ζ，因为天线元的形式与排列方式相同，所以天线阵方向图函数依据方向图乘积定理，等于元因子与阵因子的乘积。类似二元阵的分析，可得 N 元均匀直线阵的辐射场：

$$E_\theta = E_\mathrm{m}\frac{F(\theta,\varphi)}{r}\mathrm{e}^{-\mathrm{j}kr}A(\Psi) \tag{9-1-23}$$

其 H 平面方向图函数(阵因子方向函数)为

$$|A(\Psi)| = \frac{1}{N}\left|1+\mathrm{e}^{\mathrm{j}\Psi}+\mathrm{e}^{\mathrm{j}2\Psi}+\cdots+\mathrm{e}^{\mathrm{j}(N-1)\Psi}\right| = \frac{1}{N}\left|\frac{1-\mathrm{e}^{\mathrm{j}N\Psi}}{1-\mathrm{e}^{\mathrm{j}\Psi}}\right|$$

$$= \frac{1}{N}\left|\frac{\sin\dfrac{N\Psi}{2}}{\sin\dfrac{\Psi}{2}}\right| \tag{9-1-24}$$

式中：

$$\Psi = kd\ \cos\varphi + \zeta \tag{9-1-25}$$

均匀直线阵的最大值发生在 $\Psi=0$ 或 $kd\ \cos\varphi_m+\zeta=0$ 时，由此得出

$$\cos\varphi_m = -\frac{\zeta}{kd} \tag{9-1-26}$$

(1) 若最大辐射方向在垂直于天线阵轴方向上，即 $\varphi_m=\pm\pi/2$，此时 $\zeta=0$，也就是说，如果各天线单元之间没有相位差，则此天线阵的最大辐射方向一定在垂直于阵轴方向上，我们称这种天线阵为边射式天线阵。

(2) 若最大辐射方向在天线阵轴方向上，即 $\varphi_m=0$ 或 π，则 $\zeta=-kd(\varphi_m=0)$ 或 $\zeta=kd$ $(\varphi_m=\pi)$，也就是说，天线阵的各单元电流沿阵轴方向依次滞后 kd，则此天线阵的最大辐射方向一定在天线阵轴方向上，我们称这种天线阵为端射式天线阵。

小贴士 天线的组阵是提高天线方向性以及控制天线方向性的重要手段，相控阵、智能天线等新技术均建立在阵列天线的基础上。

9.2 重点与难点

9.2.1 本章重点和难点

(1) 天线的基本功能、衡量天线性能的各电参数及它们之间的关系是本章的重点。

(2) 天线辐射特性与方向图和天线极化的理解是本章的难点，偶极子天线的阻抗与方向图等特性的分析与计算是本章的重点。

(3) 阵列天线的方向特性与单元天线的关系，方向图乘积定理是本章的又一难点。

9.2.2 天线的电参数

1. 天线的驻波比和回波损耗

天线的驻波比反映了天线与馈线系统的匹配程度。假设天线的输入阻抗为 $Z_{in}=R_{in}+jX_{in}$，馈线的特性阻抗为 Z_0，天线的反射系数为

$$\Gamma = \frac{Z_{in}-Z_0}{Z_{in}+Z_0} \tag{9-2-1}$$

天线的驻波比为

$$\text{VSWR} = \frac{1+|\Gamma|}{1-|\Gamma|} \tag{9-2-2}$$

天线的回波损耗定义为

$$\text{RL} = 20\ \lg|\Gamma| \tag{9-2-3}$$

工程中，一般馈线的特性阻抗为 50 Ω。如果天线的输入阻抗等于馈线的特性阻抗，则反射系数 $\Gamma=0$，驻波比等于1，回波损耗趋于负无穷大，此时称为匹配状态。这时，天线无反射地得到信号源输出的能量。如果输入阻抗与馈线的特性阻抗相差很大，则天线的驻波比很大，表明信号源送到天线的能量大部分被反射，或者说天线得到的能量很小，这一方面会使天线辐射到空间的能量变小，另一方面反射回去的能量会对电源造成不良影响，因

此，这种情况在工程中必须予以避免。实际中，一般要求天线的驻波比小于 2，或回波损耗小于 −10 dB。我们将驻波比小于 2 或回波损耗小于 −10 dB 的频率范围称为天线的阻抗带宽。有时，特别情况下可能会对驻波比有更高的要求。

值得提醒的是，天线是一个开放的系统，严格地说天线周围 3～5 波长范围内的任何物体都会对天线的阻抗有影响，特别是 0.5 波长以内的物体对天线的阻抗会有较大影响，在设计天线时应予以考虑。

2. 天线的方向图

天线的方向图分为场强方向图和增益方向图。场强方向图反映了电磁能量在空间各方位上的分布状况，它是指在与天线一定距离处，辐射电场的相对场强即归一化场强的大小随方向变化的曲线图。增益方向图就是天线的增益随方位变化的曲线图。场强方向图和增益方向图都是三维立体图，但可以采用两个主平面方向图来表示，通常情况下，均采用通过天线最大辐射方向上的两个相互垂直的平面即所谓主平面来表示。

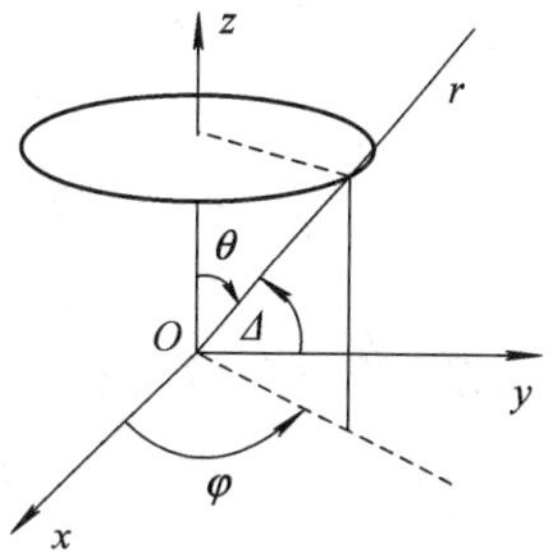

图 9-2　坐标参考图

在地面上架设的线天线一般采用下述两个相互垂直的平面来表示：

(1) 水平面方向图——当仰角 Δ 及距离 r 为常数时，电场强度随方位角 φ 的变化，如图 9-2 所示。

(2) 铅垂平面方向图——当方位角 φ 及 r 为常数时，电场强度随仰角 Δ 的变化。

在超高频天线中，通常采用与场矢量相平行的两个平面：

(1) E 平面——电场矢量所在的平面。

(2) H 平面——磁场矢量所在的平面。

值得注意的是，不论是 E 平面还是 H 平面方向图，均是远区辐射电场的相对大小随方位变化的曲线，它们反映了电磁能量在空间各方位上的分布状况。

随着现代电子技术的发展，天线技术与印刷电路结合，出现了各种形式的天线，天线方向图有时也用三个坐标平面的方向图来描述。

3. 天线的极化

天线的极化取决于它所辐射的电磁波的极化。如果天线辐射的电场强度矢量与分界面是平行的，我们称之为水平极化天线；如果天线辐射的电场强度矢量与分界面是垂直的，我们称之为垂直极化天线。比如架设在地面上的单极天线，其辐射的电场在远区与地面垂直，所以称为垂直极化天线；架设在地面上的电视天线辐射的电场在远区与地面平行，所以称为平行极化天线。即使是同一天线，架设方式不同，产生的极化就不同。收、发天线的极化一致是通信正常进行的必要条件。因此，当通信一方的姿态不断变化时，为了使通信不发生中断，我们应该采用圆极化天线。

9.3　典型例题分析

【例 1】　已知某天线在 E 面上的方向函数为

$$F(\theta)=\cos\left(\frac{\pi}{4}\cos\theta-\frac{\pi}{4}\right)$$

(1) 画出其 E 面方向图；

(2) 计算其半功率波瓣宽度。

解 (1) 借助 MATLAB 可画出 E 面方向图，如图 9-3 所示。它反映了天线辐射的能量主要集中在 $+z$ 轴方向的 $\pm 90°$ 空间范围内。

(2) 半功率波瓣宽度就是场强下降到最大值的 $1/\sqrt{2}$ 的两个点之间的角度，即

$$\left|\cos\left(\frac{\pi}{4}\cos\theta-\frac{\pi}{4}\right)\right|=\frac{\sqrt{2}}{2}$$

解得

$$\cos\theta=0$$

即 $\theta=\pm 90°$。

所以，半功率波瓣宽度为

$$2\theta_{0.5}=180°$$

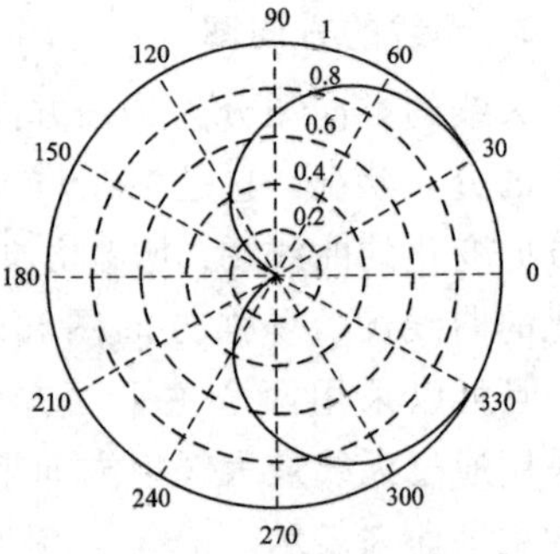

图 9-3　E 面方向图

【例 2】 (1) 有一无方向性天线，辐射功率为 $P_\Sigma=100$ W，计算 $r=10$ km 远处 M 点的辐射场强值。(2) 若改为方向系数 $D=100$ 的强方向性天线，其最大辐射方向对准点 M，再求 M 点的场强值。

解 辐射功率 $P_\Sigma=100$ W 在距离为 r 的球面上的功率流密度为

$$S_0=\frac{P_\Sigma}{4\pi r^2}$$

(1) 对于无方向性天线，功率流密度为

$$S=\frac{1}{2}\,\mathrm{Re}(E_0H_0^*)=\frac{|E_0|^2}{240\pi}$$

上述两式相等，可求得 $r=10$ km 远处 M 点的辐射场强值：

$$|E_M|=\sqrt{\frac{60P_\Sigma}{r^2}}=7.75\ \mathrm{mV/m}$$

(2) 对于方向系数为 D 的天线，根据方向系数的定义(教材中式(9-3-4))，有

$$|E_M|=\sqrt{\frac{60P_\Sigma}{r^2}D}=77.5\ \mathrm{mV/m}$$

可见，采用方向系数为 D 的天线与无方向性天线相比较，相当于在最大辐射方向上将辐射功率放大了 D 倍。

【例 3】 一个半波振子天线的等效阻抗为 $Z_L=60+\mathrm{j}20\ \Omega$，与特性阻抗为 $Z_0=50\ \Omega$ 的同轴线相接，为了达到匹配，可串联一集总参数的电容。这种集总参数与分布参数混合的结构，只在频率不太高时使用，有一定的近似性，如图 9-4 所示。求串联电容的容抗数值和位置。如果用串联电感匹配，情况又如何？

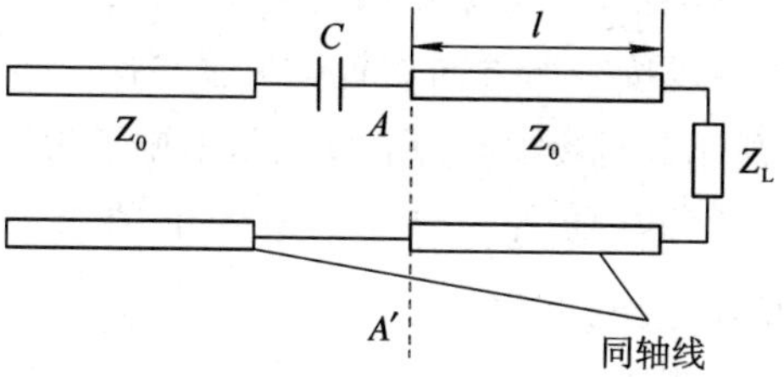

图 9-4　集总参数与分布参数混合结构

解　根据传输线的阻抗变换特性，可得 AA'处的输入阻抗为

$$Z_{in} = Z_0 \frac{Z_L + jZ_0 \tan(\beta l)}{Z_0 + jZ_L \tan(\beta l)} = 50 \frac{60 + j20 + j50 \tan(\beta l)}{50 + j(60 + j20)\tan(\beta l)} = R_{in} + jX_{in}$$

可见输入阻抗 Z_{in}与电容是串联关系，为了实现匹配必然有

$$R_{in} = 50\ \Omega, \quad X_{in} - X_C = 0$$

利用输入阻抗的实部等于 50 的条件求得 $\tan(\beta l) = 2.2247$ 或 -0.2247。将 $\tan(\beta l) = 2.2247$ 和 $\tan(\beta l) = -0.2247$ 分别代入输入阻抗的表达式得到

$$Z_{in} = 50 - j20.4\ \Omega$$

和

$$Z_{in} = 50 + j20.4\ \Omega$$

因为电容的容抗一定是负的，所以串联电容的位置应该为 $\tan(\beta l) = -0.2247$，即电容需要串联在与终端的距离为

$$l = \frac{\pi - \arctan(0.2247)}{2\pi}\lambda = 0.4648\lambda$$

此时电容的容抗为 $-20.4\ \Omega$。

如果用串联电感匹配，则串联电感应放在与终端的距离为

$$l = \frac{\arctan(2.2247)}{2\pi}\lambda = 0.1828\lambda$$

此时电感的感抗为 $20.4\ \Omega$。

9.4　部分习题参考答案

9.4　在距电基本振子 100 km 处的最大辐射方向上，假设它所产生的电场强度的振幅为 1 mV/m，求电基本振子辐射的功率。

解　根据教材中的例 9-2 可知电基本振子的方向系数为 1.5，根据教材中的式(9-3-4)得距电基本振子 100 km 处的辐射功率为

$$P_\Sigma = \frac{r^2 |E_{max}|^2}{60D} = \frac{(100 \times 10^3)^2 \times (1 \times 10^{-3})^2}{60 \times 1.5}\ \text{W} = 111.1\ \text{W}$$

9.5　计算长度为 0.1λ 的电基本振子的辐射电阻。

解　根据教材中的例 9-3 可知电基本振子的辐射电阻的表达式为

$$R_\Sigma = 80\pi^2 \left(\frac{dl}{\lambda}\right)^2$$

将长度 0.1λ 代入上式得电基本振子的辐射电阻为 7.9 Ω。

9.6 设电基本振子的轴线按东西方向放置，在远方有一移动电台在正南方向接收到最大电场强度，如图 9-5 所示。当接收电台沿以电基本振子为中心的圆周移动时，接收到的电场强度逐渐减小。试问当电场强度减少到最大值的 $1/\sqrt{2}$时，接收电台的位置偏离正南方向多少度。

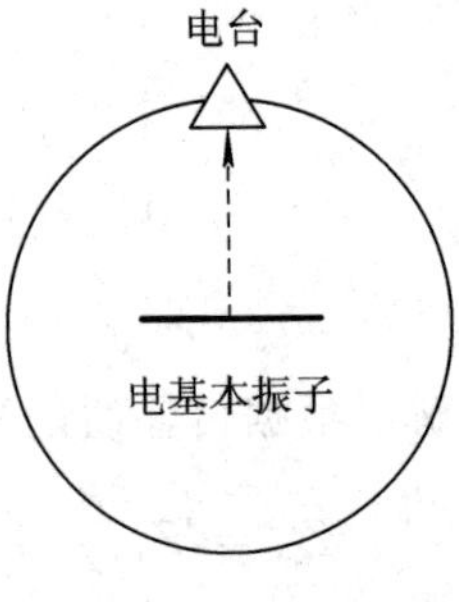

图 9-5 题 9.6 图

解 电基本振子的方向函数为

$$F(\theta) = \sin\theta$$

电基本振子在正南方，即 $\theta=90°$时辐射最大。接收电台沿以电基本振子为中心的圆周移动，当接收到的电场强度减少到最大值的 $1/\sqrt{2}$时对应的角度为 $\theta_{0.5}$，即

$$\sin\theta_{0.5} = \frac{\sqrt{2}}{2}$$

因此得 $\theta_{0.5}=45°$，$90°-45°=45°$，所以接收电台的位置偏离正南方向$\pm45°$。

9.7 已知某天线的辐射功率为 100 W，方向系数 $D=3$。

(1) 求 $r=10$ km 处，最大辐射方向的电场强度幅值；

(2) 若保持辐射功率不变，要使 $r=20$ km 处的场强等于原来 $r=10$ km 处的场强，问此时天线的方向系数应为多少。

解 (1) 根据方向系数的定义(教材中式(9-3-4))，有

$$|E_{\max}| = \sqrt{\frac{60P_{\Sigma}}{r^2}D} = 13.4\ \text{mV/m}$$

(2) 若保持辐射功率不变，要使 $r=20$ km 处的场强等于原来 $r=10$ km 处的场强，即

$$\sqrt{\frac{60\times100}{(20\times10^3)^2}D'} = \sqrt{\frac{60\times100}{(10\times10^3)^2}\times3}$$

此时天线的方向系数为 12。

9.8 已知某天线的方向函数分别为

(1) $F(\theta)=\cos\left[\frac{\pi}{4}(\cos\theta-1)\right]$；

(2) $F(\theta)=\dfrac{\cos\left(\frac{\pi\cos\theta}{2}\right)}{\sin\theta}\cos\left[\frac{\pi}{4}(\cos\theta-1)\right]$。

试画出其方向图。

解 (1) 方向图如图 9-6(a)所示。

(2) 可以采用方向图乘积定理。将方向函数分为两部分，方向函数$\dfrac{\cos\left(\frac{\pi\cos\theta}{2}\right)}{\sin\theta}$的方向图如图 9-6(b)所示，方向函数 $\cos\left[\frac{\pi}{4}(\cos\theta-1)\right]$的方向图如图 9-6(c)所示，最后将两者相乘即得本题方向函数的方向图，如图 9-6(d)所示。

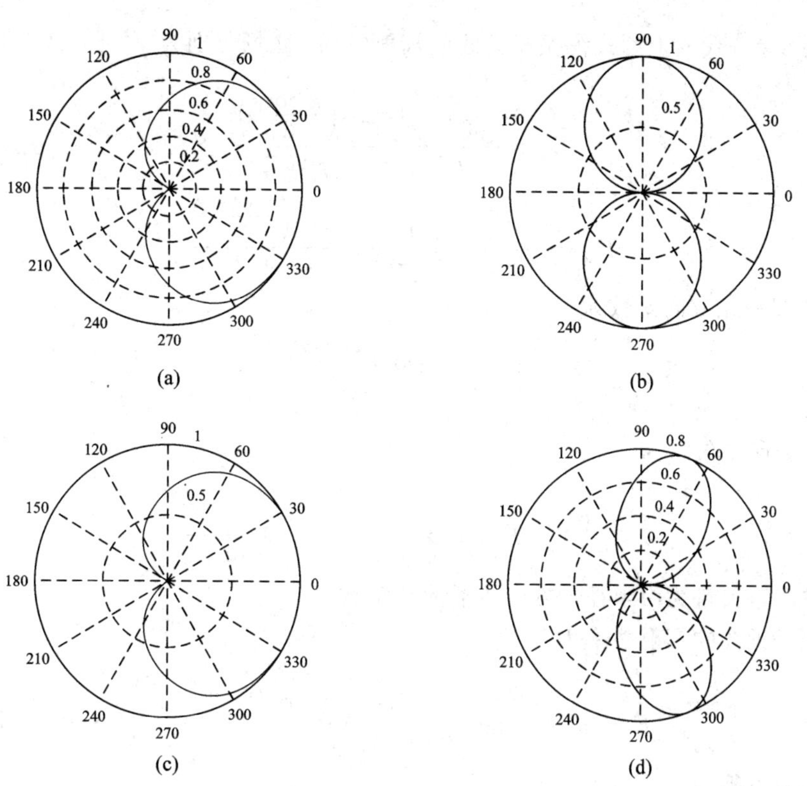

图 9-6　题 9.8 图

9.9　有一长度为 $2h=\lambda/2$ 沿 z 轴放置的振子天线，中心馈电，假设其上电流分布为 $I(z)=I_m\cos kz$，式中 $k=2\pi/\lambda$，试求：

(1) 振子天线的远区的电场和磁场；

(2) 振子天线的坡印亭矢量；

(3) 当 $\int_0^{\pi/2}\frac{\cos^2\left(\frac{\pi\cos\theta}{2}\right)}{\sin\theta}\mathrm{d}\theta=0.609$ 时的辐射电阻；

(4) 方向系数；

(5) 有效长度(归于输入电流)。

解　根据教材中的例 9-4，沿 z 轴放置的振子天线的辐射场表达式为

$$\mathrm{d}E_\theta=\mathrm{j}\,\frac{60\pi}{\lambda r'}\sin\theta\mathrm{e}^{-\mathrm{j}kr'}I(z)\mathrm{d}z$$

对上式作类似的近似处理，并进行积分得

$$\begin{aligned}E_\theta&=\mathrm{j}\,\frac{I_m 60\pi}{\lambda}\frac{\mathrm{e}^{-\mathrm{j}kr}}{r}\sin\theta\int_{-h}^{h}\cos(kz)\mathrm{e}^{-\mathrm{j}kz\cos\theta}\mathrm{d}z\\&=\mathrm{j}\,\frac{I_m 60\pi}{\lambda}\frac{\mathrm{e}^{-\mathrm{j}kr}}{r}2\sin\theta\int_0^{h}\cos kz\cos(kz\cos\theta)\mathrm{d}z\\&=\mathrm{j}\,\frac{60I_m}{r}\mathrm{e}^{-\mathrm{j}kr}\frac{\sin(kh)\cos(kh\cos\theta)-\cos\theta\cos(kh)\sin(kh\cos\theta)}{\sin\theta}\end{aligned}$$

$$H_\varphi=\frac{E_\theta}{120\pi}$$

(1) 将 $h=\frac{\lambda}{4}$ 代入上两式得振子天线的辐射电场、磁场分别为

$$E_\theta = \mathrm{j}\,\frac{60 I_\mathrm{m}}{r}\mathrm{e}^{-\mathrm{j}kr}\,\frac{\cos\left(\frac{\pi\cos\theta}{2}\right)}{\sin\theta}$$

$$H_\varphi = \frac{E_\theta}{120\pi} = \mathrm{j}\,\frac{I_\mathrm{m}}{2\pi r}\mathrm{e}^{-\mathrm{j}kr}\,\frac{\cos\left(\frac{\pi\cos\theta}{2}\right)}{\sin\theta}$$

振子天线的归一化方向函数为

$$F(\theta) = \frac{\cos\left(\frac{\pi\cos\theta}{2}\right)}{\sin\theta}$$

(2) 复坡印亭矢量为

$$\boldsymbol{S} = \frac{1}{2}\boldsymbol{E}\times\boldsymbol{H}^* = \boldsymbol{a}_\mathrm{r}\,\frac{15\,|\,I_\mathrm{m}\,|^2}{\pi r^2}\,\frac{\cos^2\left(\frac{\pi\cos\theta}{2}\right)}{\sin^2\theta}$$

显然，其坡印亭矢量为沿半径 r 方向传播的纯实数。

(3) 振子天线的辐射功率为

$$P_\Sigma = \frac{1}{2}\int_0^{2\pi}\int_0^{\pi} E_\theta H_\varphi r^2\sin\theta\,\mathrm{d}\theta\,\mathrm{d}\varphi = \frac{15 I_\mathrm{m}^2}{\pi}\int_0^{2\pi}\int_0^{\pi}\frac{\cos^2\left(\frac{\pi\cos\theta}{2}\right)}{\sin^2\theta}\sin\theta\,\mathrm{d}\theta\,\mathrm{d}\varphi$$

所以，其辐射电阻为

$$R_\Sigma = \frac{30}{\pi}\int_0^{2\pi}\int_0^{\pi}\frac{\cos^2\left(\frac{\pi\cos\theta}{2}\right)}{\sin\theta}\mathrm{d}\theta\,\mathrm{d}\varphi = 73.1\ \Omega$$

显然，与同轴馈线的特性阻抗(一般为 50 Ω)不匹配，为此，通常用阻抗匹配网络实现天线与馈线的匹配。

(4) 将振子天线的方向函数代入教材中式(9-3-8)得振子天线的方向系数为

$$D = \frac{4\pi}{\int_0^{2\pi}\int_0^{\pi}|\,F(\theta,\,\varphi)\,|^2\sin\theta\,\mathrm{d}\theta\,\mathrm{d}\varphi} = 1.64$$

(5) 根据有效长度的定义，归于输入点电流的有效长度为

$$h_\mathrm{ein} = \frac{I_\mathrm{m}}{I(0)}\int_{-h}^{h}\cos(kz)\,\mathrm{d}z = \frac{2I_\mathrm{m}}{I_\mathrm{m}}\int_0^{h}\cos(kz)\,\mathrm{d}z = \frac{2\sin kh}{k}$$

将 $h=\frac{\lambda}{4}$ 代入上式得归于输入点电流的有效长度为 0.318λ。

9.10 有一个位于 xOy 平面的很细的矩形小环，环的中心与坐标原点重合，环的两边尺寸分别为 a 和 b，并与 x 轴和 y 轴平行，环上电流为 $i(t)=I_0\cos\omega t$，假设 $a\ll\lambda$、$b\ll\lambda$，试求：

(1) 小环的辐射电场；

(2) 两主平面方向图。

解 设矩形小环沿 y 轴方向的两个边产生的位为 A_y(如图 9-7(a)所示)，则其表达式为

$$A_y = \frac{\mu_0}{4\pi}\int I_0\cos\omega t\left(\frac{\mathrm{e}^{-\mathrm{j}kr_1}}{r_1} - \frac{\mathrm{e}^{-\mathrm{j}kr_2}}{r_2}\right)\mathrm{d}y'$$

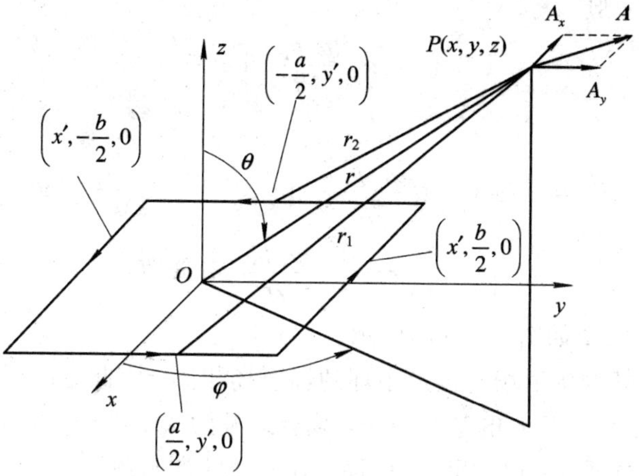

(a)

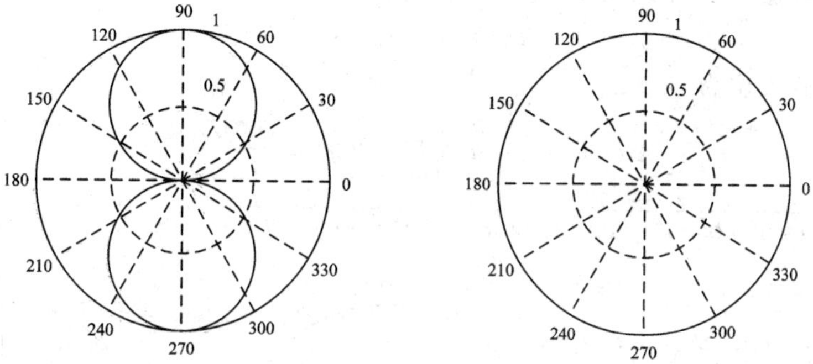

(b)

图 9-7　题 9.10 图

式中：

$$r_1=\sqrt{\left(r\ \sin\theta\ \cos\varphi-\frac{a}{2}\right)^2+(r\ \sin\theta\ \sin\varphi-y')^2+(r\ \cos\theta)^2}$$

$$r_2=\sqrt{\left(r\ \sin\theta\ \cos\varphi+\frac{a}{2}\right)^2+(r\ \sin\theta\ \sin\varphi-y')^2+(r\ \cos\theta)^2}$$

考虑到 $r\gg a$，$r\gg b$ 有

$$\frac{e^{-jkr_1}}{r_1}\approx\frac{1}{r}e^{-jkr\left[1-\frac{1}{r}\sin\theta\left(\frac{a}{2}\cos\varphi+y'\ \sin\varphi\right)\right]},\quad \frac{e^{-jkr_2}}{r_2}\approx\frac{1}{r}e^{-jkr\left[1-\frac{1}{r}\sin\theta\left(y'\ \sin\varphi-\frac{a}{2}\ \cos\varphi\right)\right]}$$

所以

$$A_y=\frac{jabI_0\mu_0\ \cos\omega t}{4\pi}\ \frac{e^{-jkr}}{r}k\ \sin\theta\ \cos\varphi$$

沿 x 轴方向的两个边产生的位为 A_x，同理可得

$$A_x=-\frac{jabI_0\mu_0\ \cos\omega t}{4\pi}\ \frac{e^{-jkr}}{r}k\ \sin\theta\ \sin\varphi$$

因而

$$\mathbf{A}=\boldsymbol{a}_xA_x+\boldsymbol{a}_yA_y=\boldsymbol{a}_\varphi\frac{jabI_0\mu_0\ \cos\omega t}{4\pi}\ \sin\theta\ \frac{e^{-jkr}}{r}$$

令 $p_m = abI_0\cos\omega t$，则

$$\boldsymbol{A} = \boldsymbol{a}_\varphi \frac{\mathrm{j}\mu_0 p_m}{4\pi}\sin\theta\frac{e^{-\mathrm{j}kr}}{r}$$

辐射场为

$$E_\varphi = -\mathrm{j}\omega A_\varphi = \frac{\omega\mu_0 p_m k}{4\pi r}\sin\theta e^{-\mathrm{j}kr} = \frac{\omega\mu_0 p_m}{2\lambda r}\sin\theta e^{-\mathrm{j}kr}$$

$$H_\theta = -\frac{1}{\eta}\frac{\omega\mu_0 p_m}{2\lambda r}\sin\theta e^{-\mathrm{j}kr}$$

矩形小环的方向图如图 9-7(b)所示。

可见，矩形小环的辐射场与圆形小环的辐射场相同，因此方向图也相同。

9.11 有一长度为 $\mathrm{d}l$ 的电基本振子，载有振幅为 I_0、沿 $+y$ 轴方向的时谐电流，试求辐射电场表达式，并画出 xOy 面、xOz 面、yOz 面的方向图。

解 电基本振子如图 9-8(a)放置，其上电流分布为

$$\boldsymbol{I}(z) = \boldsymbol{a}_y I_0\cos\omega t$$

则它所产生的磁矢位为

$$\boldsymbol{A} = \boldsymbol{a}_y\boldsymbol{A}_y = \boldsymbol{a}_y\frac{\mu_0}{4\pi}\int I_0\cos\omega t\frac{e^{-\mathrm{j}kr_1}}{r_1}\mathrm{d}y'$$

式中：$r_1 = \sqrt{(r\sin\theta\cos\varphi)^2 + (r\sin\theta\sin\varphi - y')^2 + (r\cos\theta)^2}$。

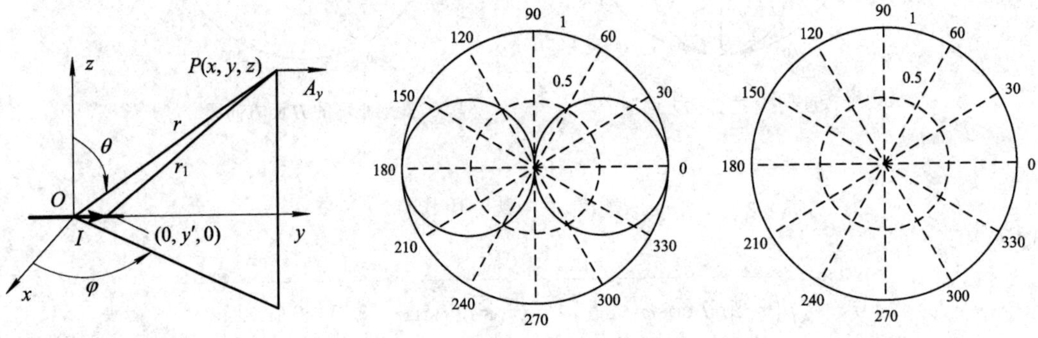

(a)　(b) xOy 平面 φ 极化和 yOz 平面 θ 极化　(c) xOz 平面 φ 极化

图 9-8 题 9.11 图

由于 $r \gg \mathrm{d}l$，因而有

$$\frac{e^{-jkr_1}}{r_1} \approx \frac{1}{r}e^{-\mathrm{j}kr\left(1-\frac{1}{r}y'\sin\theta\sin\varphi\right)}$$

经积分得

$$\boldsymbol{A} = \boldsymbol{a}_y\frac{\mu_0 I_0\mathrm{d}l\cos\omega t}{4\pi r}e^{-\mathrm{j}kr}$$

根据直角坐标与球坐标的关系：

$$\boldsymbol{a}_y = \boldsymbol{a}_r\sin\theta\sin\varphi + \boldsymbol{a}_\theta\cos\theta\sin\varphi + \boldsymbol{a}_\varphi\cos\varphi$$

再根据

$$\boldsymbol{H} = \frac{1}{\mu_0}\nabla\times\boldsymbol{A} \text{ 和 } \boldsymbol{E} = \frac{1}{\mathrm{j}\omega}\nabla\times\boldsymbol{H}$$

沿 y 轴方向放置的电基本振子的辐射场为

$$\boldsymbol{E}=-\mathrm{j}\,\frac{\eta I_0\cos\omega t\,\mathrm{d}l}{2\lambda r}\mathrm{e}^{-\mathrm{j}kr}\,(\boldsymbol{a}_\theta\cos\theta\sin\varphi+\boldsymbol{a}_\varphi\cos\varphi)$$

$$\boldsymbol{H}=-\mathrm{j}\,\frac{I_0\cos\omega t\,\mathrm{d}l}{2\lambda r}\mathrm{e}^{-\mathrm{j}kr}\,(\boldsymbol{a}_\varphi\cos\theta\sin\varphi-\boldsymbol{a}_\theta\cos\varphi)$$

由辐射场可画出三个平面两个极化的 E 面方向图如图 9－8(b)、图 9－8(c)所示，而 xOy 和 xOz 平面的 θ 极化均为零，yOz 平面的 φ 极化为零。

9.12　有一长度为 $2h=\dfrac{\lambda}{2}$ 的半波振子天线，中心馈电，其上电流分布为 $I(z)=I_\mathrm{m}\sin k(h-|z|)$，若电流振幅为 1 A，求离开天线 $r=10$ km 处最大辐射方向上的电场场强。

解　长度为 $2h=\dfrac{\lambda}{2}$ 的半波振子天线的辐射场表达式为

$$E_\theta=\mathrm{j}\,\frac{60I_\mathrm{m}}{r}\mathrm{e}^{-\mathrm{j}kr}\,\frac{\cos(\pi\cos\theta/2)}{\sin\theta}$$

离开天线 $r=10$ km 处最大辐射方向上的电场场强幅度为 6 mV/m。

9.13　长度 $2h=\lambda$ 的振子天线称为全波振子，求其 E 面方向图。

解　将长度 $2h=\lambda$ 代入教材中式(9－5－5)得全波振子的方向函数为 $\dfrac{\cos(\pi\cos\theta)+1}{\sin\theta}$。

全波振子的 E 面方向图如图 9－9 所示。

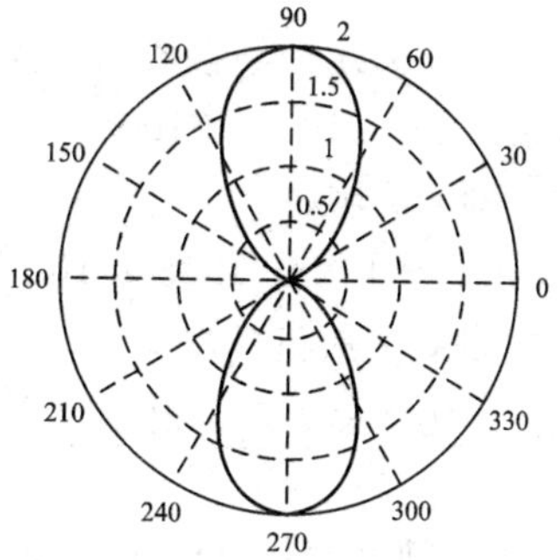

图 9－9　题 9.13 图

9.14　自由空间中半波振子接收天线沿 z 轴放置，入射到振子上的电场为 $\boldsymbol{E}_\mathrm{i}=\boldsymbol{a}_\theta E_0$，其中 $E_0=5\ \mu$V/m，入射方向为 $\theta_\mathrm{i}=60°$，如图 9－10 所示。已知 $\lambda=10$ cm，求半波振子天线的接收电动势。

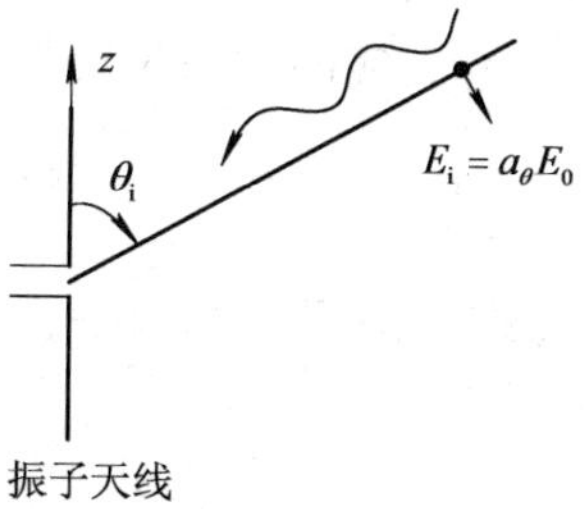

图 9－10　题 9.14 图

解 根据教材中的式(9-4-8)，其中的极化失配因子为 $p=\hat{a}_z\cdot\hat{a}_\theta=\cos 30^\circ=0.866$，所以接收电动势为

$$\mathscr{E}=E_0 h_{ein} p \frac{\cos\left(\dfrac{\pi}{2}\cos\theta_i\right)}{\sin\theta_i}$$

将 $\theta_i=60^\circ$，$E_0=5\ \mu V/m$，$h_{ein}=0.318\lambda$ 和 $\lambda=0.1$ m 代入上式得接收电动势为 0.112 μV。

9.15 在如图 9-11 所示的微波中继线路中，中继站的距离为 $R=50$ km，接收机的系统噪声温度为 1000 K。该系统的带宽为 $\Delta f=100$ MHz，工作波长 $\lambda=3$ cm，发射机和接收机天线的增益均为 40 dB。设阻抗和极化均处于最佳匹配状态，试求信噪比为 40 dB 时发射机的功率。

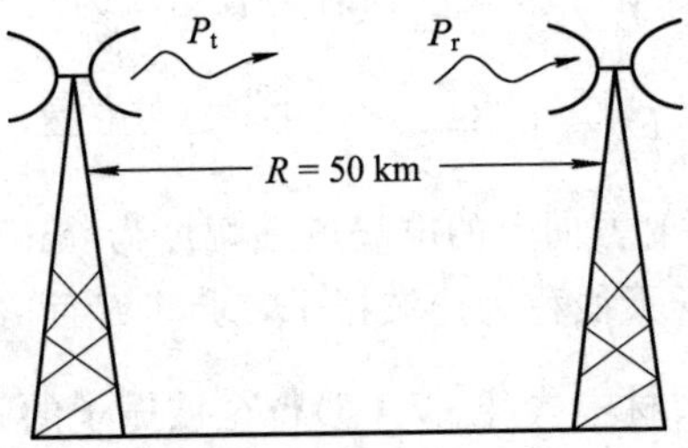

图 9-11 题 9.15 图

解 根据教材中的式(9-4-24)，天线送给接收机的噪声功率为

$$P_n=T_a K_B \Delta f=1000\times 1.38\times 10^{-23}\times 100\times 10^6\ \text{W}=1.38\times 10^{-12}\ \text{W}$$

信噪比为 40 dB，因此，接收的信号功率为

$$P_r=P_n\times 10^4=1.38\times 10^{-8}\ \text{W}$$

由题意可看出收发天线最大方向对准，发射机的功率为

$$P_{in}=\frac{P_r(4\pi R)^2}{\lambda^2 G_t G_r}=\frac{1.38\times 10^{-8}\times(4\pi\times 50\times 10^3)^2}{0.03^2\times 10^4\times 10^4}\ \text{W}=6.05\times 10^{-2}\ \text{W}$$

9.16 有两个平行于 z 轴并沿 x 轴方向排列的半波振子，若

(1) $d=\lambda/4$，$\zeta=\pi/2$；

(2) $d=\lambda/4$，$\zeta=0$；

(3) $d=3\lambda/4$，$\zeta=0$；

(4) $d=3\lambda/4$，$\zeta=\pi$。

试求其 E 面和 H 面方向函数，并画出方向图。

解 根据方向图乘积定理，二元阵天线的方向函数为

$$|f(\theta,\varphi)|=|F(\theta,\varphi)|\left|\cos\frac{\Psi}{2}\right|$$

式中：$F(\theta,\varphi)$为单元因子的方向函数，$\cos\dfrac{\Psi}{2}$为阵因子。

对于半波振子，单元因子为

$$F(\theta,\varphi)=\frac{\cos(\pi\cos\theta/2)}{\sin\theta}$$

若两单元的相位差为 ζ，阵因子中的 $\Psi=kd\sin\theta\cos\varphi+\zeta$。

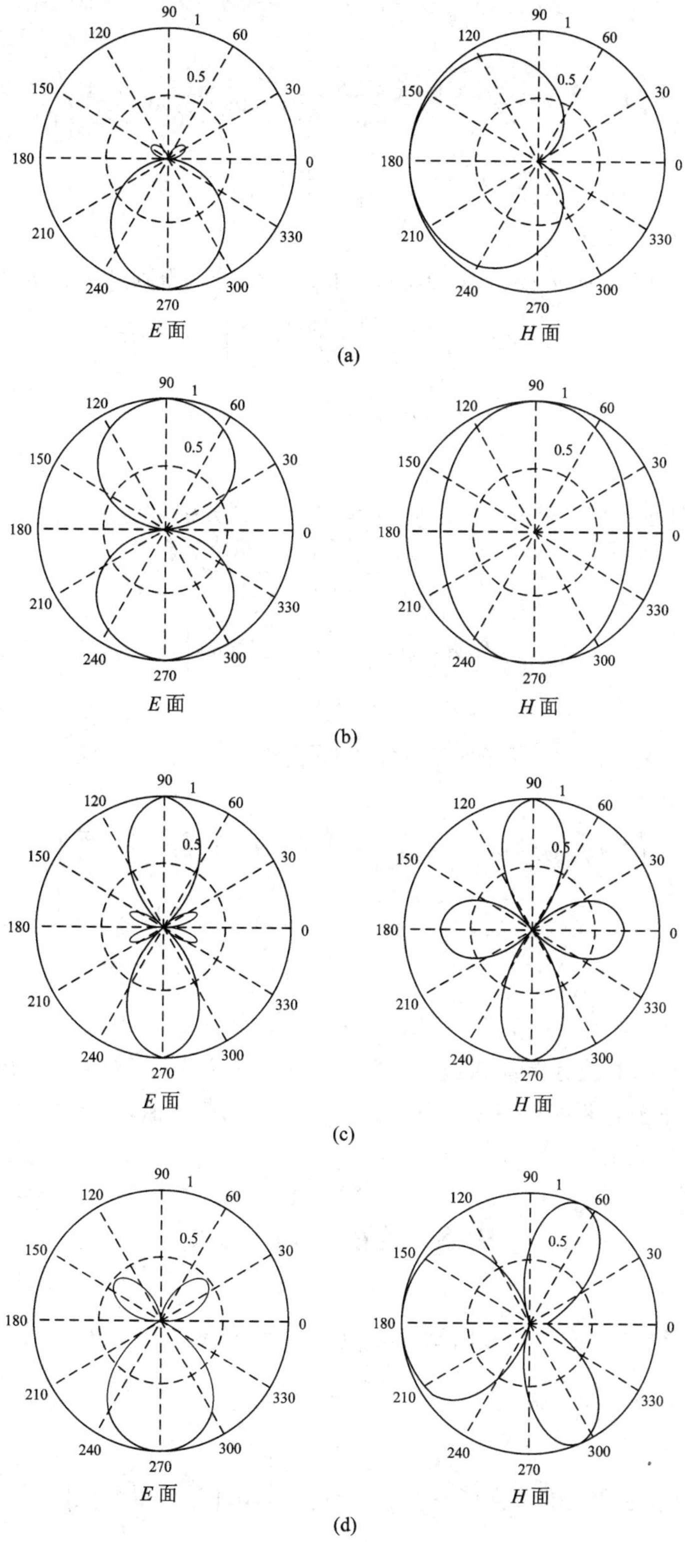
90 1 120 60 0.5 150 30 180 0 210 330 240 300 270
E 面
90 1 120 60 0.5 150 30 180 0 210 330 240 300 270
H 面
(a)
90 1 120 60 0.5 150 30 180 0 210 330 240 300 270
E 面
90 1 120 60 0.5 150 30 180 0 210 330 240 300 270
H 面
(b)
90 1 120 60 0.5 150 30 180 0 210 330 240 300 270
E 面
90 1 120 60 0.5 150 30 180 0 210 330 240 300 270
H 面
(c)
90 1 120 60 0.5 150 30 180 0 210 330 240 300 270
E 面
90 1 120 60 0.5 150 30 180 0 210 330 240 300 270
H 面
(d)

图 9-12　题 9.16 图

(1) 由题意知 $\Psi=\pi(\sin\theta\cos\varphi+1)/2$，令 $\varphi=0$ 和 $\theta=\pi/2$ 分别得到其 E 面和 H 面方向函数为

$$|f_E(\theta,\varphi)|=\left|\frac{\cos(\pi\cos\theta/2)}{\sin\theta}\right|\left|\cos\frac{\pi}{4}(\sin\theta+1)\right|$$

$$|f_H(\theta,\varphi)|=\left|\cos\frac{\pi}{4}(\cos\varphi+1)\right|$$

方向图如图 9-12(a)所示。

(2) 由题意知 $\Psi=\pi\sin\theta\cos\varphi/2$，令 $\varphi=0$ 和 $\theta=\pi/2$ 分别得到其 E 面和 H 面方向函数为

$$|f_E(\theta,\varphi)|=\left|\frac{\cos(\pi\cos\theta/2)}{\sin\theta}\right|\left|\cos\frac{\pi}{4}\sin\theta\right|$$

$$|f_H(\theta,\varphi)|=\left|\cos\frac{\pi}{4}\cos\varphi\right|$$

方向图如图 9-12(b)所示。

(3) 由题意知 $\Psi=3\pi\sin\theta\cos\varphi/2$，令 $\varphi=0$ 和 $\theta=\pi/2$ 分别得到其 E 面和 H 面方向函数为

$$|f_E(\theta,\varphi)|=\left|\frac{\cos(\pi\cos\theta/2)}{\sin\theta}\right|\left|\cos\frac{3\pi}{4}\sin\theta\right|$$

$$|f_H(\theta,\varphi)|=\left|\cos\frac{3\pi}{4}\cos\varphi\right|$$

方向图如图 9-12(c)所示。

(4) 由题意知 $\Psi=3\pi\sin\theta\cos\varphi/2+\pi$，令 $\varphi=0$ 和 $\theta=\pi/2$ 分别得到其 E 面和 H 面方向函数为

$$|f_E(\theta,\varphi)|=\left|\frac{\cos(\pi\cos\theta/2)}{\sin\theta}\right|\left|\cos\left(\frac{3\pi}{4}\sin\theta+\frac{\pi}{2}\right)\right|$$

$$|f_H(\theta,\varphi)|=\left|\cos\left(\frac{3\pi}{4}\cos\varphi+\frac{\pi}{2}\right)\right|$$

方向图如图 9-12(d)所示。

由方向图可见：阵列天线的方向图随着两阵元之间的距离和它们的相位差而变化，变化的规律取决于它们的波程差和相位差。当两单元间距大于 0.5λ 时，会出现栅瓣。

注：本章的许多习题特别适合用信息技术工具进行辅助处理。建议读者学会用 MATLAB 来计算方向图。

9.5 练 习 题

1. 已知某天线在 E 面上的方向函数为 $|F(\theta)|=\left|\cos\left(\frac{\pi}{4}\cos\theta-\frac{\pi}{4}\right)\right|$，画出 E 面方向图，并计算其半功率波瓣宽度。

(答案：180°)

2. 若天线的某主平面的方向函数为 $|F(\theta)|=\left|\cos\left(\frac{\pi}{4}\cos\theta-\frac{\pi}{4}\right)\right||\cos\theta|$，画出其方向图，并计算其第一旁瓣电平。

(答案：−14.4 dB)

3. 有一长度为 dl 的电基本振子，载有振幅为 I_0、沿 $+x$ 轴方向的时谐电流，试求其辐射场，并画出在 xOy 面、xOz 面和 yOz 面的方向图。

(答案：$\boldsymbol{E}=-\mathrm{j}\,\dfrac{\eta I_0\cos\omega t\,\mathrm{d}l}{2\lambda r}\mathrm{e}^{-\mathrm{j}kr}(\boldsymbol{a}_\theta\cos\theta\cos\varphi-\boldsymbol{a}_\varphi\sin\varphi)$

$\boldsymbol{H}=-\mathrm{j}\,\dfrac{I_0\cos\omega t\,\mathrm{d}l}{2\lambda r}\mathrm{e}^{-\mathrm{j}kr}(\boldsymbol{a}_\varphi\cos\theta\cos\varphi+\boldsymbol{a}_\theta\sin\varphi)$)

4. 一长度为 $2h(h\ll\lambda)$ 中心馈电的短振子，其电流分布为 $I(z)=I_0\left(1-\dfrac{|z|}{h}\right)$，其中 I_0 为输入电流，也等于波腹电流 I_m。试求：

(1) 短振子的辐射场(电场、磁场)；

(2) 辐射电阻及方向系数；

(3) 有效长度。

$\left(\text{答案：}E_\theta=\mathrm{j}30I_0\dfrac{\mathrm{e}^{-\mathrm{j}kr}}{r}(kh\sin\theta),\ H_\varphi=\dfrac{E_\theta}{\eta}=\mathrm{j}\dfrac{khI_0}{4\pi r}\sin\theta\mathrm{e}^{-\mathrm{j}kr};\ R_\Sigma=80\pi^2\left(\dfrac{h}{\lambda}\right)^2,\ 1.5;\ h\right)$

5. 有两个平行于 z 轴并沿 x 轴方向排列的半波振子，若

(1) $d=\lambda/2$，$\zeta=\pi/2$；

(2) $d=\lambda/2$，$\zeta=0$；

(3) $d=\lambda/2$，$\zeta=\pi$。

试求其 E 面和 H 面方向函数，并画出方向图。

第10章　无线信道、电磁干扰与电磁兼容

10.1　基本概念和公式

10.1.1　电磁波谱

按频率高低排列的电磁波称为电磁波谱，它可分为无线电波、红外线、可见光、紫外线、X射线和γ射线等。

频率从几十赫兹(甚至更低)到3000 GHz左右(对应的波长从几十兆米到0.1 mm左右)的电磁波，称为无线电波。其中，从300 MHz到3000 GHz左右(波长从几十兆米到0.1 mm左右)的电磁波称为微波。无线电波是电磁波中波长最长的部分。

不同频段的电磁波的传播特性有很大的区别，传输介质对不同频段的无线电波有着不同影响。

10.1.2　无线信道特性

1. 无线电波在自由空间信道的传播

将收、发天线置于自由空间中，假设发射天线的增益为G_t、输入功率为P_{in}，接收天线的增益系数为G_r，并假设馈线与天线良好匹配，且两天线的最大辐射方向相对、极化最佳匹配，在距离发射天线r处接收天线所接收的功率为

$$P_r = \frac{P_{in}G_t}{4\pi r^2} \cdot \frac{\lambda^2 G_r}{4\pi} \tag{10-1-1}$$

将输入功率与接收功率之比定义为自由空间信道的基本传输损耗：

$$L_{bf} = 10\lg\frac{P_{in}}{P_r} = 32.45(\text{dB}) + 20\lg f(\text{MHz}) + 20\lg r(\text{km}) - G_t(\text{dB}) - G_r(\text{dB}) \tag{10-1-2}$$

由式(10-1-2)可见：若不考虑天线的因素，则自由空间信道的传输损耗(free space path loss)是球面波在传播的过程中，随着距离的增大能量自然扩散而引起的，它反映了球面波的扩散损耗。另外，该损耗与电磁波的工作频率也成正比，频率愈高传输损耗愈大。

2. 无线信道特性

1) 信道损耗

在传播距离、工作频率、发射天线、输入功率和接收天线都相同的情况下，设接收点

的实际场强为 E、功率为 P'_r，而自由空间的场强为 E_0、功率为 P_r，定义信道的衰减因子 A：

$$A = 20\lg\frac{|E|}{|E_0|} = 10\lg\frac{P'_r}{P_r} \tag{10-1-3}$$

因此，信道损耗 L_b 为

$$L_b = 10\lg\frac{P_{in}}{P'_r} = 10\lg\frac{P_{in}}{P_r} - 10\lg\frac{P'_r}{P_r} = L_{bf} - A \tag{10-1-4}$$

式中：L_{bf} 为自由空间损耗，A 为实际信道的损耗。不同的传播方式、传播介质，信道的传输损耗是不同的。

2）衰落现象

衰落(fading)一般是指信号电平随时间的随机起伏。根据引起衰落的原因分类，衰落大致可分为吸收型衰落和干涉型衰落。

(1) 吸收型衰落，主要是由于传输信道电参数的变化，信号在信道中的衰减发生相应的变化而引起的。由这种机理引起的信号电平的变化较慢，所以称为慢衰落。

(2) 干涉型衰落，主要是由随机多径干涉现象引起的。这种衰落的周期很短，信号电平变化很快，故称为快衰落。

3）失真与容许带宽

无线电波通过信道除产生传输损耗外，还会产生失真，包括振幅失真和相位失真。产生失真的原因有两个：一是信道的色散效应，二是随机多径传输效应。

(1) 色散效应：由于不同频率的无线电波在信道中的传播速度有差别而引起的信号失真。

(2) 多径传输效应：因为无线电波在传播时通过两个以上不同长度的路径到达接收点，接收天线检拾的信号是几个不同路径传来的电场强度之和，从而引起失真。

(3) 容许带宽：一般情况下，信号带宽不能超过 $1/\tau$。其中 τ 为最大的传输时延与最小的传输时延的差值，称为多径时延。

4）电波传播方向的变化

当电波在无限大的均匀、线性信道内传播时，射线是沿直线传播的。然而电波传播实际所经历的空间场所是复杂多样的：不同介质分界处将使电波折射、反射；介质中的不均匀体(如对流层中的湍流团)将使电波产生散射；球形地面和障碍物将使电波产生绕射；特别是某些传输信道的时变性，使射线轨迹随机变化，从而，到达接收天线处的射线入射角随机起伏，使接收信号产生严重的衰落。

小贴士　不同频率的电磁波有不同的传输特性，电磁波在不同的环境中有不同的传播特点。理解上述两点对于掌握无线信道特征十分重要。

10.1.3　无线电视距传播

1. 视线距离

设发射天线高度为 h_1、接收天线高度为 h_2，同时考虑地球曲率的影响和大气的不均匀性对电波传播轨迹的影响，收发天线的视距公式为

$$r_v = \sqrt{2a_e}(\sqrt{h_1} + \sqrt{h_2}) = 4.12(\sqrt{h_1} + \sqrt{h_2}) \tag{10-1-5}$$

2. 大气对电波的衰减

大气对电波的衰减主要来自两个方面，一是云、雾、雨等小水滴对电波的热吸收及水分子、氧分子对电波的谐振吸收，热吸收与小水滴的浓度有关，谐振吸收与工作波长有关；二是云、雾、雨等小水滴对电波的散射，散射衰减与小水滴半径的6次方成正比，与波长的4次方成反比。当工作波长短于5 cm时，就应该计及大气层对电波的衰减，尤其当工作波长短于3 cm时，大气层对电波的衰减将趋于严重。

3. 场分析

设h_1为发射天线高度，h_2为接收天线高度，d为收、发天线间距。在视距信道中，除了自发射天线直接到达接收天线的直射波外，还存在从发射天线经由地面反射到达接收天线的反射波，因此接收天线处的场是直射波与反射波的叠加。

接收点场强随收、发天线的间距d和天线的架设高度起伏变化，这正是直射波与反射波相干涉的结果。

因此，在微波视距通信系统设计中，为使接收点场强稳定，希望反射波的成分愈小愈好。

小贴士 对于超高频(300 MHz)以上频段的电磁波均以视距传播方式传播，因此要实现远距离传输要么架高天线(如电视塔)，要么采用中继方式(微波中继通信)。

10.1.4 短波电离层反射信道

短波是指频率为3～30 MHz(相应的波长为100～10 m)的无线电波。电离层反射传播也称为天波传播，它通常是指自发射天线发出的电波在高空被电离层反射后到达接收点的传播方式。

1. 电离层概况

电离层是地球高空大气层的一部分，从离地面60 km的高度一直延伸到1000 km的高空，按电子密度随高度的变化相应地分D、E、F_1、F_2四层。电离层的电子密度与日照密切相关，白天大，晚间小，而且晚间D层消失；电离层电子密度又随四季发生变化。除此之外，太阳的骚动与黑子活动也对电离层电子密度产生很大影响。

2. 无线电波在电离层信道中的传播

当电波入射到空气—电离层界面时，由于电离层折射率小于空气折射率，折射角大于入射角，射线要向下偏折。电波频率f(Hz)与入射角θ_0和电波折回处的电子密度N_i的关系为

$$f = \sqrt{80.8N_i}\ \sec\theta_0 \tag{10-1-6}$$

1) 最高可用频率

当电波以θ_0角度入射时，电离层能把电波信号“反射”回来的最高可用频率为

$$f_{max} = \sqrt{80.8N_{max}}\ \sec\theta_0 \tag{10-1-7}$$

式中：N_{max}为电离层的最大电子密度。

可见：当电波入射角θ_0一定时，频率越高，电波反射后所到达的距离越远；当电波工作频率高于f_{max}时，由于电离层不存在比N_{max}更大的电子密度，电波信号不能被电离层

“反射”回来而穿出电离层，这正是超短波和微波不能以天波传播的原因。

2）天波静区

电离层能把频率为 f 的电波“反射”回来的最小入射角 $\theta_{0\,\min}$ 为

$$\theta_{0\,\min} = \arcsin\sqrt{1-\frac{80.8N_{\max}}{f^2}} \tag{10-1-8}$$

由于入射角 $\theta_0 < \theta_{0\,\min}$ 的电波不能被电离层“反射”回来，以发射天线为中心的一定半径的区域内就不可能有天波到达，这就形成了天波的静区。

3）多径效应

由于天线射向电离层的是一束电波射线，各根射线的入射角稍有不同，它们将在不同的高度上被“反射”回来，因此有多条路径到达接收点，这种现象称为多径传输。由多径传输引起的接收点场强的起伏变化称为多径效应。

4）最佳工作频率 f_{opt}

为了减小电离层对电波的吸收，天波传播应尽可能采用较高的工作频率。但当工作频率过高时，电波需到达电子密度很大的地方才能被“反射”回来，这就大大增长了电波在电离层中的传播距离，随之也增大了电离层对电波的衰减。通常取最佳工作频率 f_{opt} 为

$$f_{opt} = 0.85f_{\max} \tag{10-1-9}$$

3. 电离层反射信道的特点

电离层反射信道的特点如下：

(1) 传输信号的频率是一个很重要的问题，频率太高，电波穿透电离层射向太空；频率太低，电离层吸收太大，以致不能保证必需的信噪比，因此信号频率必须选择在最佳频率附近。而这个频率的确定不仅与年、月、日、时有关，还与通信距离有关。

(2) 电离层反射信道随机多径效应严重，多径时延较大，信道带宽较窄。因此，对传输信号的带宽有很大限制。

(3) 不太稳定，衰落严重，在设计电路时必须考虑衰落的影响，留有足够的电平余量。

(4) 电离层所能反射的频率范围是有限的，一般是短波范围。由于波段范围较窄(3～30 MHz)，因此短波电台特别拥挤，电台间的干扰很大。

(5) 由于高空电离层信道不易受到人为的破坏，因此在军事通信上具有重要意义。

(6) 短波电离层反射信道是远距离通信的重要信道之一。

10.1.5　地面波传播信道

无线电波沿地球表面的传播方式称为地面波传播，当天线低架于地面，且最大辐射方向沿地面时，主要是地面波传播。在长、中波波段和短波的低频段(1 kHz 至 1 MHz)均可采用这种传播方式。

地面波传播信道的特点如下：

(1) 信道的损耗与地面的电导率有关。垂直极化波沿非理想导电地面传播时，由于大地对电波能量的吸收作用，产生了沿传播方向的电场纵向分量 E_z，地面的电导率越小，E_z 就越大，说明信道的传播损耗越大。

(2) 信号频率越高，信道损耗越大。当频率升高时，传导电流密度和位移电流密度的

比值$\frac{\sigma}{\omega\varepsilon}$变小，说明大地的导电性能变差，此时电场纵向分量$E_z$变大。因此，地面波传播主要用于长、中波传播。

(3) 地面波传播信道信号比较稳定。地表面的电性能及地貌、地物等并不随时间很快地变化，并且基本上不受气候条件的影响。

10.1.6 不均匀介质散射信道

电波在低空对流层或高空电离层下缘遇到不均匀的“介质团”而发生散射，散射波的一部分到达接收天线处，这种传播方式称为不均匀介质散射信道。

对流层是大气的最低层，通常是指从地面算起高达 13±5 km 的区域，被太阳辐射受热的地面通过大气的垂直对流作用，使对流层加热，一般情况下，对流层的温度、压强、湿度不断变化，在涡旋气团内部及其周围的介电常数有随机小尺度起伏，形成了不均匀的介质团。

对流层散射信道的特点：

(1) 由于散射波相当微弱，即信道的传输损耗很大，因此对流层散射通信要采用大功率发射机、高灵敏度接收机和高增益天线。

(2) 随机性严重。由于湍流运动的特点，散射体是随机变化的，它们之间在电性能上是相互独立的，因而它们对接收点的场强贡献是随机的。这种随机多径传播现象，会使信号产生严重的快衰落。

(3) 这种散射信道的优点是：容量较大、可靠性高、保密性好，单跳跨距达 300～800 km。

(4) 对于无法建立微波中继站的地区，如海岛之间或跨越湖泊、沙漠、雪山等地区，可以采用对流层散射信道进行通信。

小贴士　不同频段的电磁波其传播方式不同，因此在通信领域不同频段的应用也不同。读者应细细体会其中的道理。

10.1.7 电磁干扰

1. 电磁干扰的分类

若按噪声源对系统的作用情况来分类，通常将噪声分为内部噪声和外部干扰两大类。

内部噪声：由器件或系统本身产生的噪声，如各种电阻元件、半导体器件、介质材料等产生的噪声。

外部干扰分为自然的和人为的两种。

自然噪声(或自然干扰)：大气层内的雷电等自然现象以及大气层外的天体辐射源所产生的噪声。

人为干扰：多种多样，如工业电气干扰、高压线、电机、家用电器设备及汽车点火等所产生的干扰。

若按噪声的性质来分类，可分为随机噪声和非随机噪声。

随机噪声：不可预测的噪声，尽管它们可能呈现出统计的规律性。如导体、半导体、介质材料在一定的温度下，内部粒子不规则运动所产生的噪声。

非随机噪声：通常是指来自其他电气设备的辐射。

2. 自然噪声

自然噪声包括天电噪声、宇宙噪声及其他自然噪声。

天电噪声主要来自雷电的辐射。雷电是一种大功率、宽频带的无线电脉冲的辐射源。它的最大辐射功率可达 10^6 MW 量级，频谱由几赫兹到几十兆赫兹，主要能量分布在 20 MHz 以下，集中在低频(LF)以下各波段。

宇宙噪声是指宇宙空间的射电源(如太阳、月亮等)所辐射的电磁波传到地面所形成的噪声。太阳是最强的射电源，在米波和分米波波段，功率流密度分别可达 10^{-13} W/m^2 和 10^{-19} W/m^2。

另外，当频率高于 1 GHz 时，各种微粒(如大气中的水汽分子、氧分子)以及雨雪等均对微波能产生吸收和散射作用，成为进入接收机的一种噪声。

3. 人为干扰

人为干扰可能是有意干扰或无意干扰。按干扰的性质一般可分为宽带和窄带两大类。

窄带干扰：占大部分能量的带宽小于接收机带宽的干扰。

宽带干扰：频谱均匀，连续带宽大于接收机带宽的电磁干扰。

典型的人为干扰源有：

(1) 其他电台。其他发射机特别是大功率发射机将对本系统构成干扰，这种干扰可能是同频干扰、邻道干扰、谐波干扰或寄生干扰。

(2) 工业、科研和医疗设备。如塑料焊机和预热器等，频率为 30 MHz 至 1 GHz，在距这些设备 300 m 处，测得的电平约 0～60 dBm。

(3) 本机振荡器。超外差接收机的本机振荡器产生的振荡信号及数字计算机中的时钟振荡器用来产生同步触发逻辑电路的重复脉冲，均可以经由电源线传导或经机壳直接辐射，这些干扰均可能超过标准界限值。

(4) 转换开关。电源突然与负载接通或断开，或调整电压均造成电流的瞬间变化，形成干扰。

(5) 电机。带整流子的直流电机，它将产生电刷与整流子间接触噪声干扰和电刷离开一个整流子时(换向)产生的换向火花干扰。

(6) 其他干扰源。凡能引起电火花或电弧的一切设备都是电磁干扰源，如火花式高频电焊机、汽车、摩托车的点火系统、气体放电管、高压传输线的电晕放电机器绝缘体等。

4. 干扰的传播途径

电磁干扰的传播途径有三种：辐射、感应和传导。

若干扰是由干扰源辐射的电磁波传播到达干扰部件地区所造成的，则这种干扰称为辐射干扰。

当干扰源与被干扰部件之间距离较小时，如接触开关、继电器等产生的电场或磁场，通过空间的电磁耦合引入被干扰部件，这种传递方式称为近场感应干扰。

干扰通过干扰源和被干扰电路之间的公共阻抗而引入被干扰电路的传递方式称为传导干扰。

构成干扰的主要因素有三个，即干扰源、合适的干扰途径及接收者。

小贴士　随着电子通信的迅猛发展，电磁环境越来越复杂，电磁干扰的来源也变得越来越复杂，但辐射、感应和传导是电磁干扰传播的三条途径。

10.1.8 电磁兼容

1. 电磁兼容的含义

电磁兼容(EMC)包括两个方面的含义：

第一，电子系统不能产生超过规定的电磁干扰(EMI)。

第二，电磁兼容是指电子系统在规定的电磁环境中按照设计要求而工作的能力(EMS)。

2. 电磁兼容设计

进行电磁兼容设计需要考虑两个重要参数：

(1) 敏感门限值。使系统或设备不能正常工作的干扰临界电平称为敏感的门限值。

(2) 电磁兼容性安全系数。安全系数 m(dB)定义为

$$m = P_s - P_1 \tag{10-1-10}$$

式中：P_s为以分贝表示的设备或系统的敏感门限电平；P_1为以分贝表示的设备或系统实际接收的干扰电平。若 $m<0$，则表明设备或系统不兼容，处于受干扰状态；若 $m=0$，则为临界状态；只有当 $m>0$ 时，设备或系统才处于兼容状态，工作安全可靠。显然，从安全角度出发，m 越大越好，但其投资的费用就高。一般来说，对影响工程项目安全或对技术性能和战术性能起重要作用的设备或系统，其安全系数规定为 6 dB；对不起主要作用的设备或系统，则安全系数可降低到 3 dB；对含有电触发引爆的设备或系统的安全系数规定为 20 dB。

如果设备或系统不能满足安全系数的要求，可采用各种隔离干扰的技术来提高电磁兼容能力。

小贴士 随着电磁环境复杂性的增加，电子设备的可靠性越来越得到关注，电磁干扰是否超标，承受电磁干扰的能力是否强已经引起各方的关注，具有电磁兼容设计能力的电子工程师受到业界的青睐。望读者认真理解电磁兼容的真实含义。

3. 屏蔽

屏蔽就是利用导电或导磁材料制成盒状或网板而将电场或磁场的影响限制在某空间区域，即在某给定空间防止来自外部的电磁干扰或防止自内向外的电磁干扰。屏蔽可分为三种，即电屏蔽、磁屏蔽和电磁屏蔽。

1) 电屏蔽

电屏蔽又称为静电屏蔽。它的作用是防止静电场的影响，消除两个设备或两个电路之间由于分布电容耦合所产生的影响。

2) 磁屏蔽

磁屏蔽是利用高磁导率材料将磁场封闭在它的厚壁之内，一般用于 10 kHz 以下的低频。如果将磁干扰源屏蔽于高磁导率材料制成的壳中，称为对外磁屏蔽或有源磁屏蔽。

3) 电磁屏蔽

利用电磁能量在良导电介质中急剧衰减的原理，根据所屏蔽的电磁波的频率，选择透入深度小的材料，制成一定厚度(通常厚度 $h=2\pi\delta_c$)的屏蔽罩。但由于高频时铁磁材料的磁滞损耗大，发热显著，对被保护装置不利，常采用低磁导率的金属材料。实际上，在高频

电磁场中，电场与磁场是相互依存的，所以，只要对两者之一进行屏蔽，另一者也将不复存在。

4. 接地

为电源和信号提供回路和基准电位称为接地。接地的目的主要是防止电磁干扰，消除公共阻抗的耦合，同时，也是为了人身和设备的安全。接地与屏蔽结合起来可解决干扰的大部分问题。

为了减小干扰，需合理设计接地线，常用的有：单点接地系统、多点接地系统和混合接地系统。通常，当频率较低（$f<1$ MHz）或接地点的间距较小时，采用单点接地；当频率较高（$f>10$ MHz）或接地点的间距较大时，采用多点接地，如图 10-1 所示；介于两者之间的，采用混合接地。

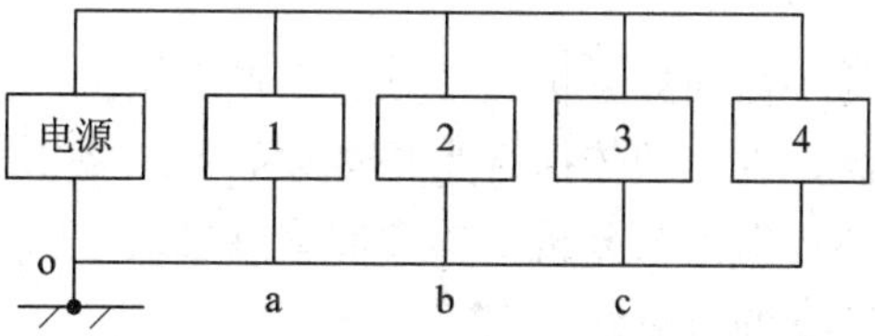

图 10-1 多点串联接地系统

5. 滤波

滤波是抑制干扰的重要手段之一。

电磁干扰滤波器的特点是：

(1) 干扰源的阻抗值变化范围很大，故电磁干扰滤波器通常工作在阻抗失配的状态。

(2) 电磁干扰的频谱范围很宽，从低频到超高频直至甚高频，故电磁干扰滤波器不能用简单的集总参数来表示它的高频特性。

(3) 要求电磁干扰滤波器在大电流和高电压的情况下长期工作，对干扰波有较高的衰减特性，而对传输信号的衰减应很小。

电磁干扰滤波器通常分为 *LC* 滤波器、无源组合式滤波器、电缆滤波器、有源滤波器等。从结构上分为 Γ 形、T 形和 π 形滤波器等，从作用上来分有低通、高通、带通和带阻滤波器等。

在设计好滤波器后，应注意正确安装，否则会产生不良后果。

小贴士 屏蔽、接地、滤波是抵抗电磁干扰的有效手段，但更高频率的电磁兼容问题一定要用微波的知识予以解决。按照提供信号正确路径的设计原则，无论是电流还是电磁波永远沿着阻抗小的路径前进。

6. 电磁辐射的危害

电磁能量对人体及设备的危害主要是由于其产生的热效应和场效应。

电磁能量照射到人体与电磁波照射到介质一样，将产生能量的透射、吸收和反射，产生热和非热两种效应。实验证明，当微波照射到人体后，若表面的功率密度为 10 mW/cm^2，则人体温度约上升1℃。150～1000 MHz 的电磁波，人体表面吸收较小，大部分为人体深度吸收；1～3 GHz 的电磁波，人体表面与深度吸收大致相当，含水量多的组织吸收大，反之则较小；3 GHz 以上的电磁波大部分为人体表面所吸收。电磁波的影响与电磁波的频率、照射的功率密度、照射时间、波形及照射部位等有关。

高场强可以在金属杆、线、柱等上面感应产生高电压，尤其是这些金属体长度接近谐振长度时。此时若有人员接触则可能引起灼伤，射频感应电压的危害界限值为 140 V。

射频感应电压还可能产生火花而造成可燃气体燃烧；造成电子设备的损害，对于带电引爆的武器装备，如利用电爆来点燃固体燃料、启动继电器、开关或阀门；启动控制系统以触发鱼雷和炸药装置等。以上这些问题均必须依靠电磁兼容设计来保证安全。

10.2 重点与难点

10.2.1 本章重点和难点

(1) 无线电在空间中的传播损耗分析是本章的重点之一；

(2) 不同频段无线电波在空间的传播行为是本章的重点之二；

(3) 电磁干扰的产生与传播途径分析是本章的重点之三；

(4) 电磁兼容设计是本章的难点。

10.2.2 无线电波的传播损耗

无线电波的传播损耗反应是无线电在传播过程中能量的损益，它主要由扩散损耗、散射损耗、介质损耗以及天线增益决定，其计算表达式为

$$L_b = 10\lg\frac{P_{in}}{P_i'} = 32.45 + 20\lg f + 20\lg r - G_t - G_r - A \qquad (10-2-1)$$

式中：G_r、G_t 分别为收、发射天线的增益；f 为无线电频率；r 为收发天线之间的距离；A 为实际信道的附加损耗，由传播方式、传播介质决定。

10.2.3 不同频段无线电波在空间的传播行为

电磁波的反射、折射与散射是电磁波传播中遇到不同边界条件所产生的现象，对无线电波的传播有很大的影响。不同频段的电磁波其传播行为也不同。

(1) 长波：地表波传播；

(2) 短波：电离层反射传播；

(3) 超短波/微波：视距传播。

目前的移动通信系统普遍采用了微波波段的电磁波。它遇到的最大问题是由多路径传播引起的衰落，必须采取措施予以补偿。

10.2.4 电磁干扰的产生与传播途径分析

电磁干扰分为内部噪声、自然噪声和人为干扰三类，电磁干扰的传播途径主要有辐射、感应和传导。前两者是无接触的，分别通过电磁波辐射、电场/磁场感应来传播；而传导通过有线(如电源线、信号线等)来传播。

产生干扰的三要素是干扰源、干扰途径、合适的接收者，三者缺一不可。

10.2.5　电磁兼容设计

产品的电磁兼容设计必须考虑两点，一是对外不产生高于一定电平的干扰；二是在规定的电磁环境中能正常工作。屏蔽(拒之门外)、接地(提供通路)和滤波(有选择地通过)是电磁兼容设计的三条主要途径。如何合理设计电磁兼容性是电子工程师必须面对的问题。

10.3　典型例题分析

【例 1】 设某移动通信系统，其工作频率为 900 MHz，基站发射功率为 2 W，发射天线的增益是 5 dB，移动台天线的增益为 0 dB，假设环境引起的附加损耗为－1 dB。问离基站 3 km 处的移动台实际接收到的功率是多少。

解　发射功率为

$$P_{\mathrm{i}} = 2\ \mathrm{W} = 66\ \mathrm{dBm}$$

自由空间损耗为

$$L_{\mathrm{bf}} = (32.45 + 20\ \lg f + 20\ \lg r)\ \mathrm{dB} = 178.04\ \mathrm{dB}$$

则接收功率为

$$P_{\mathrm{r}} = P_{\mathrm{t}} + G_{\mathrm{t}} + G_{\mathrm{r}} + A - L_{\mathrm{bf}} = -108.04\ \mathrm{dBm}$$

可见，移动台接收到的功率是很微弱的。

【例 2】 设某电视台拟覆盖半径为 100 km 的范围，设接收台天线的平均高度为 4 m，请问该电视台的发射天线高度至少为多少才能满足视距传播条件。

解　由视距传播公式

$$r_v = 4.12(\sqrt{h_1} + \sqrt{h_2})\quad \mathrm{km}$$

得

$$h_2 = \left(\frac{r_v}{4.12} - \sqrt{h_1}\right)^2 = 495.95\ \mathrm{m}$$

这正是电视塔都要架设较高的原因。

【例 3】 设某设备的敏感门限功率为－55 dBm，实际环境的电磁干扰平均功率为－60 dBm，干扰起伏不超过 2 dBm，试计算该设备的安全系数；若干扰起伏不超过 5 dBm，再计算该设备的安全系数。

解　当噪声起伏不超过 2 dBm 时，其最大干扰功率为

$$P_1 = -58\ \mathrm{dBm}$$

此时的安全系数为

$$m = P_{\mathrm{s}} - P_1 = 3\ \mathrm{dB}$$

此时设备满足一般设备的安全条件。

当噪声起伏不超过 5 dBm 时，其最大干扰功率为

$$P_1 = -55\ \mathrm{dBm}$$

此时的安全系数为

$$m = P_{\mathrm{s}} - P_1 = 0\ \mathrm{dB}$$

此时设备已经不能满足安全条件。

可见，是否满足安全条件，应该考虑的是最大干扰状态，而不是平均干扰强度。

10.4 部分习题参考答案

10.3 某无线移动信道中，发射机发射功率为 1 kW，发射天线的增益为 6 dB，载波中心频率为 900 MHz，接收天线的增益为 1.5 dB，收发距离为 10 km，求输入到接收机的功率。

解 由教材中的式(9-4-23)得接收机的功率为

$$P_r = \frac{P_{in}\lambda^2 G_r G_t}{(4\pi r)^2} = 4\times 10^{-8}\ \mathrm{W}$$

10.5 某无线视距传播信道中，发射天线的高度为 225 m，接收天线的高度为 16 m，该信道的极限传播距离为多少？

解 由教材中的式(10-3-3)得

$$r_v = 4.12(\sqrt{h_1}+\sqrt{h_2}) = 78.3\ \mathrm{km}$$

10.7 设电离层最大密度 $N_{max}=10^{12}$ 个/m^3，入射角 $\theta_0=45°$，求此时的最高可用频率。

解 由教材中的式(10-4-6)得

$$f_{max} = \sqrt{80.8N_{max}}\sec\theta_0 = 12.7\ \mathrm{MHz}$$